钢渣制粉立磨工艺装备

王书民　编著

中国建材工业出版社

图书在版编目（CIP）数据

钢渣制粉立磨工艺装备/王书民编著．--北京：中国建材工业出版社，2023.2

ISBN 978-7-5160-3612-9

Ⅰ.①钢…　Ⅱ.①王…　Ⅲ.①钢渣处理—冶金机械—研究　Ⅳ.①TF341.8

中国版本图书馆 CIP 数据核字（2022）第 230610 号

钢渣制粉立磨工艺装备

Gangzha Zhifen Limo Gongyi Zhuangbei

王书民　编著

出版发行：中国建材工业出版社

地　　址：北京市海淀区三里河路 11 号

邮　　编：100831

经　　销：全国各地新华书店

印　　刷：北京印刷集团有限责任公司

开　　本：787mm×1092mm　1/16

印　　张：13.75

字　　数：320 千字

版　　次：2023 年 2 月第 1 版

印　　次：2023 年 2 月第 1 次

定　　价：99.00 元

本社网址：www.jccbs.com，微信公众号：zgjcgycbs

作者简介

王书民，山东新泰古河人。

1985 年毕业于山东建筑材料工业学院，工作于水泥厂。

1988 年接触 KRUPP-POLYSIUS 水泥生料立磨，从事与立磨有关的工作三十多年。21 世纪初原工作单位政策性关停，辗转于立磨维修、立磨制粉行业。目前工作于钢铁行业，从事钢铁渣建材资源化综合利用、立磨工艺装备优化、立磨制粉项目规划建设和运行管理工作。

2020 年 8 月在中国建材工业出版社出版个人专著《矿渣立磨概论》，先后在《水泥》《中国科技人才》《中国科技信息》《科学与技术》等期刊发表有关生料立磨、矿渣立磨、钢渣应用十余篇专业论文。

本书编委会

序

收到王书民发来的《钢渣制粉立磨工艺装备》书稿，希望我为该书作序。

与作者相识于1988年。当时为改变我国水泥装备落后局面，由国家建材局组织立项，从德国KRUPP-POLYSIUS公司引进水泥原料立磨技术和立磨装备，作者所在单位承担立磨装备落地建设，合肥水泥研究院承担技术消化及工程设计。我因负责项目的立磨工艺系统技术消化而与作者结缘，至今相识互助三十余载，一直在为立磨技术的发展而共同努力。

全书内容大多来自作者在立磨生产第一线的真实记录和总结，非常实用，对提高立磨用户操作水平、立磨研发制造单位产品优化、相关工程设计人员提升设计品质等，均有较好的参考价值。另一方面，本书可以帮助新用户充分了解钢渣制粉立磨工艺、选择合理设计方案和优质装备，为建设优质工程创造条件。

作者从钢渣储存、计量输送、粉磨烘干、产品收集、废气净化、产品储存、装车发运都进行了详细描述，对优化工艺设计和装备配置提出了很有价值的建议。作为业界同行，毫不夸张地说，作者对立磨制粉工艺和系统装备研究已经达到了相当高的专业水平。

2012年年底，我带领团队在铜陵海源建材公司用HRM2800S矿渣立磨生产线，为上海中冶宝钢进行了钢渣粉磨工业性试验，结果比较理想。这次试验之后，该企业就开始间断性生产钢渣微粉。其间，通过粉磨不同来源的钢渣得到了差异较大的生产数据，而差异大的主要原因和原料钢渣预处理有关，由此感受到书中作者对生产数据的描述真实可信。

作者对主流制粉工艺装备进行了比较，提出采用立磨一级收粉工艺是目前钢渣制粉的首选。同时对钢渣原料条件提出要求，尤其是对钢渣粒径的严格控制非常重要。我非常同意此观点，因为钢渣中的铁含量较高，入磨钢渣粒度越大，残留的铁越多，对立磨产量、电耗的影响就越大，还会导致辊套和衬板磨损明显加剧。

现在企业对环保的要求越来越高，立磨外循环采用全封闭输送，可以大大减小对环境的影响。作者这个观点，对我们工程设计人员有很好的指导作用。

为降低系统热耗，作者对立磨系统工艺和保温措施进行了优化建议和详细说明。例如：循环风应在热风炉出口与高温热风混合，以解决高温风管使用寿命短、热量损失大等问题。磨机本体也是散热量最大的单机设备，作者提出对立磨本体要设计耐磨保温涂层，可在保护机体的同时，大幅度减小散热损失，有效降低单位热耗。这也对立磨制造企业提出了新的要求，可促进立磨技术的进步。

对立磨的润滑、液压系统、电气自动化、公辅系统等，作者也有专业的描述，可谓事无巨细、鲜有遗漏，不再逐一列举。

我认为书中对采用平盘、锥形磨辊的立磨比采用“碗”形磨盘、轮胎形磨辊的立磨粉磨效率高的描述，对大型立磨是正确的。因为轮胎形磨辊是采用“碗”形磨盘，而随着磨盘盘径的加大，“碗”的深度也加深，立磨运行时磨盘上形成的料层也加厚，结果导致粉磨效率降低。目前我们已经在对此问题进行优化设计，通过降低“碗”的深度来提高轮胎形辊立磨的粉磨效率。

从书中可以看出，作者不但对立磨制粉生产线运行管理工作十分熟悉，对工程建设过程中的结构工程、基础施工、设备安装也很精通，是一位难得的综合型技术人才。他的敬业精神也非常值得业界同仁尊重和学习。

总之，《钢渣制粉立磨工艺装备》的出版，可为钢渣制粉行业起到正确的指导作用。让建设单位少走弯路，让运行管理者提高精细化管理水平。

约两年前，收到作者签名的《矿渣立磨概论》，读后感觉非常实用，随后向我们HRM立磨用户推荐该书，受到大家欢迎。有用户与作者建立了联系，向作者咨询立磨工艺、装备和运行管理中的问题，获益匪浅。建议作者建立一个矿渣、钢渣立磨技术群，感兴趣的读者可以在群里交流互动，亦可请作者答疑解惑，共同提高立磨管理水平。

最后，感谢作者信任，也祝作者和广大读者健康快乐！

张志宇　教授级高级工程师

（原合肥水泥研究设计院、合肥中亚建材装备有限责任公司总工）

2022年10月22日

目　　录

1　工艺方案选择

本章包括制粉工艺简述、钢渣粉应用简述、钢渣制粉工艺简述。

目前，大规模工业化主流制粉工艺有“辊压机＋球磨”联合粉磨工艺、立磨工艺。其中，立磨工艺有二级收粉工艺和一级收粉工艺等。

无预粉磨的开路球磨、闭路球磨制粉工艺因能耗高、占地面积大、粉尘噪声污染严重等诸多弊端，基本上退出制粉行业。

辊压机终粉磨工艺、“辊压机＋立磨”联合粉磨工艺、辊磨外循环终粉磨工艺、“辊磨外循环＋球磨”联合粉磨工艺等正在发展中。

粉体因原料特性不同、产品标准不同，需要不同的制粉工艺；一种制粉工艺不能适用所有的粉体制备。

经过对钢渣特性的分析，提出钢渣安全有效应用的解决方案：立磨工艺生产钢渣粉。

经过对现有三种主流成熟制粉工艺分析，结合钢渣独有的性能特点，择优选出一种适合钢渣制粉的工艺：一级收粉立磨工艺。

1.1　制粉工艺简述

我国制粉行业经过亘古千年的石磨石碾，近代工业化制粉经过球磨机开路制粉工艺系统、闭路制粉工艺系统后，20 世纪 80 年代，我国从德国引进先进的立磨装备和技术，用以改造我国水泥生料制备系统。经国内有关水泥研究设计院消化吸收、研发制造，立磨装备得以国产化，在水泥生料制备应用成功的基础上，立磨制粉在不同行业广泛推广使用，彻底改变了我国制粉工业工艺装备占地面积大、能耗高、粉尘噪声污染严重等落后局面。之后又从德国引进先进的辊压机，“辊压机＋球磨”联合粉磨工艺装备在水泥粉磨行业全面替代开路球磨和闭路球磨，开路球磨、闭路球磨制粉工艺装备基本被淘汰，达到了大幅度降低电耗、稳定质量、提高产量的显著效果。

目前，主流的成熟制粉工艺装备有“辊压机＋球磨”联合粉磨工艺装备、二级收粉立磨工艺装备、一级收粉立磨工艺装备。

正在发展中的制粉工艺装备有辊压机终粉磨工艺装备、“辊压机＋立磨”联合粉磨工艺装备、辊磨外循环终粉磨工艺装备、“辊磨外循环＋球磨”联合粉磨工艺装备等四种。

辊磨外循环是省去常规立磨烘干、选粉部分，利用立磨下机体和磨辊、磨盘研磨部分，一次研磨后将物料全部排出磨外，原理与辊压机有相通之处，用机械替代风力提升输送，达到降低能耗的目的，如图 1-1 所示。

辊磨外循环没有磨内烘干和气流上升环节，不存在磨机压差问题，运行控制较为简单。“辊磨外循环＋球磨”联合粉磨工艺在水泥粉磨行业得到了成功应用，有一定的节能优势，但市场推广暂不理想，有待市场进一步认识和深度发展。

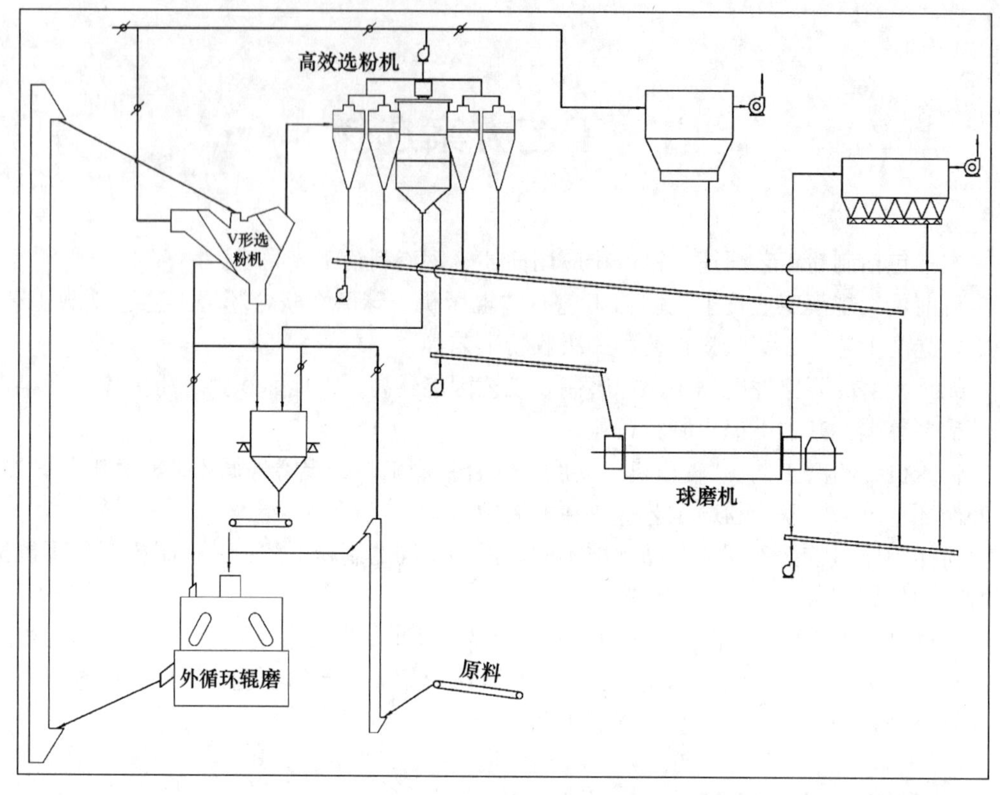

图 1-1 “辊磨外循环＋球磨”工艺流程简图

对于上述四种仍在发展中的制粉工艺装备不一一详述。以下重点介绍“辊压机＋球磨”联合粉磨工艺装备、二级收粉立磨工艺装备和一级收粉立磨工艺装备这三种成熟的制粉工艺装备。

1.1.1 “辊压机＋球磨”联合粉磨工艺装备

辊压机是由国内相关水泥研究设计院和机械制造厂携手联合于 20 世纪 80 年代从德国引进的，经历了三十多年的发展，取得了长足进步。

辊压机以能量利用率高、破碎后物料易磨性好等特点，得到了广泛应用。在水泥粉磨系统设计中，成为标准配置。我国运行中的水泥厂、水泥粉磨站，水泥粉磨大多采用“辊压机＋球磨”联合粉磨工艺，如图 1-2 所示。

随着国产辊压机大型化、智能化的发展，辊压机也为其他粉磨工艺预粉磨、系统配套提供了更多选择。

因为水泥粉磨不需要烘干环节，“辊压机＋球磨”联合粉磨工艺装备在水泥行业得到普遍应用。在新兴的钢渣制粉行业，由于钢渣尾渣水分较大，该工艺存在烘干工艺复杂、无法在粉磨过程中消解过烧 f-CaO 和 f-MgO 等实际问题，在钢渣制粉行业推广使用中需要进一步优化。

钢渣经热焖一次处理、破碎选铁二次处理后，尾渣颗粒仍然较大，利用辊压机进行破碎预处理，可以使物料粒度再次降低，邦德功指数（Bond work index）大幅度下降，再次分离、磁选尾渣中的金属铁，降低尾渣中的金属铁含量，显著改善钢渣尾渣的粉磨性能，为立磨工艺制粉创造更加有利的条件。

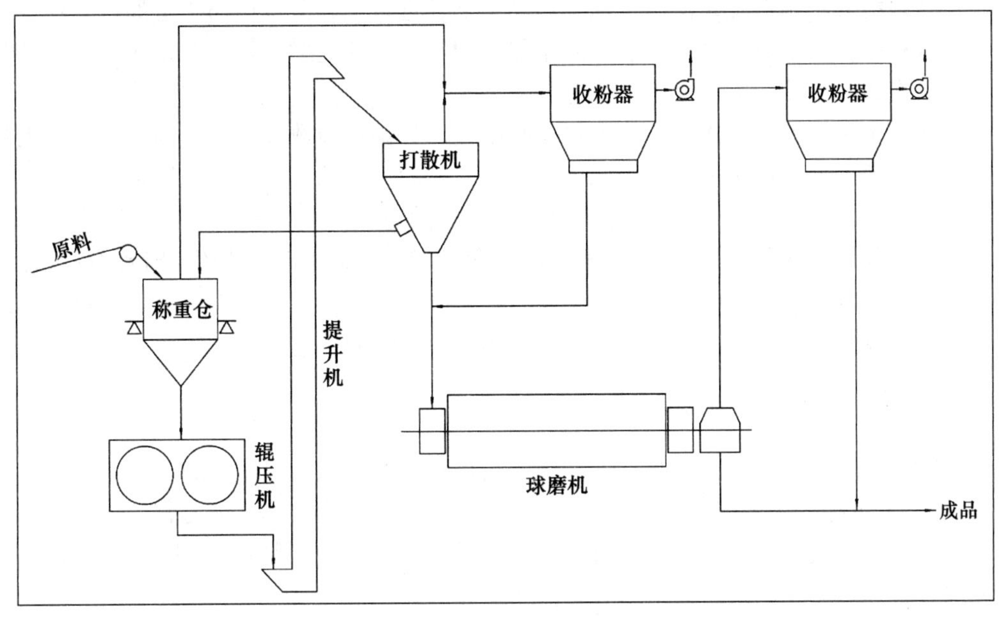

图 1-2 “辊压机＋球磨”联合粉磨工艺流程简图

“辊压机＋立磨”联合粉磨工艺装备，经过配套改进、取长补短、优化设计、成熟应用后，也是钢渣制粉工艺装备的选择方案之一。

1.1.2 二级收粉立磨工艺装备

立磨于 20 世纪 80 年代从德国引进，引进之初用于改造我国水泥生料制备系统。

二级收粉立磨工艺装备十分成熟，在原料邦德功指数较低、产品细度不高的制粉行业普遍采用，是水泥生料制备的标准配置，如图 1-3 所示。

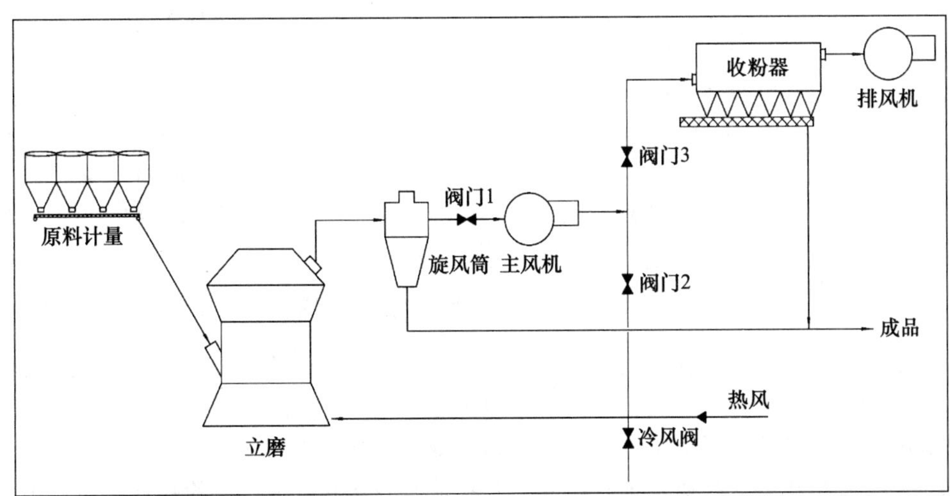

图 1-3 二级收粉立磨工艺流程简图

水泥生料相对于其他粉体材料，原料邦德功指数只有 10kW・h/t 左右，产品细度低，同规格磨机产量高，系统风量大，主风机与主电动机几乎功率相等，加之引进初期除尘器滤袋材质和制造工艺落后、成本居高不下、进口电磁阀价格昂贵等原因，巨大的系统风量和产品收集难以全部由袋式除尘器处理，早期的立磨制粉工艺采用“一级旋风筒＋二级袋式除尘器”的二级收粉工艺装备。

该工艺也可应用于矿渣粉、钢渣粉等密度大、邦德功指数高、比表面积较大的粉体材料制备，但不是最优工艺方案。原因如下：一是同规格的立磨，系统风量和产量不足水泥生料立磨的 50%，袋式除尘器处理风量完全满足工艺要求；二是旋风除尘器选粉效率很难达到设计的 99%，导致循环风粉尘含量较高，高速流动的钢渣粉冲刷磨蚀力强，造成旋风收粉器本体、主风机转子、循环风管道磨蚀，选粉效率下降、风机性能降低、系统漏风漏料，维护工作量较大；三是相对一级收粉工艺复杂。

1.1.3 一级收粉立磨工艺装备

一级收粉立磨工艺是在二级收粉立磨工艺基础之上优化发展而来的。

进入 21 世纪，袋式除尘器滤袋材料和制作工艺在我国得到快速发展，电磁阀国产化快速进步，袋式除尘器主要材料成本大幅度下降，大型及超大型袋式除尘器设计制作工艺日趋成熟，一级收粉立磨工艺装备快速发展。

一级收粉立磨工艺简捷流畅、设备少、占地面积小，全系统负压工作，粉尘噪声污染小，很容易达到或优于环保排放标准。单机设备产量高、高效低耗、自动化程度高，易于实现智能化一键制粉，如图 1-4 所示。

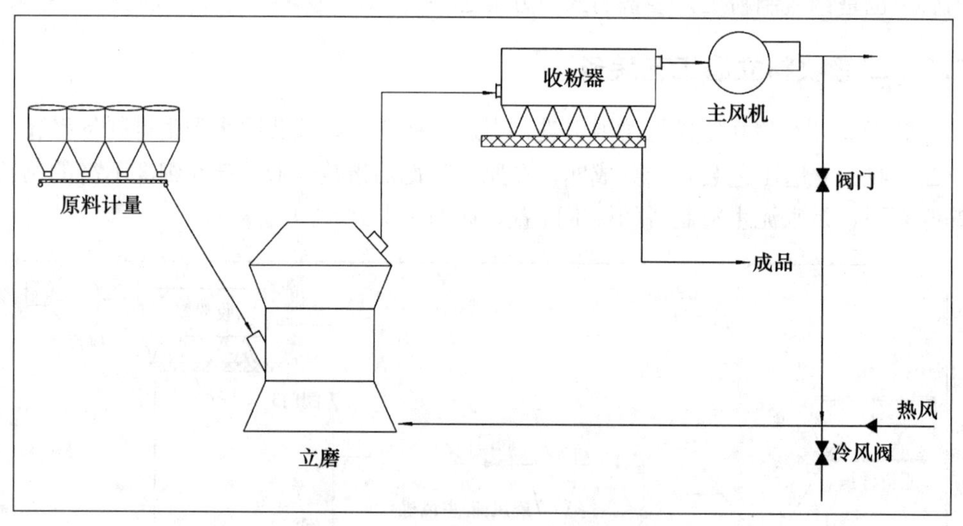

图 1-4 一级收粉立磨工艺流程简图

工业和信息化部编制发布的《国家工业节能技术装备推荐目录（2020）》中，《钢渣立磨终粉磨技术》《外循环生料立磨技术》《钢渣/矿渣辊压机终粉磨系统》在列。新技术的应用和发展得益于国家主管部门的政策支持和用户的应用支持。

一级收粉立磨工艺装备系统电耗低，尤其是大型立磨，在钢渣粉行业，单位电耗可以做到不高于 50kW・h/t，节能减碳效果明显，较其他制粉工艺装备具有显著优势，是制粉行业的发展趋势，也是钢渣制粉首选工艺设计方案。

在现有的工艺装备和技术条件下，建议钢渣制粉选择一级收粉立磨工艺装备。

1.2 钢渣粉应用简述

1.2.1 钢渣安全应用解决方案

无论是转炉还是电炉，炼钢工艺决定了钢渣中不可避免地存在过烧 f-CaO，因此，钢渣必定存在安定性问题，这是不可忽视、不能否认的客观存在。安定性问题是制约钢渣安全应用、大量使用的主要原因，其次是活性，相对于高炉渣，钢渣活性较低且波动范围广。

与高活性 CaO 性能不同，钢渣中的过烧 f-CaO 水化速度缓慢，两年内依然水化反应不停，在自然条件下，不能确定和有效控制水化时间。只要水化，体积就膨胀，钢渣做集料用于结构工程的混凝土中，就会造成严重的建设工程事故。对于钢渣能不能做结构工程混凝土的集料，存在较多争议，鉴于建设工程安全角度考虑，笔者持否定态度。

目前，部分钢厂仍然采用传统的热泼渣或常规闷渣一次钢渣处理工艺，处理后的大块钢渣中存在过烧 f-CaO。部分钢厂建设了熔融有压热闷一次钢渣处理工艺系统。该工艺渣铁分离、裂解粒化较好，处理后基本上没有大块钢渣，也就没有做集料的基本条件，处理过程中消解了大部分过烧 f-CaO，为钢渣制粉建材资源化利用提供了有利条件。

鉴于上述原因，钢渣安全有效应用的主要产品是粉体材料，即钢渣粉，其中立磨工艺生产的钢渣粉更具优势，原因如下：

立磨生产钢渣粉，需要在磨盘上形成稳定的料床，而形成料床必须有一定的水分，通常，原料水分大于 8%才能形成稳定的料床，保证工况稳定。

为烘干原料中的水分，保证出磨成品水分达到小于 1%的标准，需要 200～350℃的入磨热风。钢渣在研磨和随热气上升的过程中，在高温、高水分的环境里，钢渣粉中的过烧 f-CaO 大部分水化，在粉磨生产过程中基本解决了钢渣安定性问题。

其他工艺装备生产钢渣粉，没有在高温高湿环境里的粉磨过程，钢渣中的过烧 f-CaO 无法快速水化，产品的安定性隐患没有得到解决。

钢渣粉在立磨工艺生产过程中，可以有限度地提高活性，比如大幅度提高比表面积，过程中水化 f-CaO 生成 $Ca(OH)_2$，添加化学激发剂等。

大幅度提高比表面积和使用化学激发剂等措施，钢渣粉活性提高程度有限，成本上升，综合效益难以平衡。激发剂是否造成混凝土质量隐患也存在不确定性，管理规范严格的商品混凝土搅拌站，在采购使用矿渣粉时，合同条款明确规定："禁止使用助磨剂和活性激发剂，如被检出，按废品处理。"钢渣粉也不例外。

在现有炼钢工艺和钢渣处理技术条件下，只有把钢渣磨成比表面积大于 $450m^2/kg$ 的粉体物料，而且只有立磨工艺生产的钢渣粉，才能在生产过程中基本解决安定性问题，在一定程度上提高活性，改善钢渣粉性能，钢渣粉才有安全有效的广泛用途。

1.2.2 钢渣粉简述

钢渣粉是有国家标准的合法产品，有明确的质量标准、检验方法和检验标准，有明确的使用方向：用于水泥和混凝土中。

根据国家标准《用于水泥和混凝土中的钢渣粉》（GB/T 20491—2017），钢渣粉的技术要求应符合表 1-1 的规定。

表 1-1　钢渣粉技术要求

项目		一级	二级
比表面积/（m^2/kg）		≥350	
密度/（g/cm^3）		≥3.2	
含水量/%		≤1.0	
游离氧化钙含量（质量分数）/%		≤4.0	
三氧化硫含量（质量分数）/%		≤4.0	
氯离子含量（质量分数）/%		≤0.06	
活性指数/%	7d	≥65	≥55
	28d	≥80	≥65
流动度比/%		≥95	
安定性	沸煮法	合格	
	压蒸法	6h 压蒸膨胀率≤0.50%	

注：如果钢渣粉中 MgO 含量不大于 5%时，可不检验压蒸安全性。

国家标准《用于水泥和混凝土中的钢渣粉》（GB/T 20491—2017）较 2006 版变动较大，比表面积由 $400m^2/kg$ 调整为 $350m^2/kg$，很多人对此感到很不理解，笔者的观点是钢渣粉比表面积不应降低，而是应该提高到大于等于 $450m^2/kg$。

标准规定钢渣粉分一级和二级，主要区别是 7d 和 28d 活性，其他要求一样，其中比表面积大于等于 $350m^2/kg$。由于钢渣粉密度高达 $3.2 \sim 3.7g/cm^3$，相比矿渣粉密度 $2.8 \sim 2.9g/cm^3$ 较高，也比水泥密度 $3.1g/cm^3$ 左右高，比表面积检验方法与水泥、矿渣粉一致，按《水泥比表面积测定方法 勃氏法》（GB/T 8074—2008）使用勃氏比表面积仪检测。钢渣粉密度大，试样量增加，在比表面积相同的情况下，钢渣粉的细度较矿渣粉低。

笔者在生产一线工作，目前管理 32.3S、45.4S 两台矿渣立磨和一台 53.3SS 钢渣立磨，针对矿渣粉和钢渣粉比表面积和细度筛余的对比关系，用正在运行的一台 32.3S 立磨，分别粉磨矿渣粉和钢渣粉，粉磨过程中调节选粉机转速，得到不同比表面积的产品后取样检验。

李氏瓶密度检测：

钢渣粉密度：$3.29g/cm^3$。矿渣粉密度：$2.88g/cm^3$。

一台 32.3S 磨机。

一台 SBT-127 型数显勃氏透气比表面积仪。

一台 SF-150A 水泥负压筛分析仪和 45μm 方孔筛。

矿渣粉与钢渣粉比表面积与细度筛余对比见表 1-2。

表 1-2 矿渣粉与钢渣粉比表面积与细度筛余对比

序号	品种	密度/（g/cm³）	填装量/g	比表面积/（m²/kg）	细度筛余/%
1	矿渣粉	2.88	2.539	400	1
2				420	0.8
3	钢渣粉	3.29	2.901	400	1.5
4				450	1.1

注：检验次数有限，结果仅供参考。

在同一粉磨和检验条件下，当钢渣粉比表面积达到 450m²/kg 以上时，与比表面积 400m²/kg 矿渣粉筛余接近，在 1%左右。

然后用同一批钢渣粉，用光谱仪分析主要成分，分别磨制比表面积 350m²/kg、400m²/kg、450m²/kg、500m²/kg 的钢渣粉做活性试验。

钢渣粉主要化学成分见表 1-3。

表 1-3 钢渣粉主要化学成分

化学成分/%						
TFe	CaO	MgO	SiO_2	Al_2O_3	MnO	S
14.65	44.29	5.99	23.43	6.15	3.58	0.47

注：TFe 指全铁，铁单质及铁的化合物中铁的总和。

活性试验结果见表 1-4。

表 1-4 活性试验结果

密度/（g/cm³）	比表面积/（m²/kg）	7d 活性指数/%	28d 活性指数/%
3.29	353	60	76
	407	62	77
	455	66	82
	510	67	83

注：仅 2 次试验平均值，结果仅供参考。

由比表面积和活性试验对比可知，钢渣粉活性与比表面积在一定范围内呈正向关系，比表面积 350m²/kg 的钢渣粉活性较低，当比表面积达到 450m²/kg 以上时，同一批钢渣磨制的钢渣粉 7d 和 28d 活性均有提高。

因此，建议实际生产钢渣粉时，比表面积按大于等于 450m²/kg 控制，密度增大时，比表面积适当提高，当钢渣粉密度达到 3.6～3.7g/cm³ 时，比表面积相应提高到 500m²/kg 以上，否则，钢渣粉活性难以发挥。

1.2.3 钢渣粉应用

钢渣粉可做如下用途：

（1）作为混凝土的掺和料，替代部分水泥直接在搅拌站使用。

钢渣粉使用方向和矿渣粉一样，但是，商品混凝土搅拌站对钢渣粉安定性问题的顾虑始终存在，在一定时期内，钢渣粉像矿渣粉一样，在商品混凝土搅拌站直接替代水泥存在较大阻力。

（2）生产钢铁渣粉。

生产符合国家标准《钢铁渣粉》（GB/T 28293—2012）的钢铁渣粉。

钢铁渣粉业界俗称复合粉，综合性能介于矿渣粉与钢渣粉之间，产品活性检验按矿渣粉标准等量替代，产品虽然有国家标准，但是从标准名称看就没有明确用途方向，产品大多与钢渣粉一样作为水泥混合材使用，实际降低了高炉渣的利用价值。

国家标准《钢铁渣粉》（GB/T 28293—2012）第 6 项，钢铁渣粉的技术要求应符合表 1-5 规定。

表 1-5　钢铁渣粉技术要求

项目		G95 级	G85 级	G75 级
密度/（g/cm^3）		≥2.9		
比表面积/（m^2/kg）		≥400		
含水量（质量分数）/%		≤1.0		
氯离子含量（质量分数）/%		≤0.06		
三氧化硫含量（质量分数）/%		≤4.0		
烧失量（质量分数）/%		≤3.0		
活性指数/%	7d	≥75	≥65	≥55
	28d	≥95	≥85	≥75
流动度比/%		90		
沸煮安定性		合格		
压蒸安定性		6h 压蒸膨胀率≤0.5%		
放射性		合格		

随着科技进步，特别是炼钢工艺、钢渣一次处理工艺的进步，钢渣和钢渣粉一定会有更高的利用价值、更广泛的用途，变废为宝，在彻底解决环保问题的同时，达到节能减碳、增加效益的目标。

1.3　钢渣制粉工艺简述

1.3.1　工艺方案选择

基于钢渣安全有效应用、立磨工艺钢渣粉的综合优势，对钢渣特性和不同制粉工艺方案进行分析，钢渣制粉首选一级收粉立磨工艺方案。

1.3.2　系统划分

钢渣磨一级收粉立磨工艺方案，按照工艺流程划分为 9 个分系统，分别是：上料系统、返料系统、磨机系统、收粉系统、成品系统、润滑和加载系统、热风系统、电气系统、公辅系统，如图 1-5 所示。

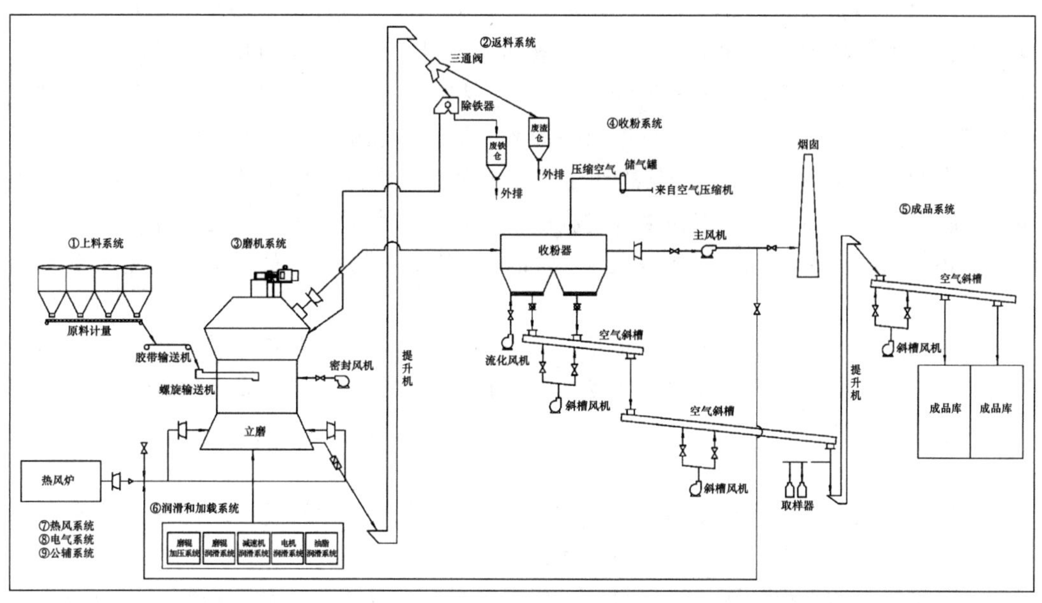

图 1-5 系统划分

每个建设现场条件不同、地形不一，工艺布置有所不同，应根据实际工艺流程，调整系统划分，目的是方便设备管理。

1.3.3 一级收粉立磨工艺简述

存储在尾渣仓的钢渣尾渣经仓底出料锥、棒条阀、调节溜子、皮带秤计量后，由上料皮带送至入磨装置。

为保证磨机运行安全，在上料皮带上安装两级自卸式电磁除铁器，将钢渣尾渣中较大颗粒的铁质在入磨前清除。

常用的入磨装置有螺旋铰刀、锁风分格喂料机、气动双翻板阀、三级重锤翻板阀等，其作用是将物料输送入磨及有效锁风。

钢渣磨通常采用锁风效果较好的螺旋铰刀。

钢渣尾渣经螺旋铰刀推送入磨，原料落在磨盘中心。磨盘由主电动机提供动力，经立式行星减速机减速增大扭力后驱动，按设计转速转动，尾渣在中心料刮板和离心力作用下甩入研磨区。经磨辊与磨盘碾压，粉磨后的物料从磨辊后端越过挡料圈进入风环。

进入风环的物料分以下几部分：

（1）大部分物料被热风吹起落回磨盘后再次碾压。经过研究分析，5mm 颗粒的钢渣尾渣，99%以上被研磨成 45μm 以下的钢渣粉，要被磨辊磨盘反复碾压 7 次以上。

（2）少量细颗粒物料被热风吹起，沿磨机中机体内壁旋转上升，穿过选粉机静叶片，形成一定角度的高速气流冲向选粉机转子叶片。

（3）经选粉机转子叶片切削，合格细粉通过转子叶片间隙，经磨机顶部的出粉管出磨，成品在升起、出磨的过程中被热风烘干。

（4）较大颗粒的物料不能通过叶片间隙被打落，在重力作用下经过选粉机集料锥落入磨盘，再次碾磨。

（5）越过挡料圈后，颗粒较大、密度较大物料，通过风环落入磨机下机体底板，被悬挂在磨盘下部的刮料板刮出磨外。钢渣磨的返料量较大，是投料量的5%左右。

排出磨机的返料经过封闭式溜管、斗式提升机、三通阀、二级组合式除铁器、锁风喂料机，再次进入磨内，与选粉机返料一起落入磨盘重新碾磨。

合格的钢渣尾渣一般含有1%的铁质，如果钢渣二次处理中尾渣颗粒较大、除铁不净，铁质含量会更高。在钢渣粉生产过程中，尾渣经过研磨，铁质从尾渣中分离，这部分铁质必须清除。选出来的铁粒一方面增加经济效益，另一方面可减少磨辊、磨盘磨蚀，延长耐磨堆焊层使用寿命。

钢渣磨还有一套喷水系统。为形成料层稳定工况，当入磨尾渣水分较低时（通常8%为临界点），需要向磨内喷水。所需水源取自公辅系统的循环冷却水系统。

经过选粉机转子出磨后的合格成品，通过管道进入收粉器，经收粉器过滤后成品被收集。

收集起来的成品通过收粉器下集灰斗、船形斜槽、三级单板锁风卸灰阀、空气斜槽、成品斗式提升机、仓顶输送设备进入成品仓。

仓顶安装雷达料位计测量显示料位，依据料位，自动或者手动切换卸料阀，分别入仓。为确保产品不溢仓，确保成品仓安全运行，在仓顶安装音叉料位开关，用于满仓报警。

成品在输送过程中需要取样检验，常规每小时一次，分析比表面积和水分是否合格，若高于标准过大，将检验结果通知主控操作员及时调整。保留检验后的样品，每天混合为一个样品，用于活性试验和标准规定的其他检验项目。

进入磨内的尾渣一般含有8%的水分，在粉磨和粉料上升的过程中，水分被进入磨内的热风烘干，入仓合格产品水分小于1%。烘干的过程中，钢渣尾渣中的过烧f-CaO和f-MgO快速水化，生成$Ca(OH)_2$和$Mg(OH)_2$，解决钢渣粉安定性问题。只有立磨制粉工艺才有高温、高湿、封闭粉磨环境，才能快速水化过烧f-CaO和f-MgO。辊压机终粉磨、辊磨外循环等制粉工艺不具备该条件，这是钢渣制粉选择立磨工艺的关键条件。

热风由热风炉制造，热风炉有燃煤或燃烧生物质燃料的沸腾炉、燃气热风炉等，为满足越来越高的环保标准要求，一般选择燃气热风炉来制造热风。气源有天然气、碳化钙煤气、焦化煤气、高炉煤气、转炉煤气、煤制气等不同品种，应根据方便和低成本原则选用。

系统气流由安装在收粉器后的主风机带动，经收粉器过滤后的洁净气体被风机吸入，经风机叶片排出。

正常生产情况下，风机出口风温在85℃以上，为节能减碳、热能充分利用，70%以上的热风经循环管道、调节阀门、热风炉出口的混风室再次进入磨内。

为排出烘干物料的水分，30%以下的气流经烟囱排入大气，烟囱安装在线环保检测装置，实时检测排放的污染物。

入仓的合格产品，经仓底均化进入装车机，经计量后出厂。

钢渣尾渣经计量、入磨、粉磨、烘干、选粉、收集、储存、出仓，变成合格的钢渣粉，从而达到消化固废、增加效益的目的。

1.3.4 特别提示

由于钢渣磨在实际运行时返料较多，有极个别一级收粉或二级收粉立磨工艺的钢渣粉生产线采用返料外排方式：返料出磨经返料皮带装车，全部返回尾渣堆场或尾渣仓。这是对钢渣原料特性认识不足、对系统工艺参数掌握不准、工艺设计失误造成的，与建设方专业人员缺乏专业知识有关，也不排除与无原则低价中标有关。

在现场考察时，这种现象确有发生，通过事后技术改造可以做到返料全循环，但是整个工艺布局不流畅、生产线现场设备凌乱状况应引起重视。

新建钢渣粉一级收粉立磨工艺装备生产线，在技术交流和技术协议签订时，应明确有关条款：正常运行时返料入磨全循环。

2 上料和返料系统

本章包括原料条件、上料系统和返料系统。

对一级收粉立磨工艺装备、二级收粉立磨工艺装备钢渣粉生产线，原料条件十分重要，关系到生产线能否达产达标、能否长期高效低耗运行，甚至决定着生产线能否调试成功、能否投入运行。

如果原料不达标，在调试和初期生产过程中会遭遇意想不到的困难，甚至需要再次增加前期处理设备，增加对辊破碎机或辊压机，以改善原料条件。

上料系统的关键是计量准确、输送顺畅，避免尾渣仓卡料、计量断料，避免原料抛撒造成二次污染。

返料系统的重点：一是除铁干净、增加效益、延长设备使用寿命；二是全程封闭，防止开放式输送造成扬尘、污染环境。

2.1 原料条件

2.1.1 原料标准

当前，炼钢厂钢渣一次处理采用热泼和热闷工艺，部分采用先进的熔融有压热闷工艺，二次处理经选铁、破碎、粉磨、筛分、磁选等工艺，得到以下产品：

（1）渣钢。磁选渣钢黏附钢渣，杂质较多，经八角磨等设备处理干净后堆存，运回炼钢厂再次冶炼。

（2）豆钢。破碎后磁选的钢粒子，业界称豆钢，入仓暂存，运回炼钢厂再次冶炼。

（3）铁精粉。磁选出来的品位50%以上的氧化铁，入仓暂存，运送去烧结厂配矿，做成烧结矿用于高炉炼铁。

（4）钢渣尾渣。入仓暂存，待售或生产钢渣粉。

钢渣制粉选用一级收粉立磨工艺装备，为稳定工况、提高效率、节能减碳、减少设备故障率，作为钢渣粉原料的钢渣尾渣，二次处理后要求达到如下标准：

尾渣粒径：98%尾渣粒径小于等于5mm，100%尾渣粒径小于等于10mm。

尾渣金属铁含量：小于等于1.0%。

达到或优于上述指标的钢渣尾渣，邦德功指数通常不大于30kW·h/t。

笔者通过现有磨机试验、观察和分析后发现，如果二次处理后的钢渣尾渣颗粒较大，比如粒径大于10mm的超过10%，大颗粒物料落入磨盘后，在料层上面滚动，未经磨盘与磨辊挤压研磨，从磨辊之间的间隙快速甩出，直接越过挡料圈落入返料区，造成返料量增加，大颗粒返料反复出磨入磨，越积越多，工况变差、效率降低。

从实际运行管理中总结的经验教训是：当钢渣尾渣颗粒大于10mm的超过10%，磨机产能断崖式下跌。

笔者用32.3S矿渣立磨改磨钢渣粉进行试验，总结如下：

钢渣粉密度3.3g/cm^3，比表面积按大于等于450m^2/kg控制生产。

当钢渣颗粒98%粒径小于等于5mm、100%粒径小于等于10mm时，台时产量可达40t/h以上稳定运行；

当钢渣颗粒90%粒径小于等于8mm，100%粒径小于等于15mm时，台时产量下降到25t/h还不能达到稳定工况，返料量增加、磨机压差上升，磨机振动加大。

颗粒较大的钢渣尾渣，邦德功指数较高、易磨性较差，为提高粉磨效率，磨辊需要更高的加载压力，料层容易破坏，钢渣磨运行中振动较大，磨辊、磨盘耐磨堆焊层磨蚀较快，使用500h甚至更短的时间就需要修复堆焊。

加载压力增大后，磨辊大头堆焊层容易发生大块脱落的设备事故。这种现象在早期的矿渣磨中也会发生，主要原因是堆焊材料选择不当、堆焊技术掌握不好、磨辊基材疲劳等。随着堆焊材料的发展和堆焊技术的日臻成熟，堆焊层大块脱落现象已经很少在矿渣磨中出现，但是在钢渣磨中经常发生，主要原因就是钢渣颗粒大、磨辊加载压力大、磨机振动幅度大。

钢渣尾渣达到或优于上述标准，钢渣磨运行平稳，产能提高，能耗下降，生产比表面积大于等于450m^2/kg的钢渣粉，单位电耗不大于50kW·h/t。

钢渣二次处理后，如果尾渣粒径5mm以上的颗粒大于等于10%，尾渣中铁含量大于1%，邦德功指数大于30kW·h/t，可采取减小棒磨机出磨筛孔控制出磨粒度、加装对辊破碎机或辊压机等方式，对尾渣进行破碎和除铁预处理，保证入磨原料符合或优于标准要求。

粒度和邦德功指数合格的钢渣尾渣，是钢渣制粉一级收粉立磨工艺装备对原料的基本要求和必要条件。

2.1.2 原料储存

钢渣经二次处理后，合格尾渣经提升输送至尾渣仓存储，为保证连续稳定运行，要求仓库容量最低7d用量，根据场地情况和生产规模建设1～4个筒仓。

由于钢渣尾渣磨蚀和腐蚀性强，建议建设混凝土筒仓，也可建设钢板仓，内壁做防腐耐磨涂层或积料格耐磨处理。仓顶设置雷达料位计检测仓位，信号分别送至钢渣二次处理和钢渣粉主控显示。料位计设置吹扫装置，吹扫管路配置电磁阀自动控制和旁路手动阀。

为美化环境，筒仓外观可做彩绘。

目前，钢渣粉主要用途为水泥混合材，属于建筑材料，受我国大部分地区冬季建筑工地停工影响，冬季钢渣粉产品销售困难。因此，钢渣粉生产线与水泥生产线一样，大多停产冬休，但炼钢和钢渣一、二次处理不能停产，因此必须建设钢渣尾渣暂存堆棚，采用封闭防尘、地面进行硬化防渗漏设计，符合环保标准。为提高单位面积堆存量，设置堆高设备，避免运输车辆碾压而造成尾渣板结。储存量方面，南北方差异较大，从30～60d不等，应确保销售淡季尾渣有序堆放，不影响炼钢正常生产。

2.1.3 主要设施设备（表 2-1）

表 2-1 主要设施设备

序号	名称	功能描述	备注
1	尾渣仓	存储钢渣尾渣	满足 7d 用量
2	雷达料位计	检测仓位	仓位信号分别传输至钢渣二次处理和钢渣粉主控
3	封闭堆场	暂存钢渣尾渣	满足冬季存储

2.2 上料系统

2.2.1 工艺描述

根据设计生产能力和磨机运行工况，主控操作员在主控电脑上设定磨机喂料量，或由智能控制系统根据磨机负荷和系统工况给出磨机喂料量，皮带秤接收信号准确称量，反馈实际给料量，并将原料送入胶带输送机。上料胶带输送机业界习惯称为上料皮带。

上料皮带将原料输送至入磨装置，在上料皮带上悬挂二级自卸式电磁除铁器，清除尾渣中的铁质，防止铁件入磨，以免对磨辊、磨盘堆焊层造成严重伤害，避免磨机剧烈振动引发保护性停机。

2.2.2 装备设施

2.2.2.1 原料计量

原料取自钢渣尾渣仓底卸料口，仓底钢制下料锥设置仓壁振动电机，避免原料在仓内悬空、下料不畅。在下料斗侧壁焊接加强板，安装支座，振动电机水平安装，禁止斜挂仓壁，以免掉落造成人身伤害等意外事故，如图 2-1 所示。

振动电机受皮带秤反馈量自动控制和手动控制。当反馈量低于给料量 10%时，振动电机自动开始振动，出料顺畅，反馈量达到给定量时自动停止。

原料计量选用带裙边胶带式计量秤，简称皮带秤。

仓底安装棒条阀，阀下安装可调节出料溜管，出料宽度以计量皮带裙边两侧保持 100mm 以上的空边为准，严禁满带铺料。调整挡板高度控制出料量，确保皮带秤运行频率在 35～45Hz。

皮带秤最低配置为：一用一备一辅，计量误差精度小于等于 1%。辅料秤用于添加脱硫石膏等其他工业固废。

卸料滚筒设置电动滚刷清扫器，及时清扫胶带上的剩料，避免计量误差累积增大。

计量仓底全封闭设计，配置换气设施，仓底工作环境符合职业卫生国家标准，保证现场工作人员安全和健康。

2.2.2.2 输送设备

计量后的原料送入上料皮带。

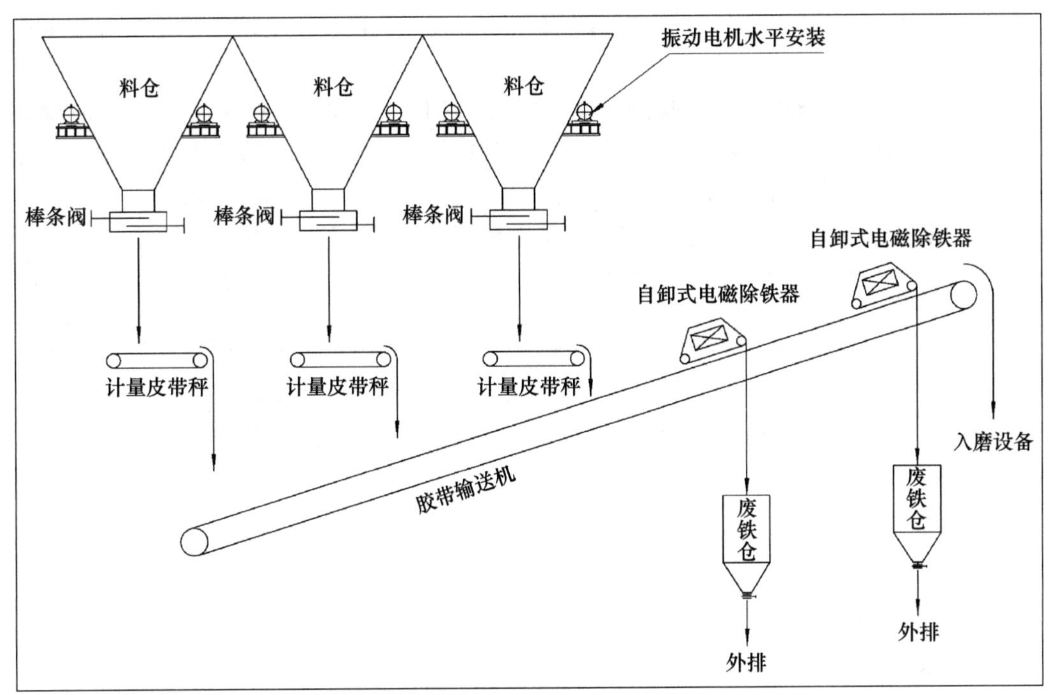

图 2-1 上料系统工艺流程

胶带输送机是常规散装颗粒物料输送设备，输送量大、适应面广，有一定的爬坡升高能力，使用可靠、维护简单，广泛应用于各个行业。

钢渣磨生产线使用的上料皮带，规格型号根据主机产能确定，胶带宽度 650～1200mm，胶带最低选用 EP200/6 层级 4.5＋6＋1.5，或 9～11 层级等更高等级、更长寿命的胶带，超过 500m 的长距离输送采用钢丝胶带。

上料皮带爬坡角度小于 16°，配置逆止器、垂直张紧装置，做好安全封闭。

配置带速传感器，检测驱动滚筒是否打滑；按间距不大于 20m 配置二级轻重跑偏开关、拉绳开关，按左右位置顺序分类编号、分别布设控制线，所有保护开关禁止采用串联控制方案，现场喷码标注，与主控报警显示对应，便于准确查找、及时排除故障，分别进入主控记录、报警、保护停机。

上料皮带安装两级自卸式电磁除铁器，避免选用永磁除铁器。电磁除铁器磁场强度根据安装现场和尾渣实际情况现场调节，做到有效除铁，避免磁力太低引起大块铁质清除不净，也要避免磁力过强导致排出过多尾渣。

其中一台自卸式电磁除铁器需安装在入磨前靠近卸料端，确保原料在入磨前除铁干净，避免铁件入磨严重损坏磨辊、磨盘堆焊面。

除铁器高位悬挂，设置溜槽和渣铁暂存仓，仓容不小于一个生产班的渣铁存量，仓下设置手动插板阀和电动扇形阀，出口距地面高度不小于 3m，便于装车，严禁渣铁直排地面造成二次污染，导致清理困难、增加工作量。

在输送物料有水分和粉料的情况下，尤其是输送钢渣尾渣，胶带承载面粘料是个不可回避的问题，胶带通过驱动滚筒后，机架下方沿途落料，每个水平托辊附近尤其严重，造成二次污染、增加工作量。因此，上料皮带卸料后，及时清扫胶带承载面，保持卸料后的承载面干净不落料，是实现洁净生产、文明生产的基本要求，也是实现输送设备智能化、无人化运行的关键措施。

上料皮带配置弹性聚氨酯刮料板、电动滚刷清扫器，根据毛刷磨损情况，随时调节滚刷高度，确保卸料后的胶带底面清扫干净，刮料板和清扫器安装在卸料滚筒处，保证与卸料一起落入下料溜槽，防止二次落地。改向滚筒前，下行胶带非承载面配置 V 形刮料器，防止物料滚入改向滚筒，导致胶带跑偏甚至损坏胶带，如图 2-2 所示。

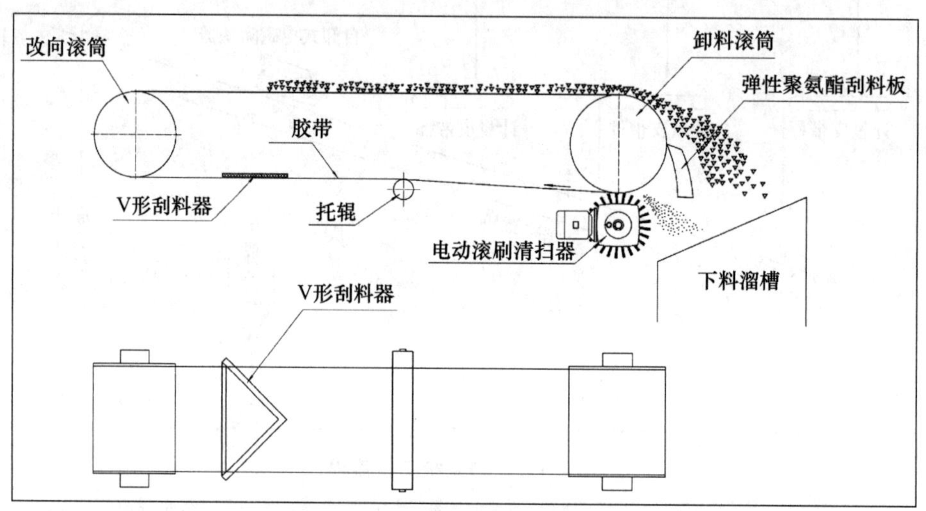

图 2-2　机头和机尾清扫器

2.2.2.3　上料皮带通廊

按照现代企业环保和安全要求，所有输送设备禁止露天安装或简易覆盖，应设计建设钢结构全封闭通廊，上料皮带安装在通廊里，如图 2-3 所示。

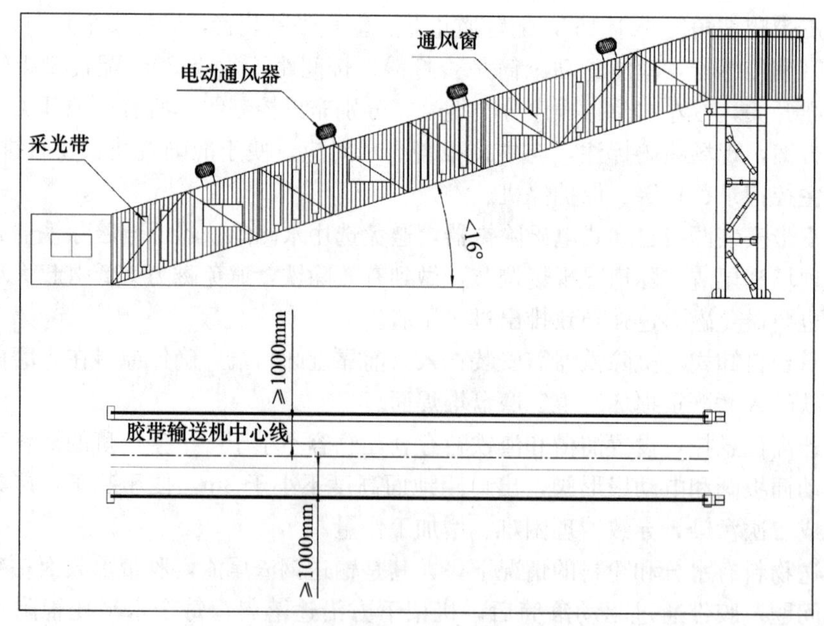

图 2-3　胶带输送机上料皮带通廊

上料皮带通廊宽度要求除去设备占用及安全护栏，两侧可供双人通行，净宽度均不小于 1000mm，用于员工巡检、设备操作和维修作业。

应按建筑标准设置采光带、通风窗、顶部电动通风器。

2.2.2.4 喂料楼

磨前设计一座框架结构建筑，尽可能靠近磨机本体，业界习惯称之为喂料楼。

喂料楼与上料皮带通廊连接，用于安装上料皮带的驱动设备、除铁器、螺旋铰刀，返料系统的斗式提升机、磁选机、锁风给料机，以及悬挂渣仓和铁仓等设备设施。

喂料楼顶层设置起重量大于等于 5t 的电动单梁起重机，围护结构采用半封闭防雨设计，吊钩与斗式提升机的机顶壳空间高度不小于 2m。

2.2.2.5 设施设备（表 2-2）

表 2-2 设施设备

序号	名称	功能描述	备注
1	振动电机	处理尾渣下料不畅	每个下料锥 2 台
2	棒条阀	原料开关、流量控制	—
3	皮带秤	原料计量	一用一备一辅
4	上料皮带	原料输送	有转角时增加
5	电磁除铁器	清除铁质	磁力可调
6	单梁起重机	吊装检修	≥5t，安装在喂料楼
7	皮带通廊	安装上料皮带	钢结构
8	喂料楼	安装上料和返料设备	钢结构

2.3 返料系统

2.3.1 返料的作用和工艺描述

经过一次、二次处理后的钢渣尾渣，通常含有 1%的铁质，为达到有效除铁的目的，钢渣磨运行中返料量较大，正常工况达到投料量的 5%左右，返料中含有较大比重的铁，这些铁必须在返料过程中清除，为达到除铁干净，选用两级组合除铁器。

返料系统工艺流程如图 2-4 所示。

返料的作用有两个：

作用一：延长设备使用寿命。如果返料中的铁质没有清除干净，密度大、硬度高的钢铁粒在磨盘沉积，加速磨盘、磨辊堆焊层的磨蚀，降低使用寿命、缩短堆焊使用周期、增加运行费用，因此尾渣中铁质必须尽量清除干净。

作用二：增加经济效益。选出的铁直接返回炼钢用于再次冶炼。按 1%选铁率计算，一条年产 100 万 t 的钢渣粉生产线，一年选铁 1000t 左右，创收可达数百万元，效益十分可观，足够生产线全员工资及其他费用支出。

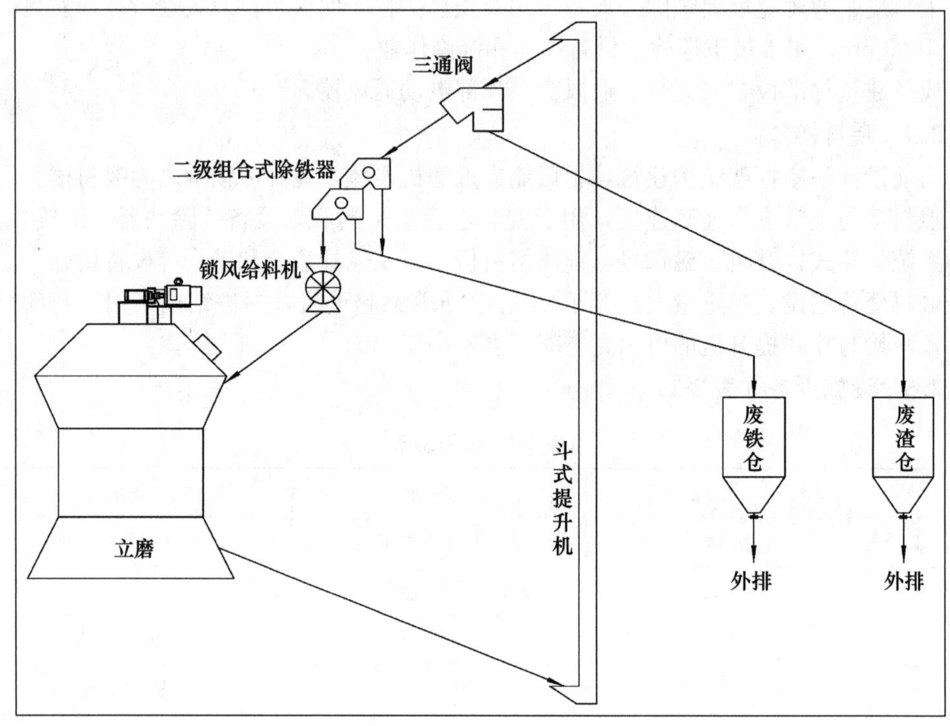

图 2-4 返料系统工艺流程

2.3.2 返料出磨

返料系统全流程采用封闭无开放、无扬尘、全循环运行模式。

原料入磨后，经过磨盘与磨辊碾磨，在离心力作用下，物料从中心向外移动，越过磨盘外沿挡料圈进入风环。颗粒较大、密度较大、含有铁质的物料，落入磨机下机体，被刮料板刮出磨外。

出磨后的物料通过全封闭溜管进入返料斗式提升机、三通阀、二级组合式除铁器，除铁后的物料经锁风给料机全循环入磨，再次研磨。

返料出磨是所有立磨工艺扬尘最严重的环节，尤其是启（停）机、工况波动、大量返料出磨、返料时皮带扬尘严重。

返料出磨后，较多采用皮带机将返料送至返料斗式提升机，为达到除铁的目的，在开放式皮带机上悬挂胶带自卸式除铁器，即便加装单机除尘器，对开放式皮带机和自卸式除铁器除尘的效果也不佳，难以彻底解决扬尘问题，在环保标准越来越高的情况下，开放式输送干粉物料因造成扬尘污染，将不被允许使用。

较少采用刮板机输送方式，水平输送至返料斗式提升机。

为彻底解决返料系统扬尘问题，需要改善返料系统工艺设计。

返料出磨后，采用封闭溜管直接将返料送入返料斗式提升机，取消返料皮带、胶带自卸式除铁器等造成扬尘的设备，使磨机周边彻底无扬尘，改善环境，洁净生产，如图 2-5所示。目前已有成功案例。

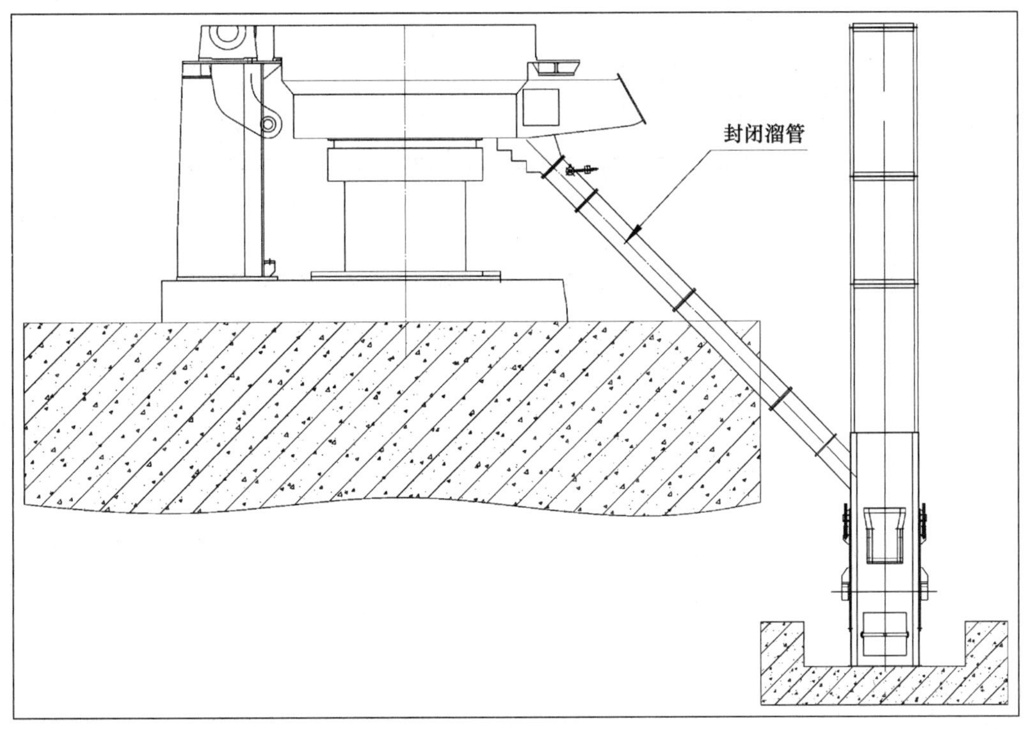

图 2-5　返料出磨直接入斗式提升机

返料出磨采用封闭溜管，底边、侧边钢板采用耐磨钢板或堆焊耐磨层复合钢板，保证一个运行年度不发生磨穿问题。

在合适位置设置检查孔，处理大块堵料，安装视频监控查看返料情况。

该方案设计与施工紧密配合，提前预制非标溜管，在磨机混凝土基础浇筑前，按设计要求安装固定在钢筋上，浇筑在磨机混凝土基础里。

2.3.3　返料处理

返料出磨经过封闭溜管后进入返料斗式提升机。

返料斗式提升机配置慢传、逆止器、堵料检测。

返料斗式提升机变频控制，开机初期、停机时段和工况不稳返料加大时，高频运行，正常工况时低频低负荷运行。根据返料量大小，返料斗式提升机可自动控制运行频率。

返料斗式提升机设置电动三通。启机、停机和工况不稳时返料量较大，为快速恢复工况，此时返料不入磨，排入废渣仓暂存。

正常运行返料进入封闭组合双级回转式磁选机，确保除铁干净，铁粒入仓。

渣铁暂存仓出口设置手动插板阀＋电动扇形阀，内壁与阀体内孔衔接一致，避免出现台阶，造成卡料，影响出料流畅。出料口距地面高度不小于 3m，便于装车外运。

手动插板阀常开，电动扇形阀常闭，外运司机遥控启闭，渣铁仓如图 2-6 所示。

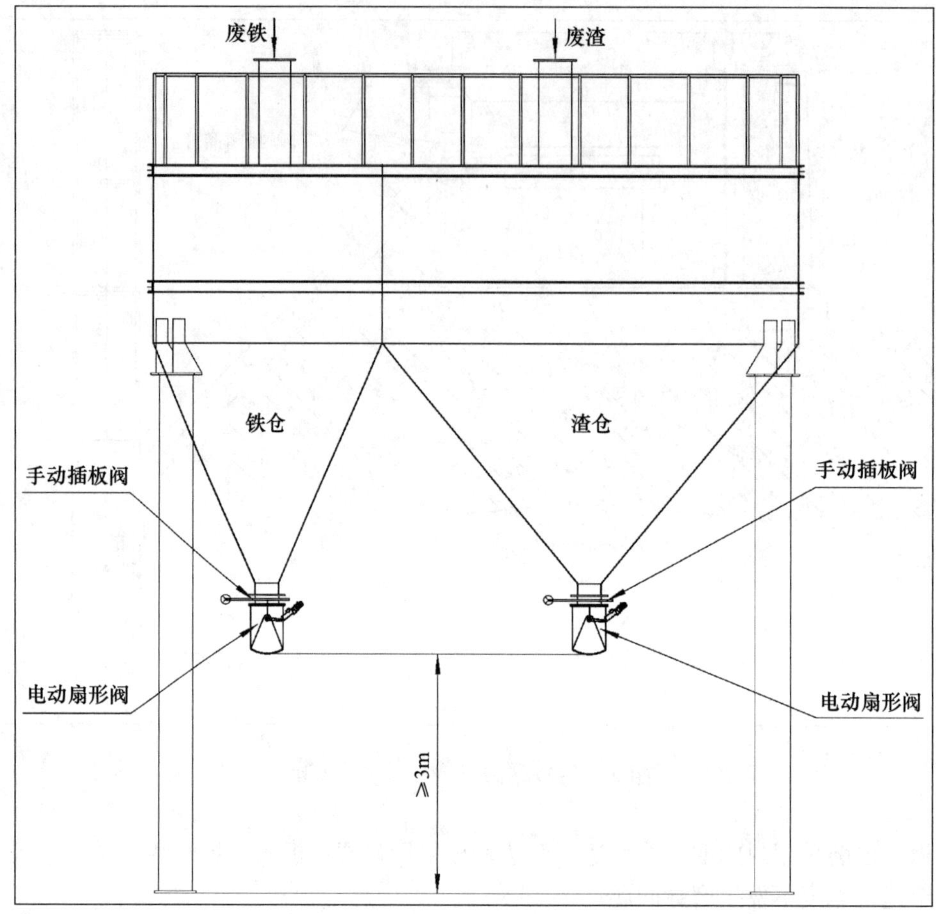

图 2-6　渣铁仓

2.3.4　返料入磨

除铁后的返料，经过回转锁风阀全部循环入磨。

入磨后进入选粉机集料锥，与选粉机返料一起落入磨盘，避免在落入磨盘前的任何环节与原料混合。

2.3.5　返料地坑

返料地坑与喂料楼设计为一座建筑。

返料斗提安装于地坑内，由于设计为封闭输送，导致地坑较深，地坑地面积水在所难免，因此地坑地面设计施工为鱼脊形，坡度≥3%向四周排水，周边设置排水槽，宽300mm、深100mm；一角设置集水井，井口≥800mm×800mm，深≥800mm。集水井安装固定式排污泵，启停由水位自动控制和手动控制。

地坑防渗漏设计、加强施工措施和施工管理，避免地板和墙体渗漏，确保地面不积水，便于打扫卫生，保持洁净的工作环境。

为检修作业方便、通风良好，避免形成封闭空间，地坑设计为敞开式，设置护栏、斜梯，悬挂警示标志。

2.3.6 主要设施设备（表 2-3）

表 2-3 主要设施设备

序号	名称	功能描述	备注
1	返料斗式提升机	提升返料高度	变频控制
2	电动三通	切换返料状态	启机时自动切外排
3	二级组合除铁器	除去返料中的铁质	为除铁干净，双级设计
4	锁风给料机	返料锁风入磨	可选回转式、翻板式
5	废渣仓	废渣暂存	一个启（停）机以上的存量
6	废铁仓	废铁暂存	一个生产班次以上的存量
7	防渗漏地坑	安装返料斗式提升机	与喂料楼一体

3 磨机系统

磨机系统是钢渣粉生产立磨工艺装备的核心部分，钢渣尾渣入磨、粉磨、烘干、选粉均在磨机系统完成。

磨机系统包括入磨装置、动力及传动装置、磨辊与磨盘、选粉机、机体和喷水装置。

入磨装置保证原料顺畅入磨，锁风效果良好。

动力应配置合理，避免动力不足制约磨机产能发挥，避免配置过大造成投资浪费和电动机过多无功损耗。

动力传动的关键是减速机性能可靠、运行安全、速比合理。

磨辊是立磨的核心部件，在本章将详细讲述。

选粉机是保证产品质量的关键设备，在保证比表面积合格的前提下，降低细度筛余，提高产品颗粒级配合理性，避免过粉磨，提高整机运行效率。

机体承载立磨全部设备，是产品粉磨、烘干、选粉的封闭空间，设计结构应稳固，确保设备运行安全。

喷水装置是保证磨机形成料层、保持工况稳定的必要设备。

3.1 入磨装置

3.1.1 工艺描述

钢渣磨入磨装置选用管式螺旋输送机，业界习惯称之为螺旋铰刀。

钢渣尾渣经过计量、除铁，由上料皮带送至螺旋铰刀，将原料推送入磨。

钢渣磨入磨装置具备原料输送入磨和有效锁风两个功能。

3.1.2 设备选择

我国自 20 世纪 80 年代末引入立磨后，进料装置最初大多采用回转锁风给料机，经过不断的研发和改进，适应不同原料特性的入磨装置研发成功，其中螺旋铰刀是矿渣磨、钢渣磨首选入磨设备，如图 3-1 所示。

螺旋铰刀具有原料输送入磨和有效锁风两个功能；同时还具有运行稳定、故障率低等优点；转子轴和刀片采取耐磨堆焊后，还具有使用寿命长的特点；螺旋铰刀安装于磨机中的机体上，大幅度降低磨机整机高度，提高磨机运行安全性、稳定性。

螺旋铰刀内轴承通常采用滑动套，工作环境恶劣，主要依靠润滑脂润滑和密封，干油润滑是否及时、足量十分重要。

螺旋铰刀内轴承与选粉机下轴承，是磨机两个最重要的干油润滑点，采用智能集中干油润滑，供油间隔不超过 10min/次，每次不少于两泵。

螺旋铰刀安装平台通向磨辊平台和喂料楼的双通道，通道宽度、坡度、踏步、栏杆等结构符合有关标准，不得采用仅一处直爬梯设计。

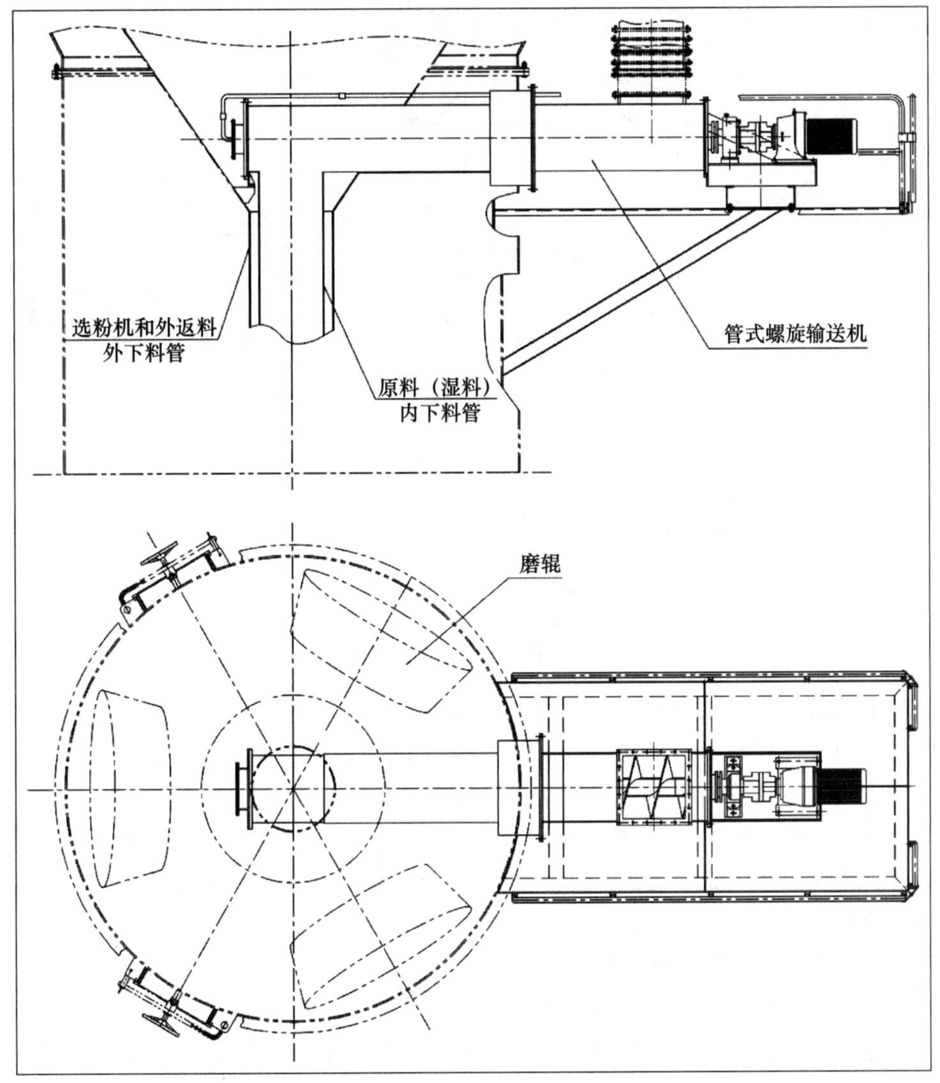

图 3-1 螺旋铰刀

3.1.3 中心落料管

磨机进料采取侧边进料、中心落料方式。

中心落料管除约束原料落入磨盘中心，约束选粉机集料锥收集的返料、出磨返料除铁后入磨落入磨盘中心。因此落料管双套管设计，干湿料各自独立入磨盘，避免干湿料在落入磨盘前的任何环节混合，比如避免出磨返料落入螺旋铰刀等不合理设计。

原料通过螺旋铰刀，在磨机中的机体进入磨机，穿过选粉机集料锥到达磨机中心，螺旋铰刀出料口下料管与选粉机返料集料锥落料管双套管设计，原料与返料各自独立落入磨盘，避免在螺旋铰刀出料口混合，如图 3-2 所示。

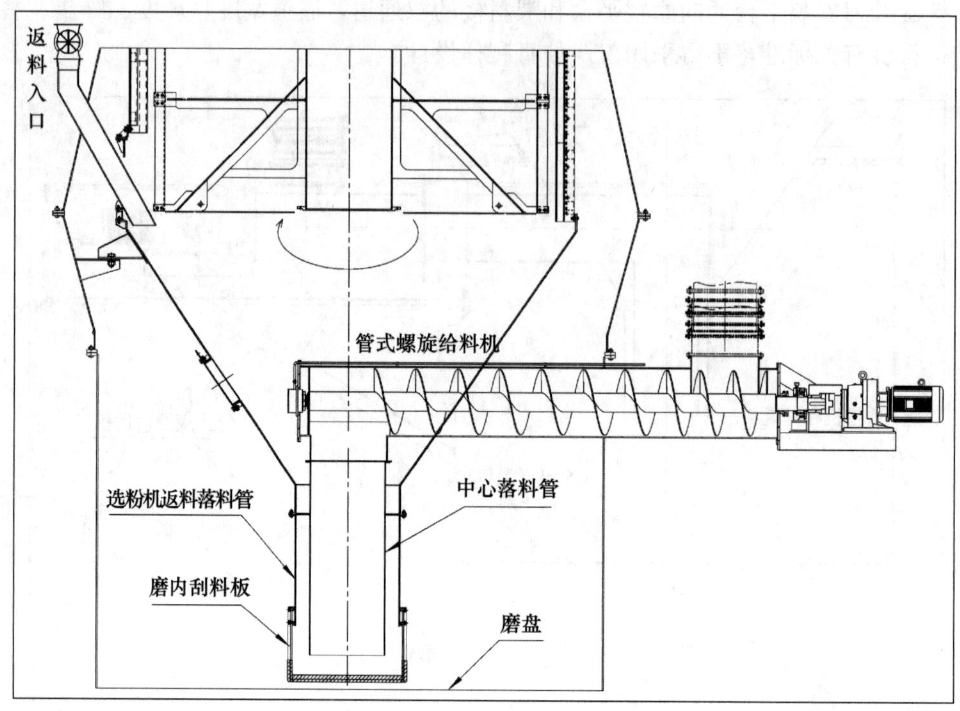

图 3-2　设计完善的中心落料管

原料下料管选用厚壁耐磨材质或内壁镶耐磨陶瓷衬。

中心落料管如果与磨辊堆焊驱动干涉，按两节设计法兰连接，堆焊施工时拆下，堆焊完成后恢复，下料管外层与选粉机集料锥外壳做耐磨涂层。

笔者曾经做过专业的立磨在线堆焊工作，带领施工队伍在堆焊一线施工，不断优化工作流程、简化工作内容、提高工作效率，堆焊业务日臻熟练，无须在磨内安装磨辊驱动。施工流程是：退出磨辊机械限位，磨辊泄压落在磨盘上，开动辅传，磨盘带动磨辊一起转动，完成磨辊、磨盘在线堆焊工作。

堆焊磨辊无须现场驱动，还有地线安装方便、使用安全的优点。

下料管底部安装可拆卸刮料板，及时将原料和返料刮出磨盘中心，确保原料在中心不堆积、不堵塞出料口。

原料入磨独立落入磨盘，出磨返料除铁后进入选粉机集料锥与选粉机返料一起，在外层下料管回落至磨盘。确保干湿料在落到磨盘前有独立通道，不会混合。

螺旋铰刀出口安装垂直下料管，用法兰加强筋连接，加厚耐磨材质，下出口距磨盘高度不大于 500mm。

下料管下端安装可拆卸磨盘刮料板，刮板底面距磨盘＜100mm，在不接触磨盘的条件下，距离越短越好。

如果缺失原料下料管、缺失磨盘刮料板，原料与返料在出料口混合，很容易造成出料口原料与粉料黏结，造成堵料的运行事故，这些问题将在第 8 章设备安装和试车中详细讲述。

设计不能疏忽，施工不可偷工减料，建设方要有专业管理人员，审核设备设计和设备安装图，监督施工过程，避免类似问题在新建钢渣粉及其他立磨制粉生产线中再次出现，对以往存在类似问题的立磨生产线加以改造和完善。

3.1.4 主要设施设备（表 3-1）

表 3-1 主要设施设备

序号	名称	功能描述	备注
1	螺旋铰刀	原料锁风入磨	选用螺旋铰刀
2	磨内落料管	原料独立入磨	避免干湿料混合
3	平台	安装螺旋铰刀	与喂料楼衔接

3.2 动力及传动装置

3.2.1 工艺描述

任何制粉设备研磨物料都需要动力做功，钢渣制粉立磨装备也不例外。

主电动机给钢渣磨提供动力来源，通过立式行星减速机减速至磨机需要的适合转速，增大扭力，将动力传递给磨机的研磨部件。

3.2.2 主电动机

3.2.2.1 功率配置

主电动机功率根据磨机型号和钢渣尾渣的邦德功指数合理配置，按磨机设计生产能力，台时产量 1t/h，主电动机配置功率 40～45kW·h。比如一台设计生产能力 100t/h 的钢渣立磨，根据原料钢渣尾渣邦德功指数的高低，主电动机合理配置功率在 4000～4500kW·h，实际运行负荷率在 90%左右。

3.2.2.2 结构选择

选择双伸轴绕线式纯铜绕组电动机，后出轴用于连接辅传装置。

绕组冷却：不结冰的南方地区建议采用高效的水冷方式；北方结冰地区采用独立风扇风冷却方式，避免选用主轴风扇的冷却方式。当主电动机发生故障需要维修时，主轴风扇拆装工作量增大，由于工作环境处于磨机底部，风扇被污染难以避免，自身清洁比较困难。

转子集电环采用铜质材料、带吹扫风扇，及时吹净磨蚀掉落的碳粉，防止集电环绝缘组件被击穿打火、高温碳化。绕组出线做好绝缘封闭，防止碳粉和结露水沿转子出线槽进入转子内部，造成绝缘能力降低，甚至在启动时短路发生爆炸事故。

吹扫风扇采取上进风下出风方式。吹扫风扇除吹扫磨蚀的碳粉，还起到给集电环降温的作用。

笔者经历过两次主电动机因转子集电环防护等级低、缺失吹扫风扇，碳粉沉积导致集电环击穿打火，转子绕组绝缘下降，被迫返厂修复的深刻教训。

3.2.2.3 功率因数补偿

主电动机采取水阻启动、进相补偿，确保转子绕组启停机全程处于闭合、无瞬间开路状态，以免造成高压击穿事故。

功率因数补偿选用交-交变频与微计算机控制技术，数字动态调节变负载进相器，确保运行时保持 $0.95<\cos\phi<1$。进相器依据功率因数自动投入、自动切除，也可以远程手动投入和切除。主电动机停机、磨机空载时具备进相自动硬切除功能。

3.2.2.4 其他要求

主电动机整体包括集电环等所有部件，防护等级为 IP54，绝缘防护等级为 F。

配置绕组、前后轴承温度检测，主控显示、报警、保护停机。

大部分立磨制造商不具备主电动机制造能力，需要第三方专业制造厂配套。应选择优质产品和著名制造商。主电动机转子或定子绕组等关键部位装配时，采购方必须邀请建设方到指定的第三方制造厂现场监造，查验立磨制造商与减速机制造商签订的采购合同，检查合同与设备制造编号是否一致，检查所用轴承是否为规定品牌。

主电动机做出厂检测、试车，并出具出厂检测、试车合格报告。

3.2.3 主减速机

3.2.3.1 功率配置

主减速机是钢渣磨最关键、价值最贵的单体设备。为确保最昂贵的减速机安全使用、延长使用寿命，在设备选型时，建议主减速机功率≥10%主电动机功率。

3.2.3.2 速比设计

磨盘边缘线速度决定了离心力的大小。线速度高、离心力大，物料从磨盘中心向磨盘边缘移动快速；线速度低、离心力小，物料从磨盘中心向磨盘边缘移动慢。

物料移动太快不利于研磨，太慢不利于出料，不同特点的原料，适应不同的线速度。通常，磨盘外沿线速度设计在 6.0～7.0m/s 之间。应按照原料特点和产品标准，合理设计磨盘外沿线速度，根据磨机规格、磨盘直径，计算后确定减速机速比。

3.2.3.3 结构选择

钢渣磨用立式行星减速机。

立式行星减速机有两级传动和三级传动等不同结构。

其中二级传动为一级螺旋伞齿＋二级行星轮，结构简单、质量可靠、故障率低。二级传动立式行星减速机结构部件体积大，尤其是一级螺旋伞齿的太阳轮较大、整机质量大，价格远高于三级传动的减速机。二级传动立式行星减速机，如图 3-3 所示。

一级螺旋伞齿＋二三级行星轮减速机，如图 3-4 所示。

一级螺旋伞齿＋二级平衡轴＋三级行星轮减速机，如图 3-5 所示。

立式行星减速机在使用现场，三级传动减速机比二级传动减速机故障率高，尤其是中间级为平衡轴结构，平衡轴齿轮副容易偏心、啮合度降低、齿面点蚀，故障率更高。

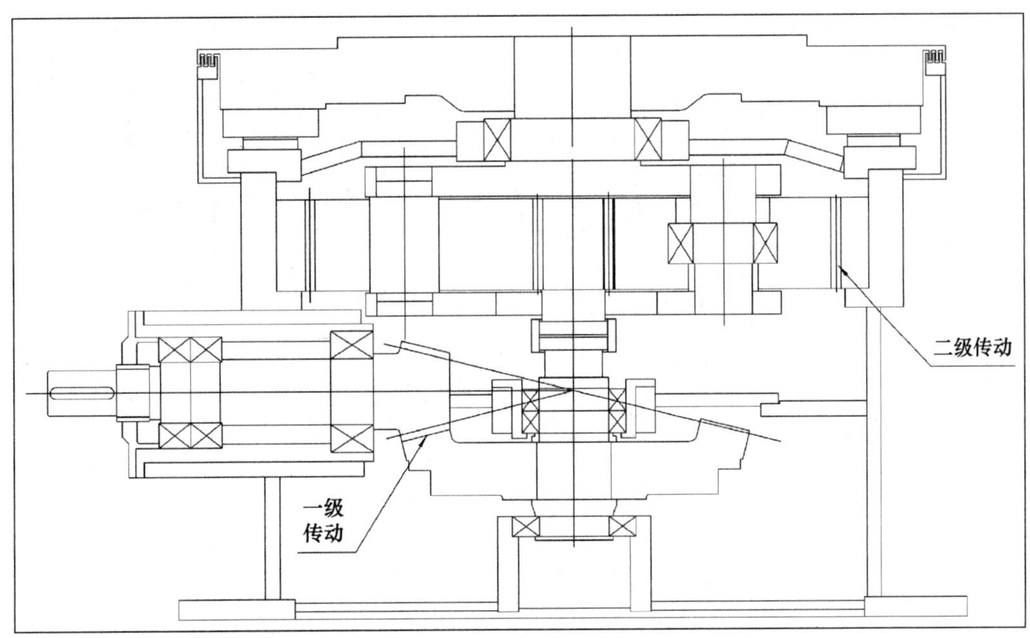

图 3-3 二级传动立式行星减速机示意图

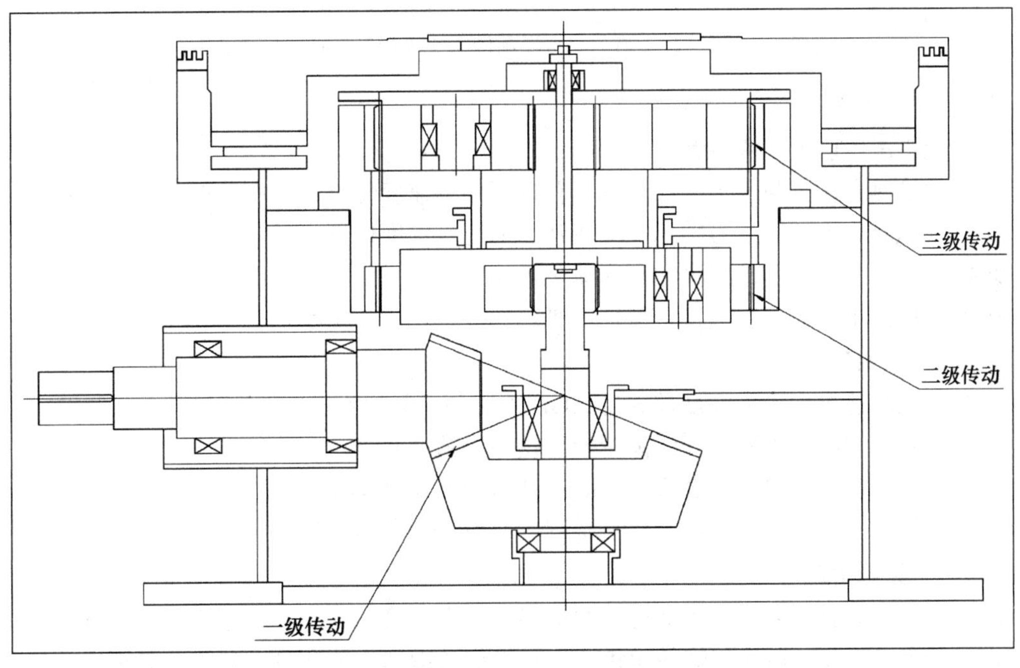

图 3-4 一级螺旋伞齿＋二三级行星轮减速机示意图

由于主减速机价值昂贵，钢渣粉生产公司一般不会占用大量资金备用减速机，也没有维修能力。主减速机一旦发生故障，一是返厂维修，二是委托专业减速机维修公司。主减速机拆装工作量大，维修周期长，严重影响正常生产，甚至会因断供丢失市场。

因此，钢渣磨建议配套二级传动立式行星减速机。因价格问题选择三级传动立式行星减速机，慎重选择平衡轴结构。

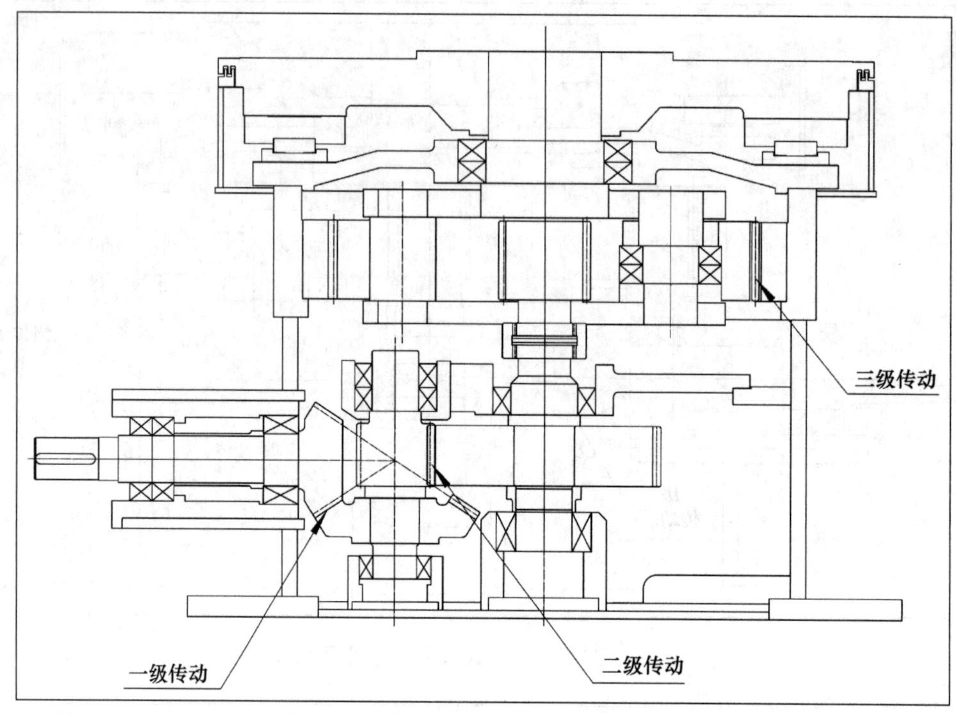

图 3-5　一级螺旋伞齿＋二级平衡轴＋三级行星轮减速机示意图

3.2.3.4　检测保护

减速机配置以下检测装置：

振动检测：垂直与水平振动检测，首选振动加速度传感器，次选振动速度传感器。

温度检测：输入轴推力轴承、推力瓦、油池等温度检测。

润滑油流量检测：低压供油、高速包供油、推力瓦供油（可在润滑站）。

所有检测主控显示、报警、保护停机。

3.2.3.5　性能参数

立磨主减速机齿轮强度设计满足 AGMA 服务系数≥2.5；

螺旋伞齿轮副和圆柱渐开线齿轮副齿轮加工精度 6 级；

齿轮、齿轮轴材料：符合 ISO 6336-5 MQ 级性能要求；

轴承使用 AFG、SKF 等原装进口品牌，设计寿命≥100000h。

3.2.3.6　保障措施

大部分立磨制造商不具备减速机制造能力，需要第三方专业制造厂配套。选择优质产品和著名制造商。减速机螺旋伞齿或行星轮等关键部位装配时，采购方必须邀请建设方到指定的第三方制造厂现场监造，查验立磨制造商与减速机制造商签订的采购合同，检查合同与设备制造编号是否一致，检查所用轴承是否为规定品牌。

主减速机必须做出厂试车试验，并出具出厂检测、试车合格报告。

3.2.4　辅助传动

辅助传动用于磨辊安装校验、排查磨机故障、检修、堆焊磨盘磨辊。

辅助传动由辅传电动机和大速比减速机组成，通过离合器与主电动机后出轴连接，再通过主减速机再次减速，缓慢驱动空载磨机。

辅助传动减速机与主电动机的连接，选用斜齿型离合器，防止反转，以免损伤主减速机螺旋伞齿和太阳轮齿轮副，如图 3-6 所示。

选用主电动机后置式辅助传动，避免其他方式，如在主减速机前安装可拆装齿盘等。

功率配置：满足空载状态下所有磨辊泄压落辊后驱动运行。

辅助传动电动机采用变频控制，配置现场操作箱、手持遥控器。

辅助传动减速机速比配置：

以输出轴转速（5±2）r/min 为基准，根据电动机额定转速计算减速机速比。

配置离合器连接与脱开机械固定锁销，配置脱开电子限位传感器，作为主电动机启动必备条件之一。辅助传动斜齿防倒转离合器如图 3-6 所示。

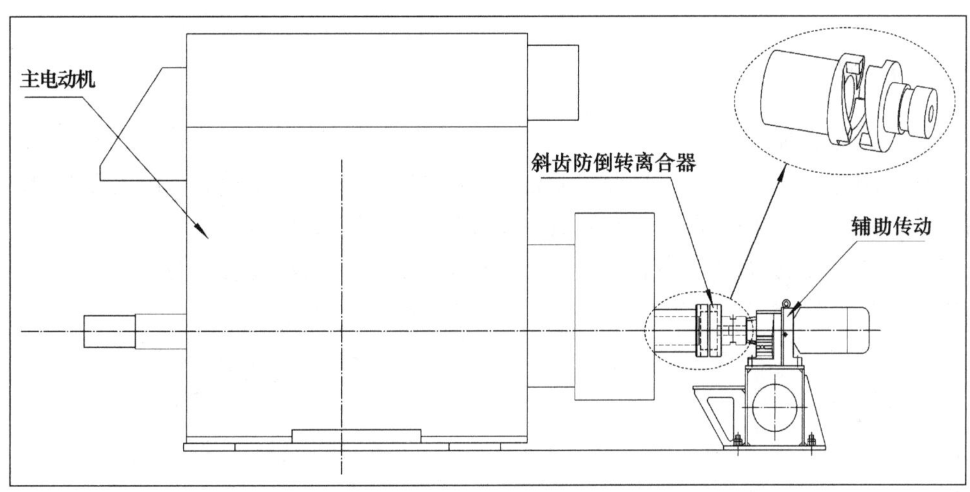

图 3-6　辅助传动斜齿防倒转离合器

如果技术协议没有清楚写明配置辅助传动的相关条款，设备商本着节省原则，是不会主动配置辅助传动装置的，而且主电动机也不是双伸轴，将无法检验磨辊安装位置是否满足设计误差，给运行后排查磨机故障、检修维护堆焊磨辊、磨盘造成很大的困难。

3.2.5　主要设施设备（表 3-2）

表 3-2　主要设施设备

序号	名称	功能描述	备注
1	辅助传动装置	低速驱动	用于安装检验、检修
2	主电动机	磨机动力源	绕线式双伸轴
3	主减速机	动力传递、降低转速、增加扭力	核心设备
4	检测装置	设备运行安全保障	温度、振动等

3.3 磨辊与磨盘

3.3.1 工艺描述

磨辊是钢渣磨最主要的核心部件，磨辊和磨盘是产品研磨的做功部件。

加载液压缸的拉力通过摇臂转变为磨辊压力，将磨辊与磨盘之间的物料挤压、剪切，使物料颗粒由大变小，直到研磨成合格细粉。

磨机根据规格不同分为两辊、三辊、四辊、六辊等不同结构。首选三辊或六辊结构的钢渣磨，次选两辊与四辊磨机，原因很简单——基于三角形的稳定性。在实际运行中，三辊磨机的平稳性远超两辊和四辊磨机，磨机运行振动较低，可大幅度降低核心部件如主减速机和磨辊的事故发生率、延长设备使用寿命、降低备件和维修费用、增加效益。

3.3.2 磨辊

3.3.2.1 磨辊结构

磨辊有锥辊、轮胎辊、可翻面轮胎辊等结构方式。目前应用较多、市场保有量较大的有以下两种外形结构：可翻面轮胎辊（图 3-7）和锥辊（图 3-8）。

锥辊的优点：研磨效率高。缺点：工况适应性差、大头堆焊层容易脱落等。

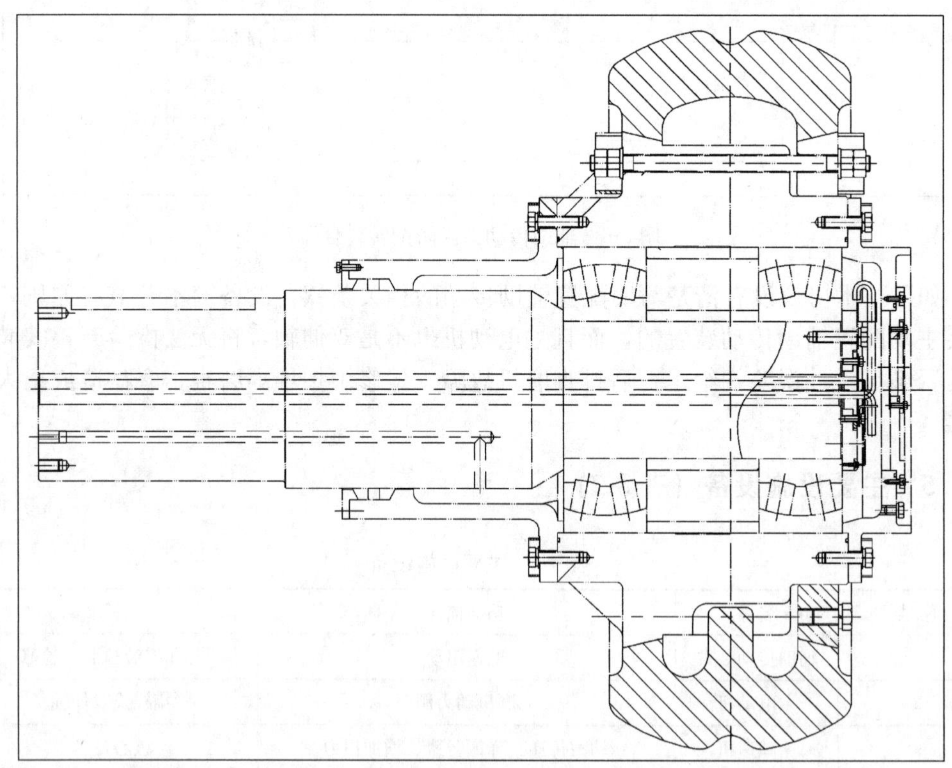

图 3-7　可翻面轮胎辊

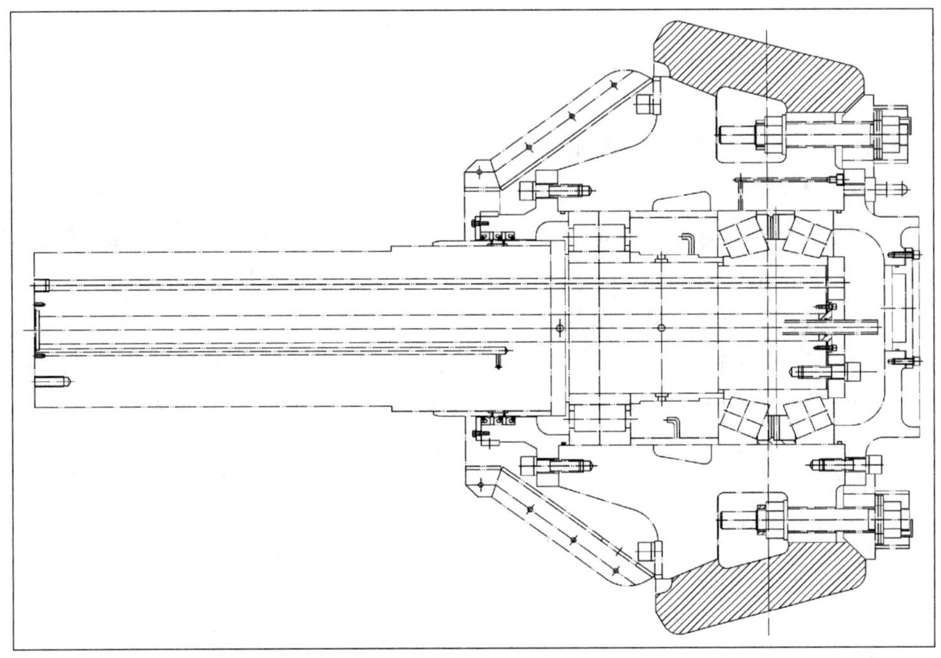

图 3-8　锥辊

轮胎辊的优点：工况适应性强，可翻面使用，寿命长。缺点：研磨效率相对较低。

这两种辊结构各有优缺点，目前都是市场主流。

3.3.2.2　磨辊支撑

当前，磨辊支撑主要有两种方式——辊架式和摇臂式，如图 3-9 所示。

辊架式双轮胎辊立磨，在各种不同结构的立磨中，没有复杂的摇臂结构，垂直牵拉加载，内辊破碎外辊研磨，能量利用率最高，但是检修工作量大、维护困难，只有较少的立磨制造商执着坚持使用，比如 POLYSIUS 磨机。

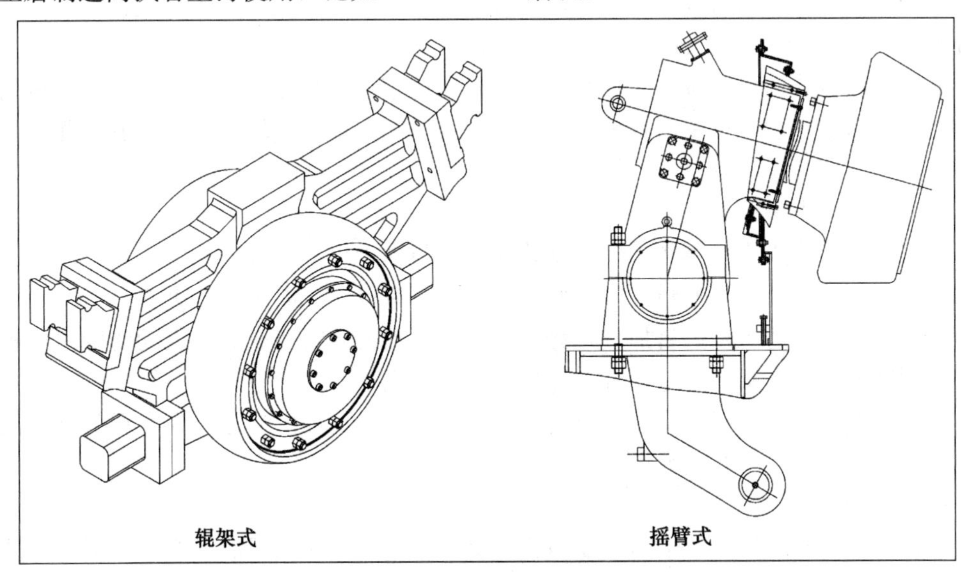

图 3-9　辊架式支撑与摇臂式支撑

大部分立磨采用摇臂式支撑磨辊。磨辊安装在磨辊支座上，磨辊支座与下摇臂锁紧后构成摇臂，摇臂安装在摇臂轴上，摇臂轴固定在轴承座上，轴承座安装在磨机机架上。

轴承座、摇臂轴、下摇臂和磨辊支座组成摇臂装置，统称摇臂总成。

3.3.2.3 磨辊套材质

目前，磨辊套主要有高铬铸造、复合堆焊、烧结陶瓷等不同材质。不同材质适用于不同用途的立磨，比如高细度的非矿产品适用高铬铸造材质，煤磨适用陶瓷材质，钢渣磨、矿渣磨、水泥磨等适用复合材质。

磨辊真正的研磨工作面是磨辊套，业界称之为辊皮。以复合材质的辊皮为例，辊皮基材为经过机械加工的碳钢铸件或锻件，研磨层为耐磨堆焊材质，耐磨堆焊层在硬度与韧性之间综合平衡，洛氏硬度 60HRC 左右较为合适，耐磨不脱落，确保一次使用寿命≥600h。

3.3.2.4 磨辊检测

磨辊检测是确保磨辊安全运行、及时发现设备隐患的重要措施，必不可少。

配置轴承温度、磨辊转速、料层厚度、回油温度检测，主控显示、报警、保护停机。

（1）轴承温度检测

磨辊轴承温度检测是钢渣磨最重要的检测，关系到及时发现磨辊轴承故障隐患，确保磨机安全运行。温度传感器安装在轴承附近位置，快速准确地反映轴承运行温度。

有些立磨制造商为节省成本，采用回油温度检测代替轴承温度检测，不能及时、准确地反映轴承温度，这是造成磨辊轴承损坏的一大隐患，建设方没有精通专业的管理者，很难发现类似问题。因此，应在技术协议中明确检测轴承温度。

（2）磨辊转速检测

磨辊转速检测同样重要，是及时发现磨辊运转隐患的主要措施，同时也是判断料层是否稳定、磨辊前是否堆料造成磨辊堵转的依据。

转速传感器安装在磨辊端盖腔内，如果磨辊密封腔延伸至磨外的磨辊密封设计，安装在磨机壳体外部，就是最好的安装方式。

有些立磨制造商偷工减料，把磨辊转速检测传感器安装在磨辊外磨机内，调试初期检测正常，验收过后，传感器在磨内被粉尘冲刷磨蚀，很快损坏，甚至踪影皆无，技术协议条款中应明确这一点。

（3）料层厚度检测

料层厚度检测采用位移传感器，安装在摇臂与轴承座上。

料层厚度检测准确反映料层厚度变化，不是可有可无，而是十分重要。

料层增厚说明磨机负荷有加重趋势，有发生磨辊前堆料造成磨机振动的隐患；料层减薄说明磨机负荷有降低趋势，有破坏料层造成工况不稳的隐患。

料层厚度检测为主控操作人员调整给料量、稳定工况提供参考，为实现智能控制一键制粉提供必不可少的基础数据。

（4）回油温度检测

回油温度检测不能代替轴承温度检测，也不能缺失。检测回油温度可以提前发现磨辊轴承润滑状况，及时调整和改善润滑条件，避免造成设备事故。

3.3.2.5 磨辊轴承

磨辊是立磨的核心部件，轴承是磨辊的核心部件。

磨辊发生故障，主要是轴承损坏导致。轴承损坏有以下原因：

（1）技术协议没有明确要求，设备商采用低质低价轴承。

（2）装配不当。径向过盈量过大或过小、轴向内外圈压盖太松或过紧，都会导致轴承运转不良或提前失效，甚至导致轴承内外圈开裂损坏。

（3）润滑问题。润滑油路径设计不合理，不能起到良好的润滑作用。

（4）润滑油质量不达标，比如运动黏度指数下降、供油量不足、供油温度不正确等。

（5）油封损毁，导致漏油进灰，轴承点蚀，提前失效。

（6）运行中立磨剧烈振动造成直接损坏。

磨辊轴承一旦损坏，维修工作专业性强，需要专业维修队伍，因此要求磨辊轴承使用寿命为 3 年，其间发生故障，设备商提供轴承并负责更换。建议磨辊轴承首选原装进口 TIMKEN 品牌，可选国产知名品牌、标准规格型号，禁用非标轴承，便于采购备件。

3.3.2.6 轴承润滑

磨辊轴承润滑路径是否合理高效，是区别磨机制造商设计水平、制造能力的主要体现。

磨辊轴承损坏原因中有一条是磨辊润滑油路设计不合理，新油进入磨辊前端盖腔，大部分被抽回，没有起到应有润滑作用造成的。

优化后的磨辊轴承润滑油路设计合理，达到高效润滑、冷却、冲洗的作用，如图 3-10 所示。

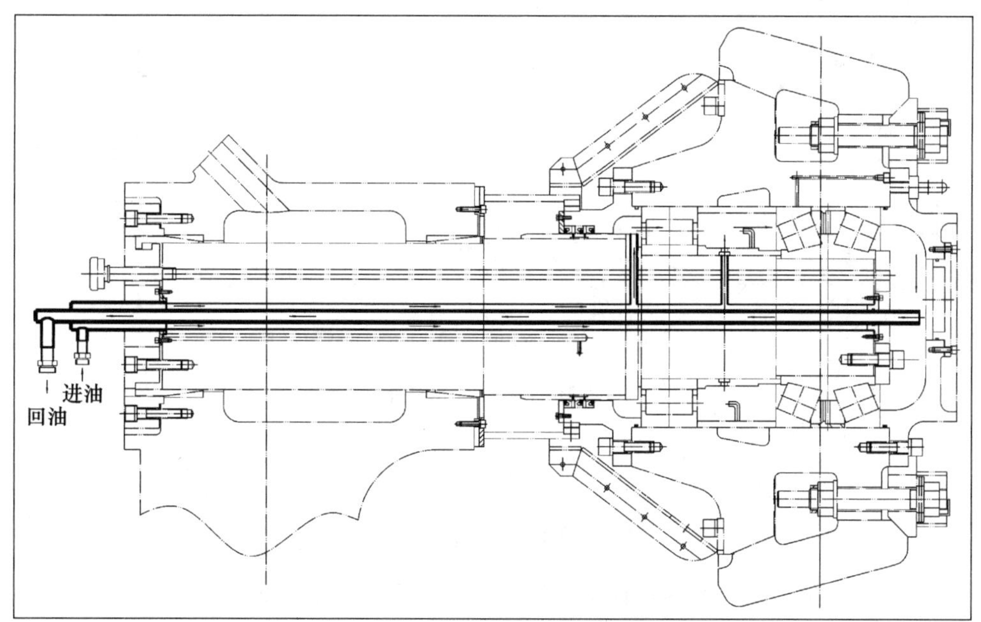

图 3-10 优化设计的磨辊轴承润滑路径

供油：供油路经辊轴中心孔或另打偏心孔，在外轴承外侧打径向孔进入，流经外轴承、内轴承，进入前端盖腔；或在外轴承外侧和内轴承外侧分别打径向孔进入，流经外轴承、内轴承、进入前端盖腔。中心孔进油与回油管，在前端出口做好封闭，确保不漏油。

回油：磨辊轴中心孔插入回油管，辊轴中心孔两端封闭，通过抽油泵，从磨辊前端盖腔经中心插管抽回油箱，保持油位稳定，磨辊前端盖腔处于微负压状态，便于轴承降温。

目前，仍有中心进油直接流到前端盖腔，再从中心孔插入回油管，从端盖腔抽油的润滑路径设计，设备制造商为节省制造费用，在辊轴上少打几个孔，或者不进行优化设计，属于落后的设计或者是偷工减料，不再赘述。因此，技术协议条款明确规定，不得采用前端盖腔进油出油的润滑路径设计。

3.3.2.7 轴承密封

磨辊轴承密封十分关键，仅此一点，可以判定磨机制造商是否掌握核心技术，是否故步自封、不思改进，是否有能力不断优化设计。

(1) 先进的密封设计

先进的磨辊轴承密封设计方案是采用密封腔延长磨外、无密封风机、无内置骨架油封的密封方式，如图 3-11 所示。

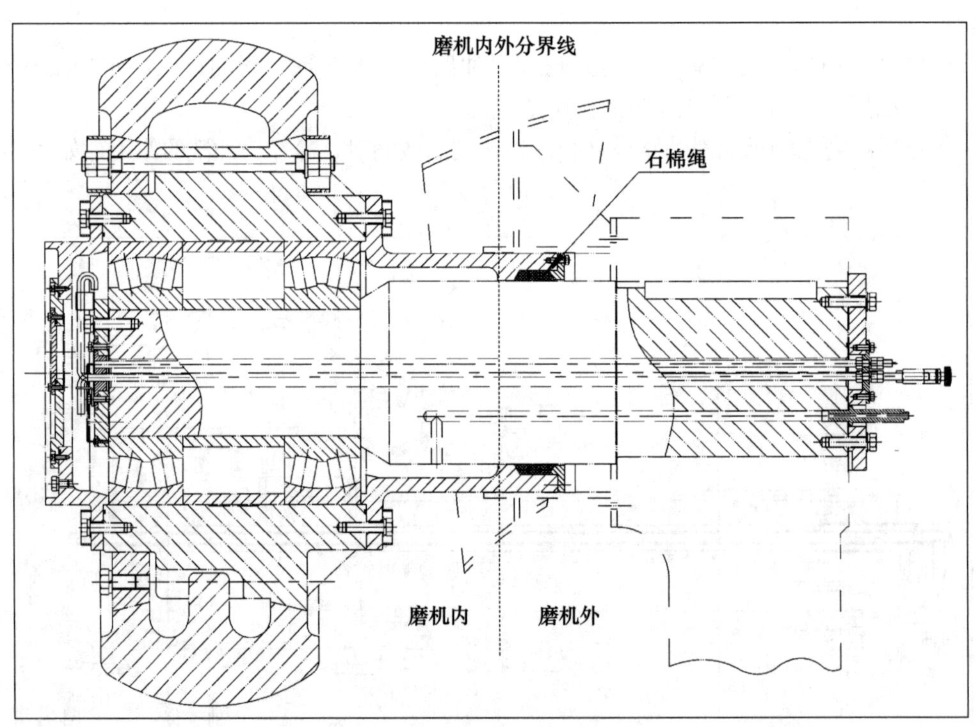

图 3-11 先进的磨辊轴承密封设计方案

磨辊密封腔延长磨外的磨辊轴承密封方式，轴承完全没有被粉尘污染的隐患，可最大限度地保护轴承、延长轴承使用寿命。

同时，由于没有密封风机，可减少磨内漏风量、降低系统能耗、起到节能作用。

密封腔随磨辊一起转动，转动部位在磨外，有利于安装简单可靠的磨辊转速检测传感器，避免磨辊内安装复杂、磨机内安装容易损坏的弊端。

在我国，这种先进的磨辊轴承密封设计方案，只有少数拥有雄厚技术实力、掌握核心技术的研究设计单位和设备制造商掌握和采用，最典型的代表是我国立磨设计制造先行者——合肥水泥研究设计院有限公司设计制造的立磨。

希望磨机制造商全部采用这种磨辊轴承密封方式，减少磨辊轴承损坏，延长磨辊使用寿命，增加的制造成本与提高设备可靠性和延长设备寿命以及降低设备事故率相比，可谓不值一提。是否采用取决于两个方面：一方面是否掌握该项核心技术；另一方面是否愿意适当增加成本，公平参与市场竞争。

(2) 对置骨架油封设计

为节省制造费用，降低成本，增强市场竞争力，或者未掌握磨辊轴承密封腔延长磨外先进可靠的密封方式，有的磨机制造商采用磨内对置骨架油封密封＋密封风机吹扫的磨辊密封方式，如图 3-12 所示。

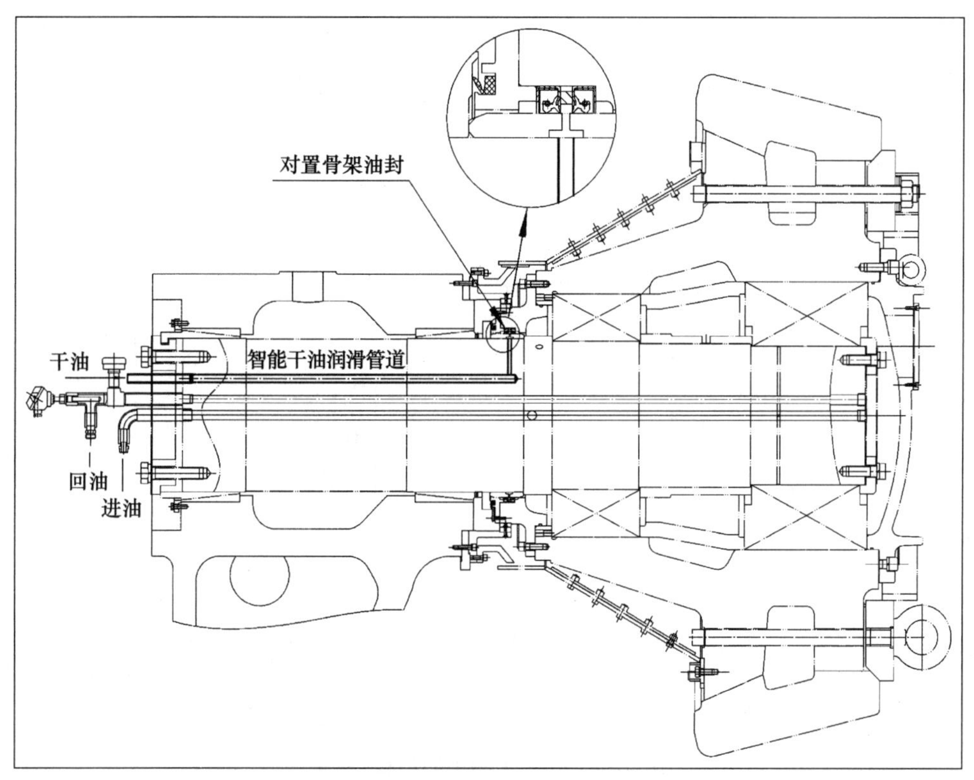

图 3-12 对置骨架油封干油润滑

磨辊在磨内极压状态下工作，处于高温高湿、高速气流、高浓度粉尘冲刷环境，磨辊轴承采用磨内对置骨架油封密封，虽然外罩喇叭套保护、正压空气吹扫，但是仍然无法完全避免粉尘对骨架油封的污染和冲刷磨蚀。

骨架油封使用一段时间，通常 1 年左右一定会磨损，密封性能下降，甚至损坏，导致磨辊升辊后向外漏油。

由于磨辊轴承润滑回油采用抽油方式，密封腔处于负压状态，骨架油封一旦损坏，必定引发轴承密封腔进钢渣粉尘，轴承滚柱、内外圈被磨蚀，提前失效也是必然，甚至突然损坏。这是磨内密封结构缺陷所致，是不可避免的。运行过程中精心使用能在一定程度上延长使用寿命，但是不能从根本上解决密封磨蚀、轴承损坏问题。

为保证骨架油封自身润滑和密封效果，对置骨架油封之间必须有独立的干油加注管道，如图 3-12 所示。采用智能集中供油方式，始终保持两个油封之间填满润滑脂，保证油封的润滑和密封效果，延长使用寿命，保证使用 1 年以上不损坏、不漏油、不进灰。

3.3.2.8 磨辊密封装置

由于磨辊是钢渣磨的核心工作部件，结构复杂，需要了解的内容较多。首先分清磨辊轴承密封和磨辊密封，3.3.2.7 一节中讲述轴承密封，本节讲述磨辊密封装置。

磨辊密封装置在运行过程中，磨辊与磨盘之间不断进入新料，研磨后的粉料从磨辊大端出磨盘，料层厚度不停波动，磨辊与磨门在一定范围内上下摆动，磨辊与磨门之间设计一套密封装置，常用的密封装置是滑动密封装置，如图 3-13 所示。

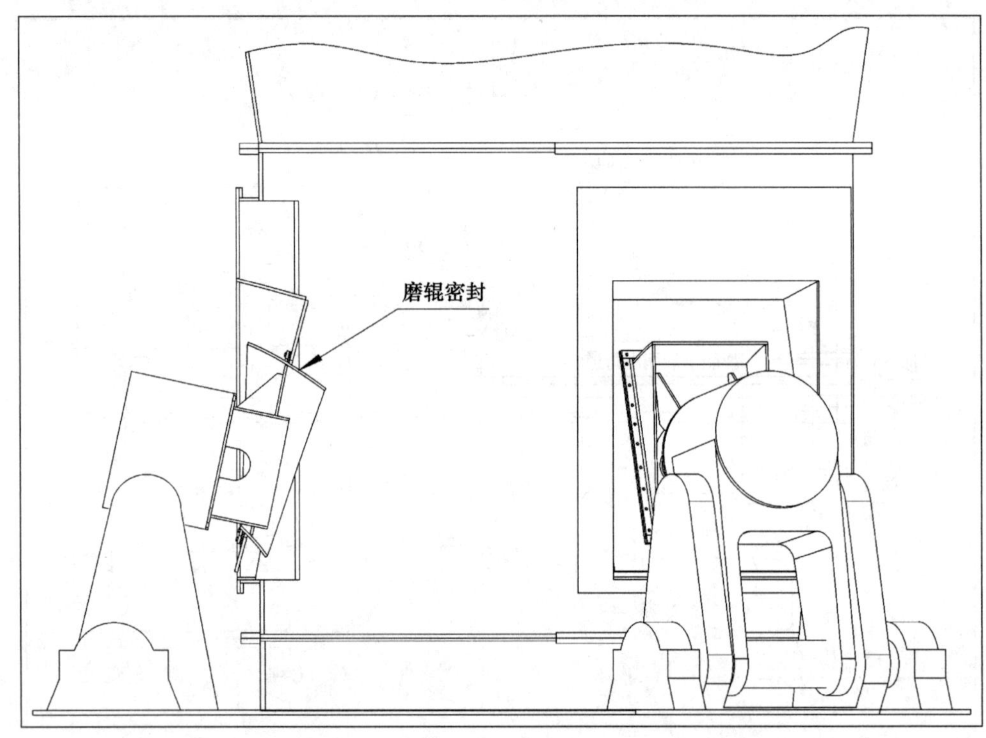

图 3-13　磨辊与磨门滑动密封装置

磨辊密封装置主要有两种结构形式。

一是普遍采用的滑动摩擦式密封装置。磨辊轴安装密封装置，与磨门密封框之间滑动摩擦，保持磨辊密封。

二是较少磨机采用的平压式磨辊密封装置。平压式磨辊密封装置，在磨辊上安装两块橡皮板，随磨辊下降盖住磨门，密封效果较差、损坏率较高。开机初期由于磨辊升至高位，磨门缝隙较大，漏风率高、升温速度慢、热能浪费多。目前，只有少数品牌的磨机采用，建议全部改进不再使用，在此不做介绍。

滑动摩擦结构的磨辊密封装置，滑动板与磨门之间不停摩擦，磨内高浓度、高速度的气流冲刷磨蚀，经过一段时间的运行，密封装置与磨门之间的密封橡胶板和滑动板磨蚀，出现缝隙，造成漏风漏料，这是不可避免的现象。

为防止在磨盘以上部位进入冷风，增加系统负荷，浪费热能，以及防止磨辊密封装置与磨门之间的缝隙漏料，污染设备和环境，需要在密封装置和磨门之间安装橡胶材质全封闭弹性密封套，彻底封闭磨辊密封装置，确保磨门和磨辊之间不漏风，减小磨机漏风率，降低系统负荷、减少热能损失。全封闭弹性橡胶密封套如图 3-14 所示。

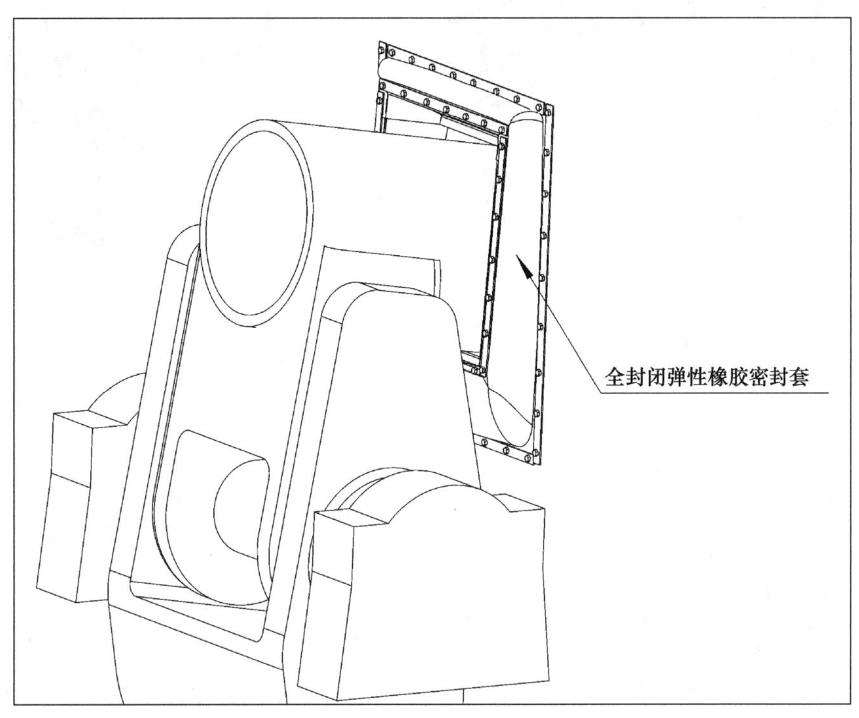

图 3-14 全封闭弹性橡胶密封套

全封闭弹性橡胶密封套采用整体压铸成型方式，便于安装和更换。

3.3.3 摇臂

3.3.3.1 摇臂作用

摇臂有两个作用：一是支撑磨辊，二是传递加载压力。

加载站提供高压油，通过高压油管输送到加载液压缸的有杆腔，向缸轴活塞施加压力，缸轴向缸内移动，给摇臂主臂下球头施加拉力，主臂与磨辊支座通过磨辊轴转换成磨辊压力，磨辊压力施加在与磨盘之间的料层上，原料在磨盘带动下一起转动，对原料进行挤压、剪切做功，研磨物料。

3.3.3.2 摇臂结构

立磨机架顶面安装摇臂轴承座，轴承座安装摇臂轴，摇臂安装在摇臂轴上，由主臂和磨辊支座两部分组成，可分别绕摇臂轴转动一定角度。磨辊安装结束，翻入磨内，主臂和磨辊支座通过两侧锁销锁紧固定为一个整体，如图 3-15 所示。

磨辊轴安装在磨辊支座上，磨辊通过辊轴伸向磨内。

业界称摇臂下链接机构为下球头，连接加载液压缸缸轴上拉环。

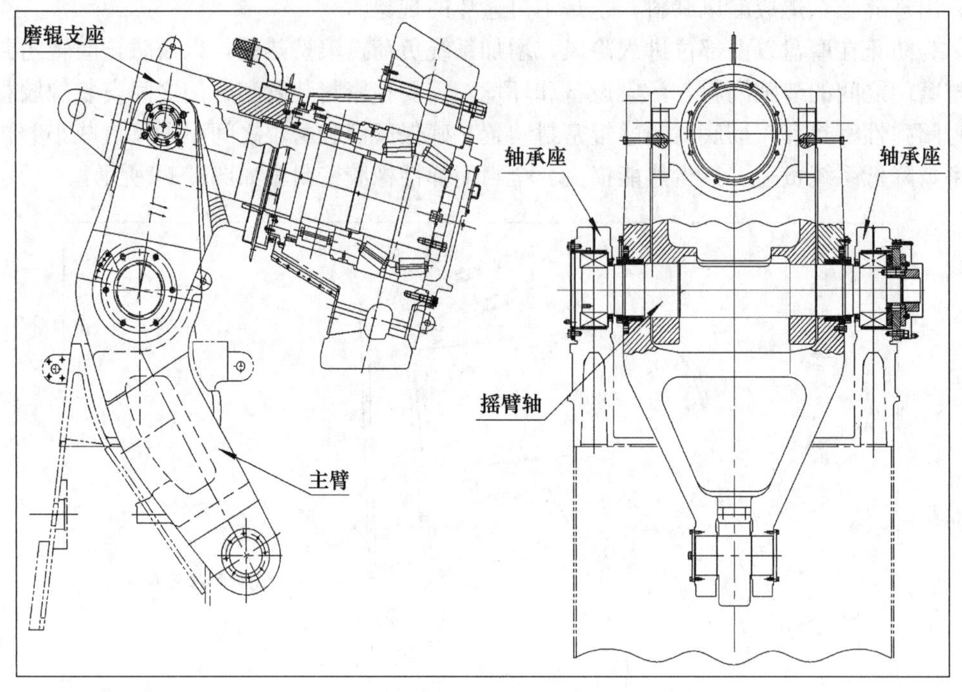

图 3-15 摇臂结构

3.3.4 磨辊加载

3.3.4.1 加载方式

目前，磨辊加载均采用液压缸加载方式，以往的弹簧加载已经淘汰，不做介绍。

液压缸通过摇臂将拉力传递给磨辊，转换为磨辊压力。

加载液压缸分有杆腔和无杆腔。有杆腔为加载工作部分，无杆腔为缓冲备压和升辊部分，分别连接加载站高压油管和蓄能器。

加载站提供液压油，按照给定压力分别向有杆腔和无杆腔供油，经加载站的压力传感器检测、程序比对，达到给定压力，加载站阀台阀门关闭，液压泵停止工作。

磨机在运转过程中，料层厚度始终处于波动状态，磨辊也在不停上下运动，造成液压缸压力升降变化，为避免因压力波动超过限定范围，引起加载站阀台频繁泄压、液压泵频繁启动补压，液压缸配置缓冲蓄能器。

常用蓄能器有胶囊式和活塞式，多年的使用经验表明，胶囊式蓄能器结构简单、性能可靠。蓄能器能否起到最大缓冲作用，充氮压力十分关键，通常为工作压力的 70%。一组蓄能器的压力均衡一致更为重要。比如有杆腔正常工作压力为 10.0MPa，蓄能器的充氮压力为 7.0MPa；无杆腔备压为 3.0MPa，蓄能器充氮压力为 2.1MPa。充氮时仔细调整，每个蓄能器的氮气压力误差不超过 0.1MPa。

双液压缸结构复杂、管路繁多，安装工作量大、运行故障率高、维护困难。因此，无论磨机规格多大，建议钢渣磨磨辊加载装置选择结构简单、故障率低、运行稳定、使用维护方便的单液压缸设计方案，如图 3-16（a）所示。

大型立磨综合性能优势明显，立磨大型化也是制粉行业的发展趋势。立磨单机生产能力提高的同时，设备体积增大，磨辊加载需要更大的压力，为降低单体设备体积、质量，降低制造成本，于是就产生了双液压缸加载设计。相关设计如图 3-16（b）所示。

由于蓄能器氮气压力难以保持绝对一致，以及每个液压缸加工制造存在误差，双液压缸加载很容易使拉力不平衡，造成摇臂受力方向偏移，磨机运行不稳定。

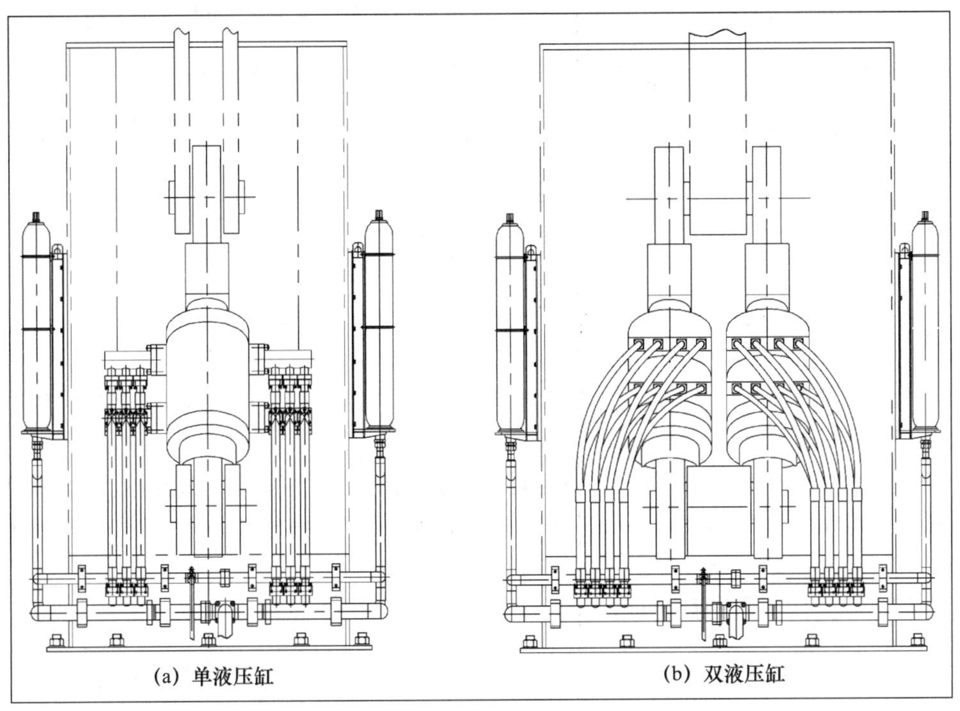

图 3-16 加载液压缸对比

3.3.4.2 加载液压缸

磨辊的工作压力来自液压缸。液压缸安装在钢渣磨机架底座上，缸轴拉环连接摇臂下球头。为便于安装和维护，缸轴与拉环采用分段、对夹“哈夫”式设计，如图 3-17 所示。

避免选择缸轴与拉环一体设计，因为一旦发生故障，拆除、安装十分困难，甚至要对机架部位切割，造成设备损伤。

液压缸设计最大工作压力为 25MPa，出厂时做极限耐压试验，出具试验合格报告。

液压缸有效工作面积合理，确保加载压力适当。正常生产时，无杆腔备压给定 3.0MPa，有杆腔最大工作压力<12MPa，否则重新设计更换大规格液压缸。

液压缸在运行中，缸轴伸缩摩擦，缸体振动，因密封件质量、油缸内壁和缸轴加工精度等问题，在长期使用过程中，活塞密封装置经常损坏，有杆腔高压侧向无杆腔低压侧串油现象。当无杆腔超过设定压力需要泄压时，引起加载站阀台动作频繁；当有杆腔低于给定压力时，液压泵频繁启机补压。

缸轴密封套质量不高，则易破损，缸轴端口密封损伤向外渗油，污染设备和环境。选择优质液压缸，对钢渣磨运行稳定十分重要。

目前，磨辊加载稳压专利技术已经成熟应用，可调式缓冲蓄能器可有效调节释放液压能，有效压力值波动减小、延长有效粉磨时间，达到稳定磨辊工作压力、磨机运行平稳、提高产量、降低电耗的目的。

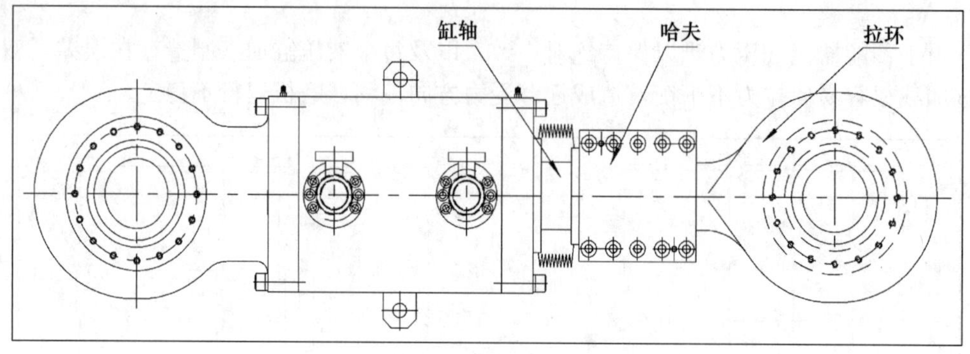

图 3-17　缸轴与拉环分段设计

3.3.5　磨盘和衬板

作为钢渣磨的主动运转部件，磨盘与减速机推力盘链接，通过磨盘转动传递动力，承载磨辊压力，带动磨辊相对运动，负责研磨物料。

磨盘为整体铸件，经机械加工，底面与主减速机推力盘连接，平面度符合误差标准；顶面安装衬板，上下面平行度符合误差标准。有探伤检验和加工误差检测合格报告。

磨盘实际工作面是磨盘衬板，如图 3-18 所示。

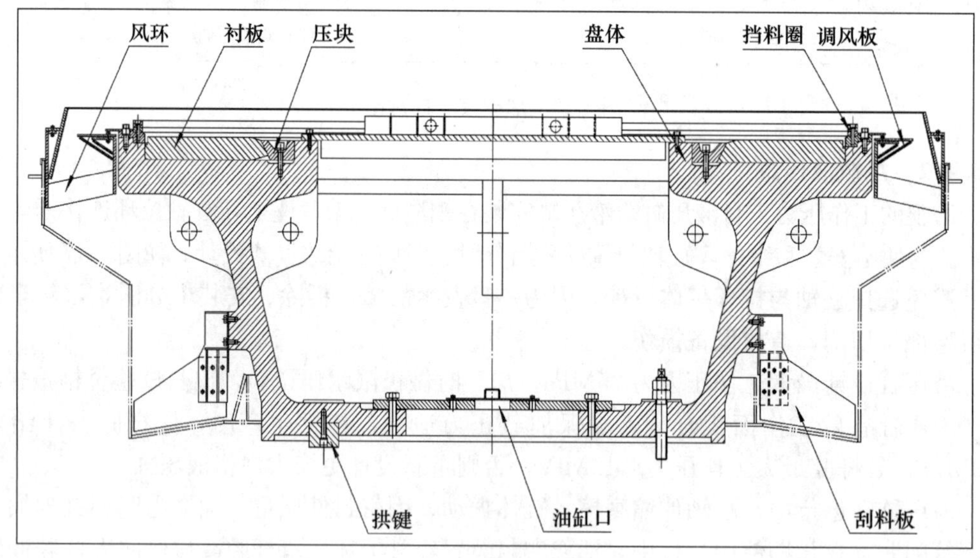

图 3-18　磨盘结构

钢渣磨的磨盘衬板与辊皮一样，适用复合堆焊材质。

磨盘衬板首选整体铸造、整体加工、整体堆焊，线切割分块方式。

大型立磨很难做到整体铸造，即便分块铸造，机械加工后也要在离线堆焊变位机上，按照磨盘设计外径进行整体工装，在工装上预组装，组装好的一组衬板按顺序编号标记，然后整体堆焊耐磨层，拆分运输，按标记顺序安装。衬板安装后，分块之间不应有间隙，如果存在间隙，采取填塞措施，避免衬板在使用中松动

衬板耐磨层堆焊材料选择适当，在硬度和韧性之间做综合平衡，硬度≥60HRC，一次使用寿命≥600h。

由于钢渣磨蚀性极强，钢渣磨耐磨堆焊层的使用寿命相较于其他用途的立磨短很多。比如矿渣磨通常达到1800h，水泥生料磨可达3000h，钢渣磨只有600h。

磨辊与磨盘相对位置设计、安装合理，避免造成磨辊磨盘局部磨蚀严重。锥辊磨机磨辊与磨盘间隙10～20mm时，保持相对平行，所有磨辊与磨盘状态保持一致。

磨盘下部安装刮料板支架，支架设计为整体筒形结构，刮料板安装在支架上。

磨盘外立面、筒形刮料板支架与下机体下挡料圈构成完整的迷宫密封，防止向磨内漏风，向磨外漏料，如图3-19所示。

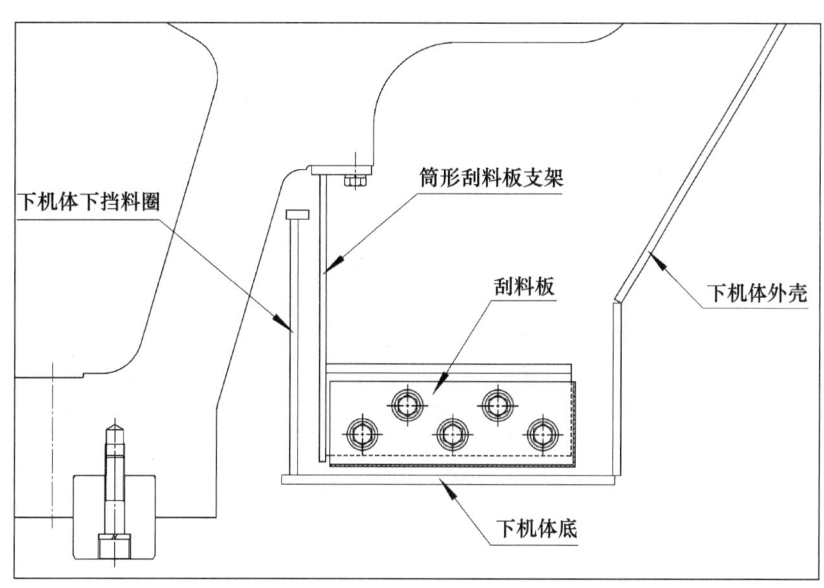

图3-19　下机体迷宫密封示意图

有些磨机下机体下挡料圈很低，单个刮料板直接安装在磨盘下，没有筒形刮料板支架，也就没有形成迷宫密封结构，在下机体下挡料圈内侧用压条压了一圈毛毡，与转动的磨盘摩擦密封，运行中，毛毡很快被磨损，缝隙漏料，减速机推力盘周围经常漏粉。

安全操作规程明确规定：不可接触转动的设备。转动运行中的减速机推力瓦和磨盘，绝对不能清扫擦拭，设备卫生一塌糊涂。因此，磨机下机体与磨盘，一定要有设计和施工完善的迷宫式密封结构，防止向磨内漏风、向磨外漏料。

3.3.6　磨辊平台和检修装置

磨辊平台是巡检通道、维护的工作场地，设计宽度应充裕，护栏应牢靠。与检修装置相干涉部位，设计为可拆卸方式。

磨辊平台除通向地面的斜通道，设置一处通向收粉器框架或喂料楼的平通道或斜通道，具备安全双通道。

配备检修翻辊液压缸，液压缸轴长满足检修使用需求。

退出电子限位，磨辊升到最高位，连接检修油缸，拆除摇臂锁销，在不借助辅助工具的情况下，可以将磨辊翻出翻进。

3.3.7 主要设施设备（表 3-3）

表 3-3 主要设施设备

序号	名称	功能描述	备注
1	磨辊总成	与磨盘挤压研磨物料	核心工作部件
1.1	辊轴	装配磨辊轴承、辊套	润滑路径设计合理
1.2	磨辊轴承	承载磨辊转动	首选原装 TIMKEN 品牌
1.3	轴承密封	保证轴承安全工作	首选密封腔延长磨外结构
2	磨辊密封装置	磨辊与磨门接触部件	加装封闭套
3	摇臂总成	传递压力	结构牢固
4	液压缸	磨辊加载压力源	选择单缸
5	蓄能器	缓冲磨辊压力波动	有杆腔、无杆腔各 3 组
6	磨盘	传递动力承载衬板	底面连接减速机推力盘
6.1	磨盘衬板	与磨辊研磨工作部件	首选整体铸造，线切割分块
6.2	挡料圈	控制料层厚度	耐磨材质
7	刮料板	返料出磨	安装在筒形支架上
8	检测装置	运行检测、安全保障	检测磨辊轴承温度等

3.4 选粉机

3.4.1 工艺描述

立磨选粉机安装在磨机上机体内，主要由静叶片、转子、主轴和驱动等组成。

立磨较其他制粉设备有多项明显的比较优势，其中之一就是选粉机在磨内。选粉机是立磨的一个组成部分，因此，立磨作为制粉设备，具有工艺简捷、一机多能、结构紧凑、占地面积小等诸多优点。

钢渣尾渣入磨后，经过磨辊与磨盘的研磨，越过挡料圈的物料，细粉部分在风力作用下升起，通过选粉机静叶片，与选粉机转子叶片之间的间隙形成切屑作用，达到《用于水泥和混凝土中的钢渣粉》（GB/T 20491—2017）标准颗粒细度的合格产品，经过转子出磨，切屑不能通过转子的粗粉经集料锥落回磨盘再次研磨。

3.4.2 选粉机结构

选粉机由静叶片、转子、集料锥、驱动装置等组成，如图 3-20 所示。

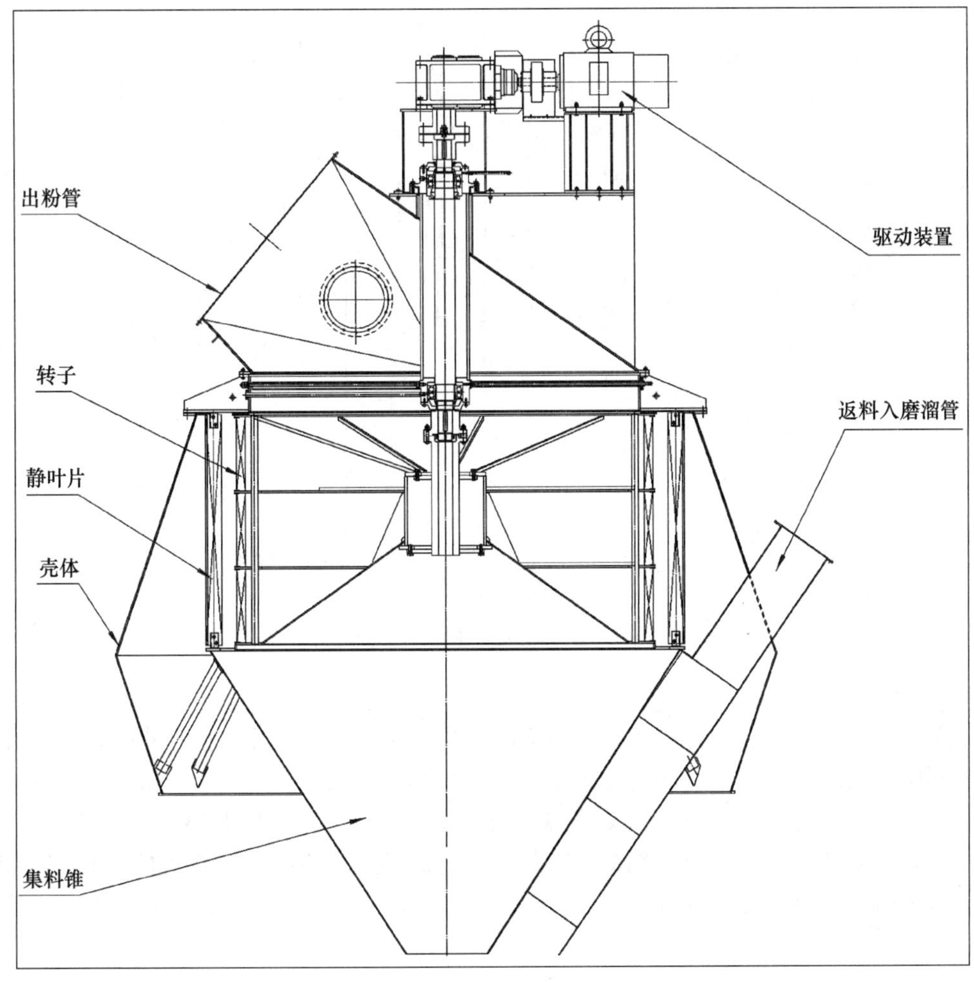

图 3-20 选粉机结构

(1) 静叶片

静叶片是选粉机的一个组成部分，安装在上机体内。静叶片有预组装笼式整体结构、单片现场安装等不同结构。

单片安装有以下弊端：

①同轴度难以保证设计精度。

②每片间距和角度难以保证设计尺寸，存在间距不一致、角度不相同问题。

③每片与转子间隙难以保持距离一致。

④叶片固定轴或固定螺栓容易磨蚀断裂，静叶片倒向转子，造成转子损伤、失去动平衡等设备事故。在使用现场，单片现场安装的静叶片经常发生断裂问题。

预组装笼式整体结构静叶片结构牢固，叶片安装精度高，因此建议选择预组装笼式整体结构静叶片，安装在磨机上机体，如图 3-21 所示。

选粉机集料锥在静叶片下方，用于收集不合格的选粉机返料，集料锥下部安装下料管，如果与堆焊驱动有干涉可分段设计，采用法兰连接。选粉机返料可与返料系统除铁后的外循环返料一起落入磨盘，不允许在螺旋铰刀出口处与湿料混合。

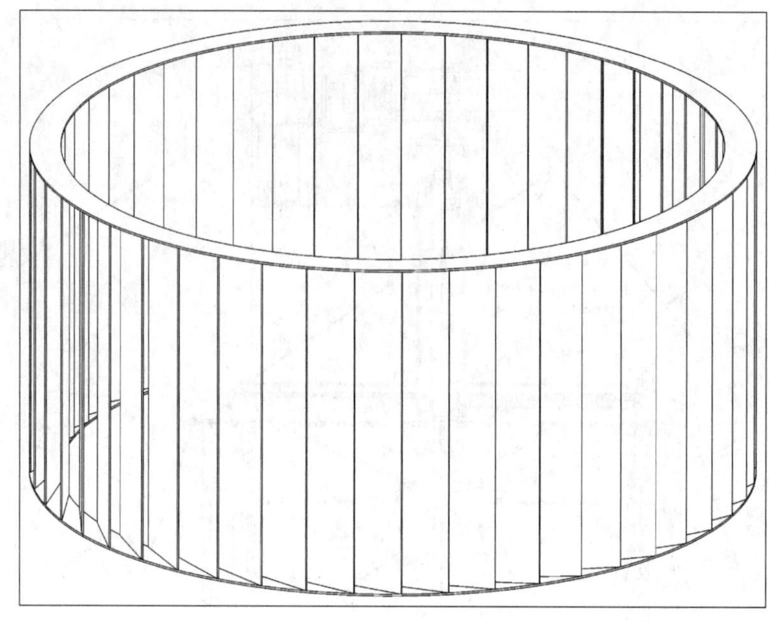

图 3-21 预组装笼式整体结构静叶片

（2）转子

转子与从静叶片进入的空气流相对运动，承载较大阻力，叶片被粉尘冲刷磨蚀，因此叶片选用堆焊耐磨材质。建议选粉机转子选用整体结构，超大型立磨因运输受限等现实问题，可做分体结构。分体结构在出厂前预组装，做动平衡试验，出具试验合格报告。

为保证设计安装标准，转子结构焊接完成，上部密封圈必须经过车床机械加工，确保转子自身的同轴度，保证上端面椭圆度、平面度、同轴度小于设计误差标准，如图 3-22 所示。

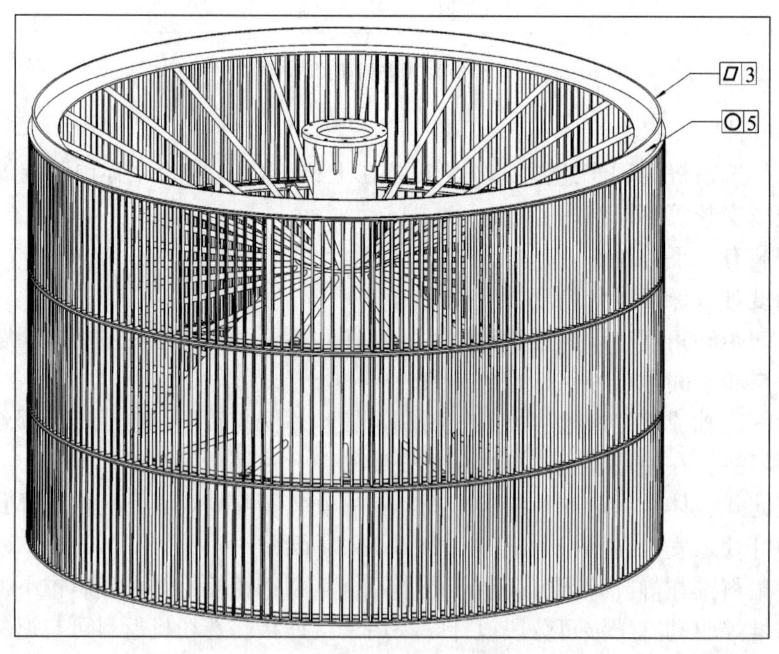

图 3-22 设计制作精良的转子

选粉机转子上端面与钢渣磨上盖形成迷宫式结构，防止粗粉通过缝隙跑出，造成成品比表面积合格但是45μm筛筛余过高的现象。转子安装后，确保转子顶面与磨机上机盖轴向间隙、内外两侧挡圈径向间隙安装误差小于设计标准，如图3-23所示。

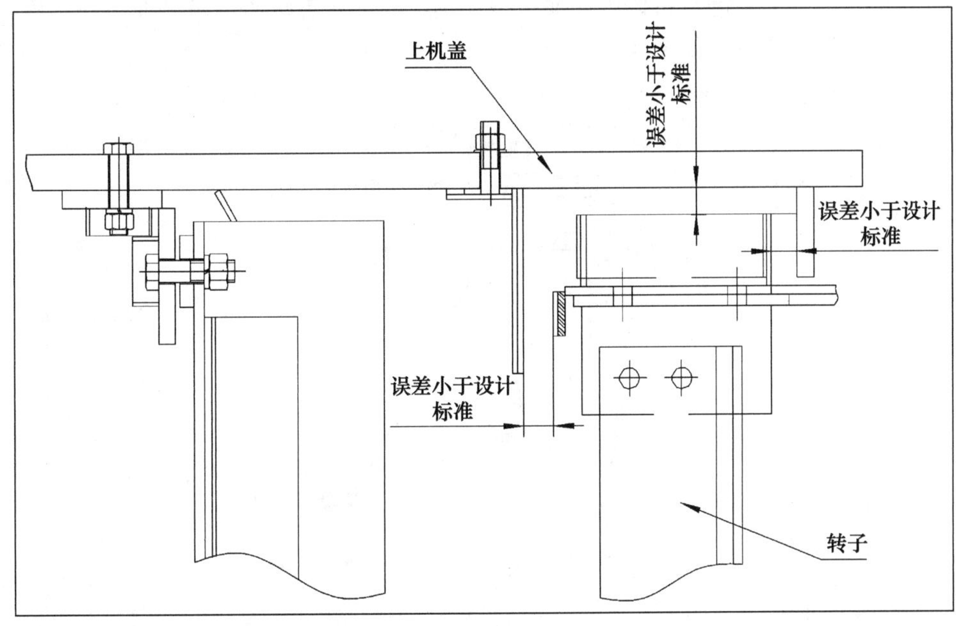

图3-23 转子与上机盖迷宫式结构

（3）驱动装置

目前，选粉机转子普遍采用电动机＋减速机驱动方式，改变转子转速，控制出磨产品颗粒直径，改变产品比表面积。

电动机变频控制，带制动电阻，防止降速、降频时，电动机会输电流导致变频器故障。

减速机速比设计合理，钢渣粉比表面积为450～480m^2/kg时，运行频率为35～45Hz，否则重新设计并更换合理速比的减速机。

减速机输出轴通过联轴器直接驱动转子，避免开式齿轮、三角带等传动方式。

目前，仍有少数立磨制造商采用电动机通过三角带直接驱动转子的方式。选用体积巨大的8极或更高极对数低速变频电动机，用大小皮带轮、三角带传输变更速比，由于三角带不可避免地产生打滑，比表面积调节控制反应迟钝，在设备选型时，避免甚至禁止选用此类驱动结构。

先进可靠的选粉机转子驱动装置是液压发动机，立磨顶部安装一台液压发动机，设备简单、质量轻，安装维护方便。更重要的是液压发动机属于硬特性输出，给定转速与实际转速基本保持一致，调整迅速准确。在20世纪80年代，进口磨机选粉机转子已经采用先进的液压发动机驱动。当前液压站、液压发动机国产化已经成熟，建议磨机制造商采用液压发动机驱动。

采用电动机＋减速机驱动方式，减速机润滑油选用与主减速机同一规格的、运动黏度为320mm^2/s的闭式工业齿轮油，加装磁过滤器、双筒过滤器和冷却器组成的一体外置循环装置或独立油站。禁用内置水冷方式，因为该方式没有过滤装置，不能净化油质，冷却水管一旦内漏，润滑油乳化，减速机很快损坏。

3.4.3 转子轴承降温

选粉机转子安装在磨机机体内，通过传动轴与驱动装置减速机输出轴连接，传动轴由上轴承和下轴承支承，如图 3-24 所示。

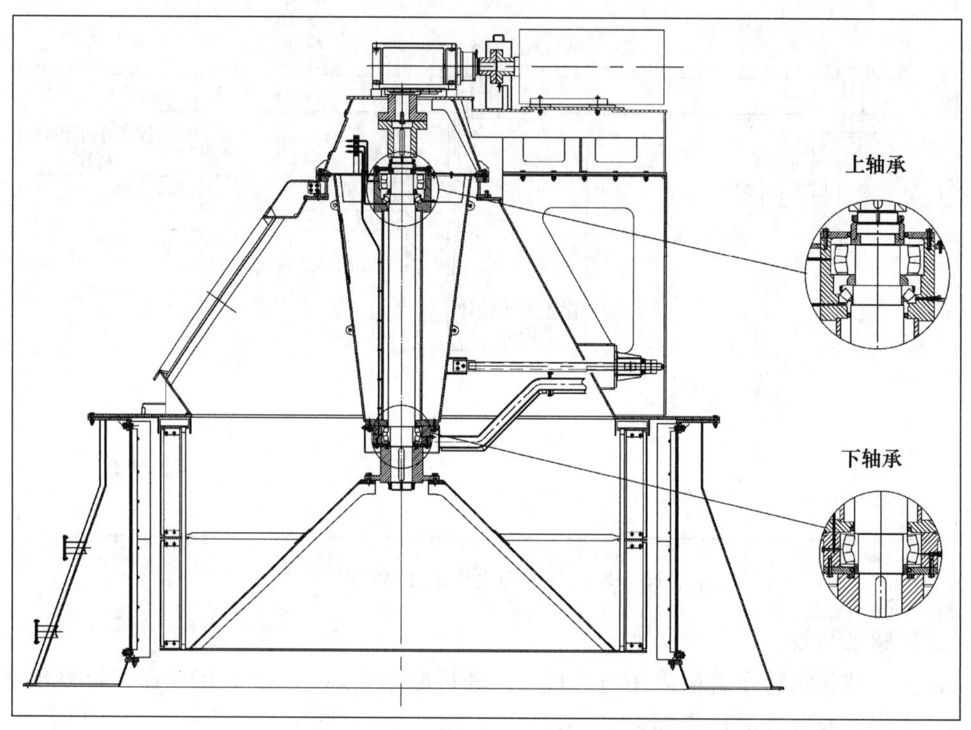

图 3-24 选粉机上下轴承示意图

选粉机上轴承在上机体顶部，处于磨机外部，工作环境通风良好、接近外部自然气温，运行过程中干油润滑定时定量，上轴承工作温度＜75℃，极少出现超温报警的情况。

选粉机下轴承在磨内，环境温度在 100℃以上，运行过程中，下轴承频繁超温报警，甚至保护停机，影响选粉机和磨机正常工作。

轴承采用干油智能集中润滑，下轴承干油不仅起到润滑作用，干油融化流失还起到为轴承降温作用，供油是否及时、足量十分重要，通常设置供油间隔不超过 10min/次，每次不少于 2 泵，这是干油智能润滑最重要的点位之一。

目前，大部分立磨选粉机转子下轴承运行温度大于等于 110℃，超过滚动轴承大于等于 75℃报警、大于等于 85℃保护停机的常规设计。为保证选粉机和立磨系统连续运行，选粉机下轴承运行温度保护设置与常规不同，通常设置大于等于 115℃报警、大于等于 125℃保护停机。

客观现状是选粉机下轴承高温运行是长期存在、难以解决的设计缺陷。

笔者擅长对立磨设备设计、制造和立磨制粉工艺设计缺陷进行优化改造。在三十多年的一线工作中，先后对磨辊轴承润滑、磨辊轴承密封、磨辊密封、进料装置等进行优化改造，取得了良好效果，总结经验与教训发表数篇相关论文。针对选粉机下轴承实际工作环境造成轴承温度高这一客观状况，对现有运行的矿渣立磨和钢渣立磨进行现场改造。

首先采取增加干油润滑次数和加注量的简单措施，通过干油融化流失带走部分热量，起到一定的作用。但是，彻底解决选粉机下轴承高温运行问题，仅靠增加干油润滑量、融化润滑脂带走热量是不够的，需要给下轴承创造一个低于磨机内部温度、接近自然气温的工作环境。

设计制作一个便于安装的圆形密封罩，安装在磨机上机体内的选粉机下轴承座上，包围下轴承座，压缩空气通过管道从磨外进入密封罩，吹扫轴承座将热量带走，密封罩内保持接近自然气温的工作环境，相当于为轴承建立一个与磨内热空气隔离的空间，下轴承在接近气温状态下工作，如图 3-25 所示。

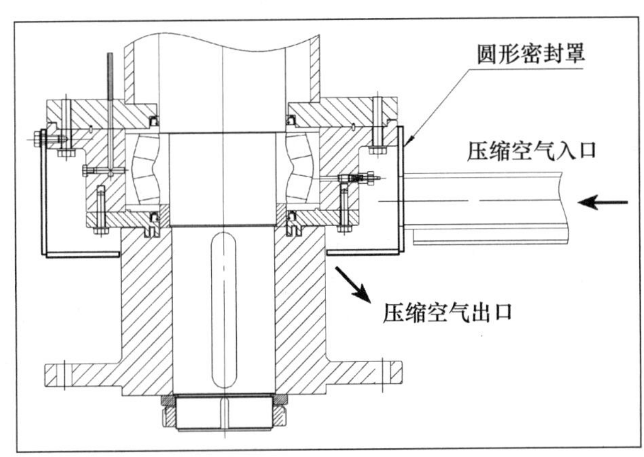

图 3-25 选粉机下轴承降温装置示意图

由于磨内为负压，选粉机在磨机上部，负压通常在－4000Pa 以上，可用 3000～5000Pa 的普通风机供风。由于需要风量较少，0.5MPa 的压缩空气（$1m^3/min$）或 3000Pa 的风（$200m^3/h$）满足吹扫降温所需，无须设置专用空压机或风机，可在就近的压缩空气管道或任意一台风机取风，比如磨辊轴承密封风机。

改造后，选粉机下轴承工作温度由以往长期高于 110℃，降低到 80℃左右，达到了预期目标，起到了良好作用，确保了选粉机下轴承长期安全运行。

只有长期深入立磨运行现场工作，潜心钻研，才能发现问题并采取简单易行、可靠有效的措施解决。

建议立磨制造商设计选粉机下轴承降温密封罩和进风管，作为标准配置同选粉机下轴承座一起装配出厂，彻底解决下轴承高温报警、保护停机的难题，保证选粉机和磨机系统安全运行。

3.4.4 检测保护

转子上下轴承、减速机润滑油、电动机绕组、电动机前后轴承安装温度检测装置，主控显示、报警、保护停机。

磨内干油管路和传感器线路做耐磨保护，以防磨穿。

3.4.5 平台与通道

选粉机驱动设置工作平台，平台面积适合作业人员巡检维修，护栏安全可靠。设计通向喂料楼及其他部位的双通道，保证一部斜梯或平通道，禁止仅一处直爬梯的不安全设计。

选粉机驱动安装在磨机顶部，在喂料楼和收粉器之间做整体防雨篷。建议建设磨机房，整机安装在厂房内。

3.4.6 主要设施设备（表3-4）

表3-4 主要设施设备

序号	名称	功能描述	备注
1	驱动电动机	为选粉机转子提供动力	变频控制
2	减速机	降低转速、增加扭力	速比合理
3	润滑冷却装置	为减速机润滑和冷却	禁止内置水冷
4	转子	主要工作部件	叶片耐磨材质
5	静叶片	调节含粉料风向、风速	选择整体笼式
6	集料锥	收集选粉机返料	外壳做耐磨处理

3.5 磨机机体

3.5.1 工艺描述

钢渣磨机机体分底板、机架、下机体、中机体、上机体五部分。

钢渣磨有一个整体底板，主电动机、主减速机、机架全部安装在一个整体底板上。

机架也称立柱。机架承载整个立磨，必须做到结构牢固。机架安装在减速机外围的底板上，机架顶面用连接梁（也称过桥）连接构成磨辊平台。下机体也称下箱体、下锥体。下机体是热风通道，也是返料外排通道。下机体包括底部的锥体、下挡料圈、向圆心方向和径向导向板的风环。

中机体承载上机体，是研磨后粉料的上升通道，下部开有同磨辊数量的磨门，用于安装、检修磨辊。磨门之间开设人孔，用于人员进出。腰上部位安装螺旋铰刀。

上机体下部分沿横截面展开，安装静叶片、选粉机，承载选粉机转子和驱动电动机，上部是钢渣粉成品的出粉口。

3.5.2 底板

钢渣磨与其他设备一个重要的不同之处就是主电动机、主减速机和机架安装在一个整体底板上，如图3-26所示。

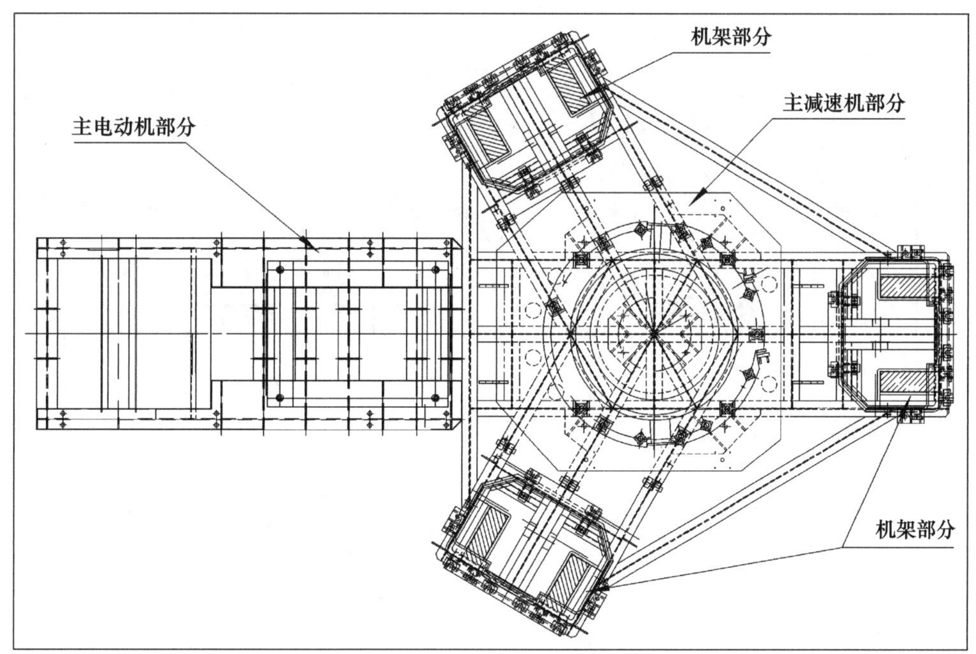

图 3-26 整体底板

底板用于安装磨机整机，由于底板体积庞大，制造厂加工制作完成，通常分割为主电动机底板、主减速机底板、三个机架底板共五个底板组件，分别运输到达现场安装。

底板出厂前经检测合格，附有检测合格报告。主要检测项目：焊接探伤、应力消除和顶面水平度。水平度制作误差≤0.04mm/2000mm。误差标注与0.02mm/1000mm绝对值相同，实际意义不同，需要2m的平尺配合检测。

目前，有磨机制造商为降低成本，低价参与市场竞争，只有减速机底板，主电动机有个简易的型钢制作的安装底座，机架没有安装底板，只有几块垫铁。

如果主电动机和机架与主减速机没有整体底板，机架安装定位相对困难。摇臂轴承座安装在机架上，轴承座决定了磨辊与磨盘的相对位置是否正确。安装过程中，机架在标高、角度方面与减速机发生位置偏差，将来这台磨机将存在许多问题。

建设方拥有专业技术人员，精通工艺和装备，在技术协议中应明确主电动机、主减速机、机架安装在一个整体底板上。

3.5.3 机架

机架安装在底板上，顶面与连接梁构成磨机平台，承载磨机本体。其中液压缸、摇臂、磨辊机械限位安装在机架上。

机架必须有足够的机械强度，保证磨辊机械限位最大受力时，限位部位变形量在设计范围内，确保磨机运行中磨辊与磨盘不发生直接接触，如图3-27所示。

立磨安装完成，按实际最高工作压力做辊缝保持验证，如果不能保持有效辊缝，必须加固机架，直到辊缝满足需求，否则磨机在运行过程中不可避免地发生剧烈振动。保持辊缝是检验一台钢渣磨机机架甚至整台磨机是否合格的重要标准。

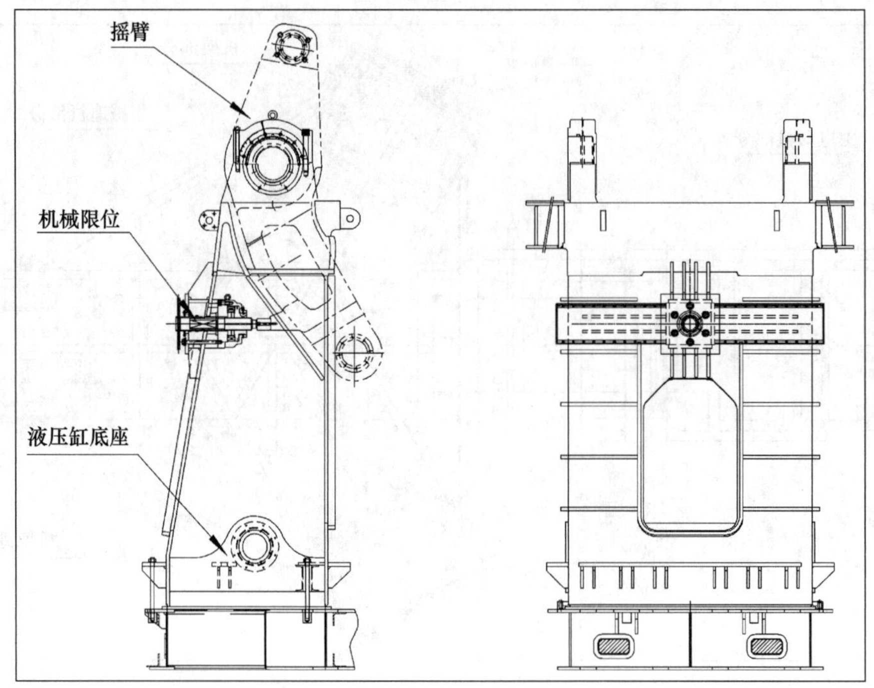

图 3-27　机架结构

3.5.4　下机体

下机体是高温热风入磨通道，应做好内保温，减少热量损失。

下机体也是返料外排通道，底板做好耐磨处理，预防底板被返料磨穿。

下机体下挡料圈高度适宜，与磨盘和刮料板支架形成有效的迷宫式密封，保证下机体不漏风、不漏料，如图 3-28 所示。

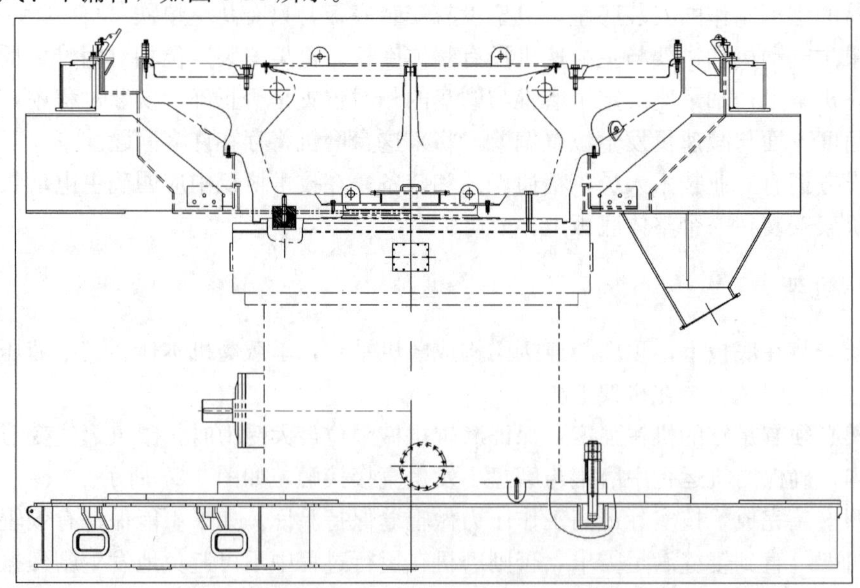

图 3-28　下机体结构

风环设计有向圆心方向和径向的导向板，导向板设计角度合理，避免因风向不合理导致磨内风料紊乱，降低选粉效率、整机效率。

风环出风口面积设计合理，确保热风出风环后带动粉料顺畅上升、粉料进入选粉机、粗料返回磨盘、重料落入返料区。钢渣在各种粉体物料中密度较大且易磨性很差，因此，风环需要更高的风速才能将越过挡料圈的物料吹起，大部分落回磨盘重新研磨，一部分升起进入选粉机。

不同原料各有特性：密度不一、易磨性不同，风环出口设计风速、导向角度均不同。

如果磨机设计者疏忽或对原料特性不熟悉、对工艺参数不了解，凭经验或随意设计风环通风面积、风速和导向角度，在磨机运行时，越过挡料圈的物料不能被热风吹起，大部分落入下机体，会造成大比例返料。返料量越来越大，磨机系统负荷增加，返料系统设备超负荷运行，甚至导致系统停机。

风环出口设计安装向圆心方向的导风板，选用复合耐磨材质或铸造定型板，一般情况下，向圆心方向的导向板不会缺失，否则会有大量越过挡料圈的粉料落入下机体成为返料。但是，不少磨机为节省几块钢板的成本，缺失径向导向板。热风入磨后，容易导致磨内气流紊乱，形成局部负压区，不能带动粉料快速上升，导致磨机压差升高，选粉效率、研磨效率降低。

在现场，经常发现没有径向导向板的磨机，如图 3-29 左侧所示，图 3-29 右侧是设计完善的风环。有无径向导向板一目了然，因此，在技术协议中有关条款内容明确：磨机风环面积计算准确，风环必须配置向圆心方向和径向的导向板，角度合理、为耐磨材质。

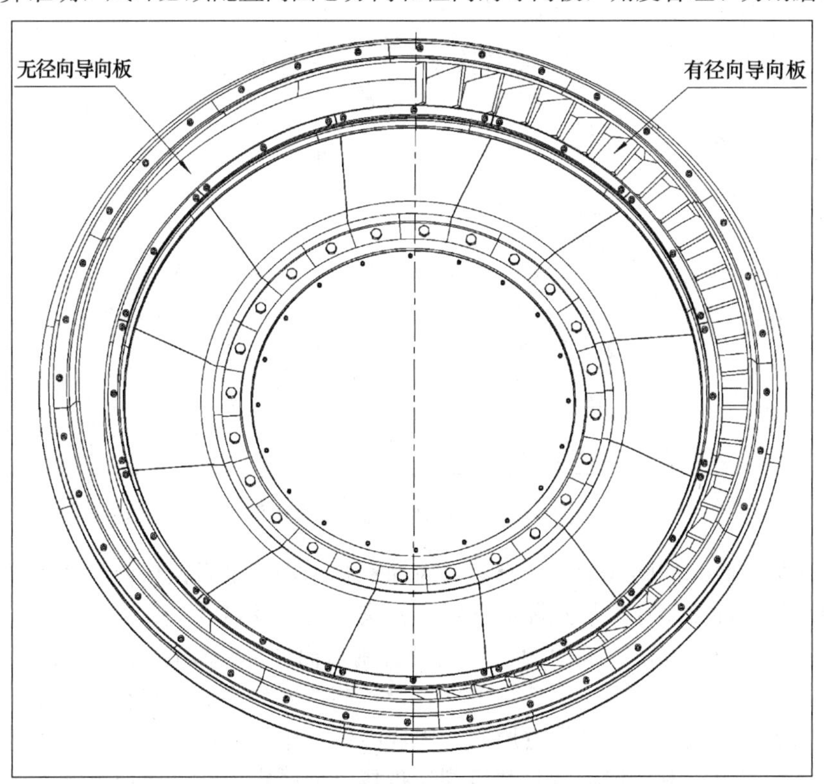

图 3-29　风环有无径向导向板对比

当前，磨机制造市场竞争加剧，为降低成本抢夺有限市场，机体设计从机架开始极限收缩，减少用材量，导致下锥体与摇臂下球头互相干涉，只能把下机体局部收缩造成凹陷变形，如图 3-30 所示。

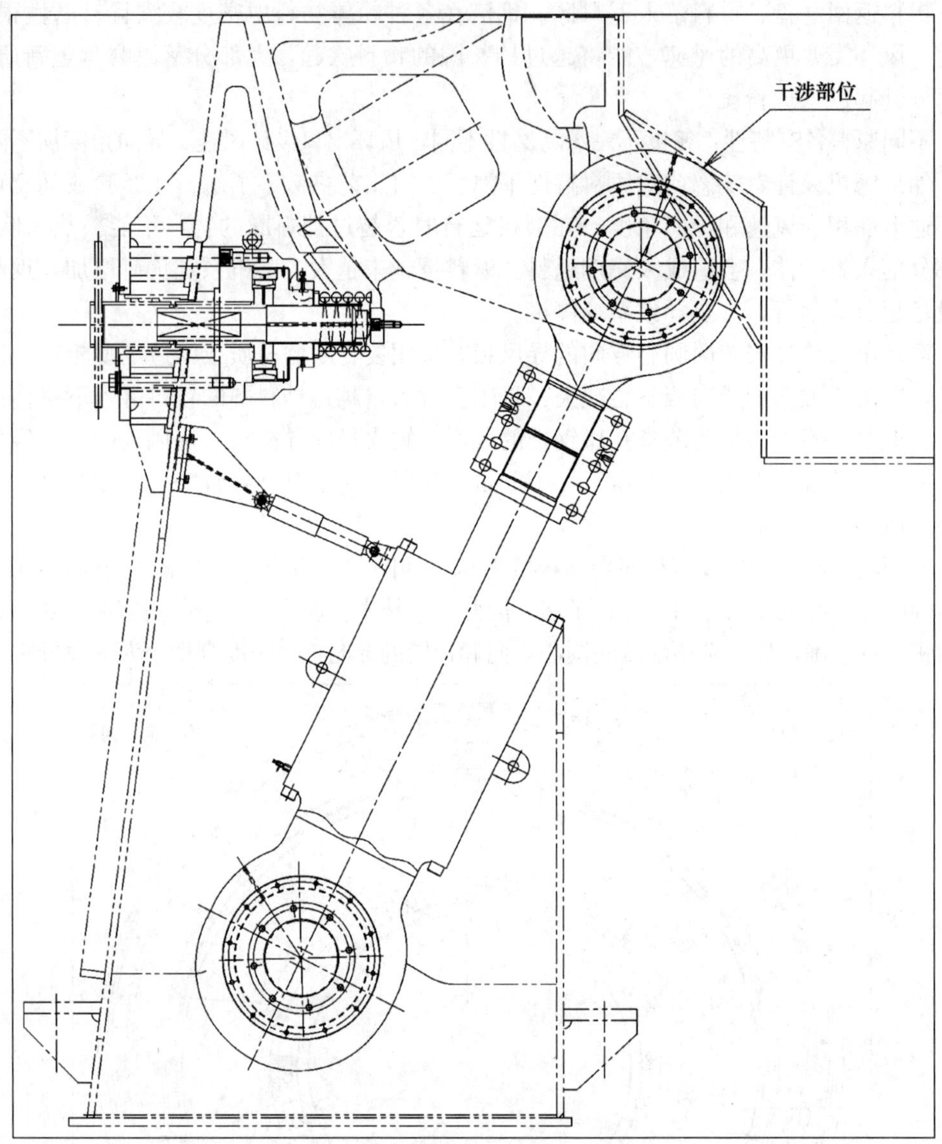

图 3-30　下锥体与加载装置干涉

下机体局部收缩凹陷变形后，有效通风面积减小，一是阻挡热风顺畅入磨，二是变形处很快被返料冲刷磨穿，导致漏风漏料、污染设备和环境。

造成这种情况无非两方面原因：一是设备制造商原因。设计人员专业知识不精通，设计失误，这种可能性较小；因低价中标，设备制造商为降低成本有意为之，大多数情况是这个原因造成的。二是建设方原因。无底线低价中标，没有精通立磨工艺装备的专业人员，技术协议没有规定清楚，磨机到达现场已成既定事实，建设方并不知道这是设计失误，误以为设备原本就是这样。

在建设现场，此类严重设计失误时有发生，均属人为造成，应完全避免。在技术协议中，对下机体有明确要求：下机体通风面积足够、结构完整，无局部收缩、无变形、无干涉，否则视为严重缺陷。同时要求下锥体保温、耐磨措施齐全。

3.5.5 中机体

中机体承载上机体，机体的机械强度足够。

中机体是研磨后粉料的上升通道，因此内部做好耐磨处理。

中机体设有方便启闭的人孔，是人员进出磨内作业的通道。

中机体设有可拆卸的磨门，是安装、检修磨机的通道，磨门与磨辊之间设有密封装置。

中机体中上部安装螺旋铰刀，螺旋铰刀机壳焊接固定在中机体上，机身和驱动安装平台也要固定在中机体上，由中机体受力承载，驱动端伸向喂料楼，搭放在喂料楼框架上，滑动支撑，设置减振橡胶垫。

中机体表面积较大，是钢渣磨热量损失最大的单体部分。目前热耗已是制粉行业成本最高的单项费用，远高于电耗、人工费用。降低热耗、节能减碳是制粉行业的当务之急，也是降低成本、增加效益的有效措施。建议包括中机体在内的磨机整体做内耐磨保温处理。

中机体结构如图 3-31 所示。

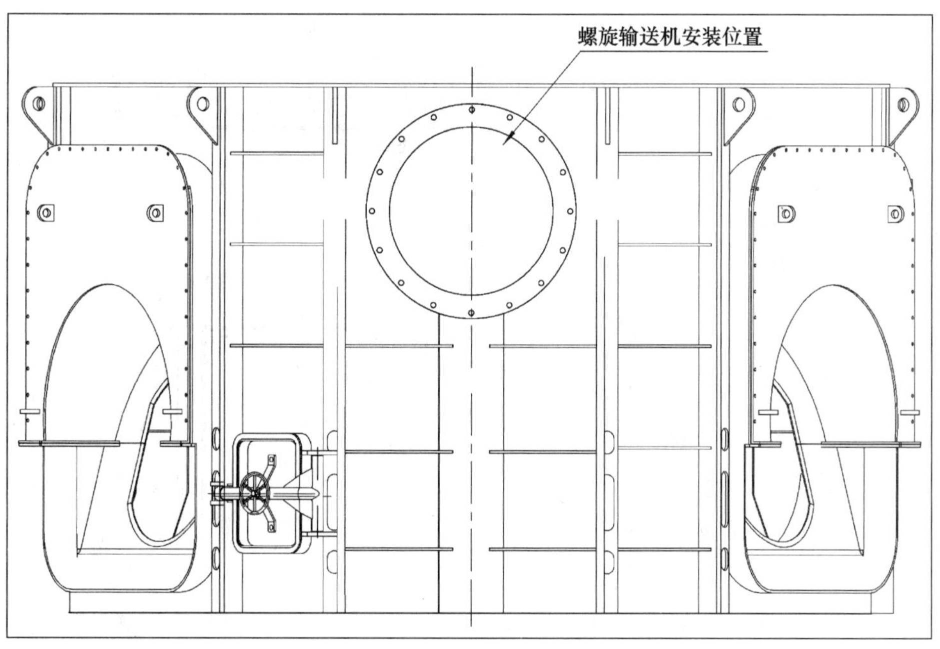

图 3-31 中机体结构

3.5.6 上机体

上机体安装在中机体上，机体变形量大、气流减速，利于大颗粒沉降、细粉选出；出粉部分断面面积缩小、气流加速，利于成品快速出磨。

上机体安装选粉机，要求机体机械强度大、加工精度高，尤其是上机盖，确保选粉机转子与上机体的安装误差符合设计标准。

当磨机投入运行后，通过调整选粉机频率，生产比表面积≥450m²/kg 的合格钢渣粉，但是 45μm 方孔筛细度筛余＞2％，将比表面积提高到 500m²/kg 以上，细度筛余依然＞1％，细度筛余虽然不是国家标准《用于水泥和混凝土中的钢渣粉》（GB/T 20491—2017）中的技术要求，但是产品主要用途为水泥混合材，水泥厂用户对混合材细度是有具体要求的，采购合同明确条款 45μm 筛余＞2％，超过指标会有处罚条款。

检查选粉机转子与上机盖迷宫式密封的安装误差是否超限；检查转子与静叶片间隙安装误差是否超限。误差超限则需要调整，确保安装误差符合标准。如果是设备质量问题，根本就没有达到误差标准的加工精度，这台磨机也只有在较高的细度筛余中长期运行了。

当安装误差符合或优于标准设计，生产同等比表面积的合格产品，成品颗粒级配更加合理，选粉机运行频率会下降，45μm 方孔筛细度筛余下降到＜2％，系统电耗也会下降。分析原因如下：因为选粉机转子间隙误差超限、不一致，导致产品跑粗，少量的大颗粒在比表面积试验时，增加了透气性，降低了比表面积。为使比表面积合格，就要提高选粉机转速、增加细粉量，颗粒级配进一步细化，增加了过粉磨，导致系统电耗升高。

上机体结构如图 3-32 所示。

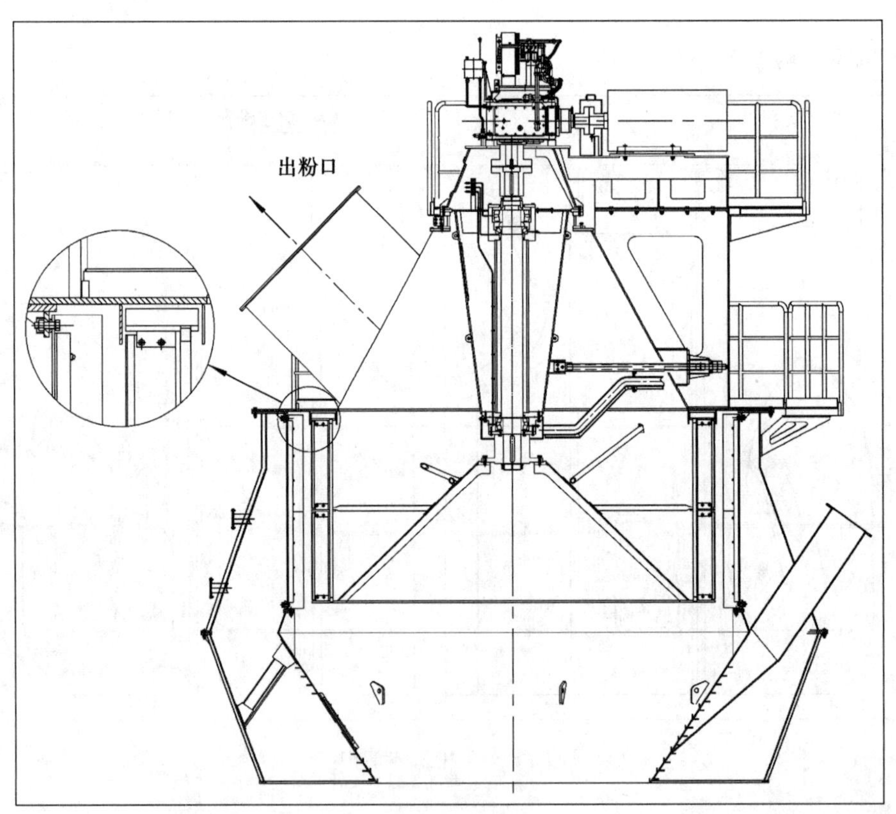

图 3-32　上机体结构

上机体也是钢渣粉成品的出粉口，粉尘浓度高、气流速度快，对机体冲刷磨蚀严重，因此应做好耐磨涂层，包括上机体、出粉管到收粉器入口的非标管道。

3.5.7 主要设施设备（表 3-5）

表 3-5 主要设施设备

序号	名称	功能描述	备注
1	底板	用于安装磨机	整体底板
1.1	主电动机底板	用于安装主电动机	低于减速机底板 1mm
1.2	主减速机底板	用于安装主减速机	严格控制水平度
1.3	机架底板	用于安装机架	现场焊接，严格控制变形量
2	机架	承载整机	结构牢固
2.1	连接梁	将机架顶面连接固定	磨机平台
3	下机体	热风和返料通道	保温耐磨
3.1	进风口	热风进口	保温
3.2	下锥体	热风入磨通道、返料出磨	保温耐磨
3.3	风环	调节风速和风向	导向角设计合理
4	中机体	安装螺旋铰刀	现场开孔，开口补强
4.1	磨门	安装磨辊	避免干涉
4.2	人孔	人员进出	开关方便、操作简单
5	上机体	承载选粉机、螺旋铰刀	
5.1	选粉机安装腔体	安装选粉机静叶片	
5.2	上机盖	与选粉机转子组成密封系统	结构牢固、加工精密
5.3	出粉口	产品出磨	耐磨处理

3.6 喷水装置

3.6.1 工艺描述

钢渣磨运行受多种因素影响，造成工况波动、磨机振动甚至破坏料层，尤其是原料水分波动影响较大。锥辊立磨对原料适应性相对于轮胎辊较差，对原料水分更加敏感，以原料水分 8%为临界点，低于 8%往往很难形成料层，即便形成也容易破坏。

为稳定料层，需要在磨盘上喷水。

突发停机事故，造成出磨温度快速升高，有达到 120℃的趋势，为避免高温热风进入收粉器，造成收粉器滤袋受热损伤，需要向磨内喷水，快速降低出磨温度，保证滤袋安全。因此，钢渣磨有一套喷水装置。

3.6.2 装备配置

通常从冷却循环水主管道取水。如果主管道供水量不足，供水压力不稳，需要配置单独的变频水泵在蓄水池直接取水。

根据立磨规格不同，喷水量大小不一，系统管径从25～50mm不等。

设备配置：进水阀、快切阀、电动流量阀、电磁流量计。主控显示瞬时流量、系统具备统计功能。

设置手动旁通，以备电动流量阀发生故障、维护更换时，短时间手动控制，保持磨机连续运行。

保持管道、阀门、检测设备管径一致，避免为节省投资配置通径较小的阀门设备，导致紧急用水时供水量不足。

入磨前每路安装手动调节阀。

喷水装置工艺流程如图3-33所示。

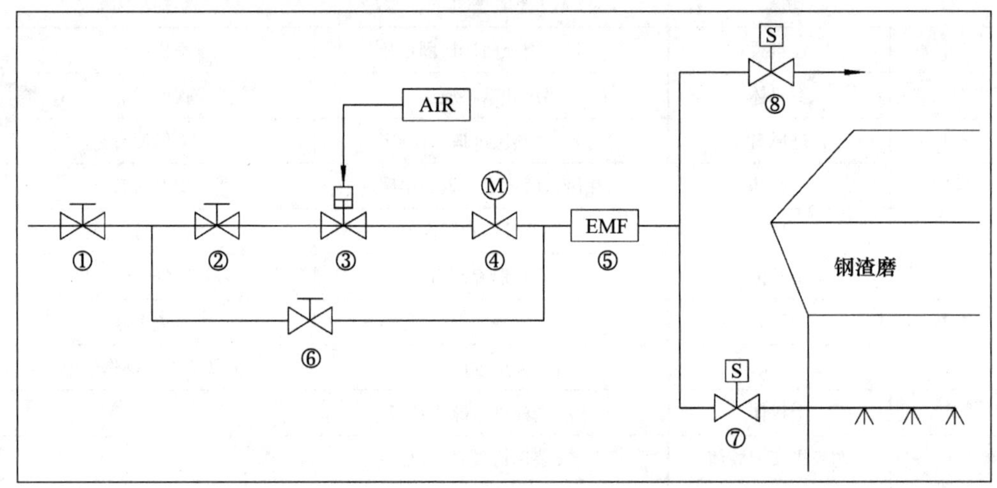

图3-33　喷水装置工艺流程

配置说明如下：

①总阀门；②手动截止阀；③气动快切阀；④电动流量阀；⑤电磁流量计；⑥旁通手动调节阀；⑦主路电磁阀；⑧支路电磁阀。

喷淋位置：

磨盘有效研磨面。磨内管道和喷嘴采用耐磨材质并做防护处理。

停机、升辊具备自动快切功能。可解锁手动控制。

3.6.3　主要设施设备（表3-6）

表3-6　主要设施设备

序号	名称	功能描述	备注
1	截止阀	手动控制	
2	快切阀	紧急关闭	常开状态，紧急故障时自动关闭
3	电动流量阀	调节喷水量	选择流量与开度线性关系较好的阀门
4	电磁流量计	计量用水量	
5	电磁阀	分路控制	

4　收粉和成品系统

收粉系统主要设备有收粉器和主风机。

成品系统包括成品输送机、成品检验系统、成品储存系统和成品发货系统。

一级收粉立磨工艺装备，收粉器是唯一的产品收集设备，工艺参数较普通袋式除尘器要求严格，比如进出口压差，从以往要求小于1500Pa，为达到低阻力、低排放、高效节能的目的，现在要求小于600Pa。

收粉器均风新技术、滤袋材料和工艺新技术、滤袋垂直度矫正新技术、滤袋清灰低压反吹新技术、气室盖加强密封技术、卸灰阀防漏风技术等不断发展和进步，收粉器阻力降低、排放下降、效率提高。这些新技术起到降低风阻、降低排放、延长寿命的作用，在新的建设项目中应该得到推广应用。

主风机是成品出磨和收集的动力来源，也是热风流动的动力来源，因此既可划分为收粉系统，也可划分为热风系统。

成品输送主要采用空气斜槽输送机，简称空气斜槽。需要8°左右的下行角度，角度越大，物料流动越顺畅，在设计输送路线时，从收粉器卸灰阀到成品斗式提升机进料口留足高度，以免安装空间不够，导致角度变小后输送不畅。

成品输送过程中需要取样检验，在常规人工检验的基础上，加装在线激光粒度检验仪检测成品粒度分布，为实现智能一键化制粉提供必备条件。

成品入仓提升采用钢丝胶带斗式提升机。该设备垂直提升高度高，钢丝胶带受力大，容易发生断带、料斗脱落等设备事故。成品斗式提升机一旦发生故障，必然导致全线停机，因此，成品斗式提升机常规设计一用一备，在运行中轮换使用或随机启用，目的是确保备用设备可随时切换投入使用。

成品仓容量设计符合相关标准，设计施工的原则是容量充足、安全可靠。

装车发货做到速度快、无扬尘、计量准确。

4.1　收粉器

4.1.1　工艺描述

收粉器就是袋式除尘器，在一级收粉工艺立磨装备制粉系统中，袋式除尘器是主工艺设备，用于收集全部成品，因此业界称收粉器，如图4-1所示。

为便于磨机出粉顺畅，收粉器一般安装在距磨机出粉管较近位置，高于出粉管，通常在磨机后建设一座综合楼上，底层为润滑加载站、高低压配电室，中间为成品输送设备，上部安装收粉器。

选粉机把符合国家标准《用于水泥和混凝土中的钢渣粉》（GB/T 20491—2017）的

钢渣粉从磨内选出，经过上机体出磨，通过出粉管进入收粉器。

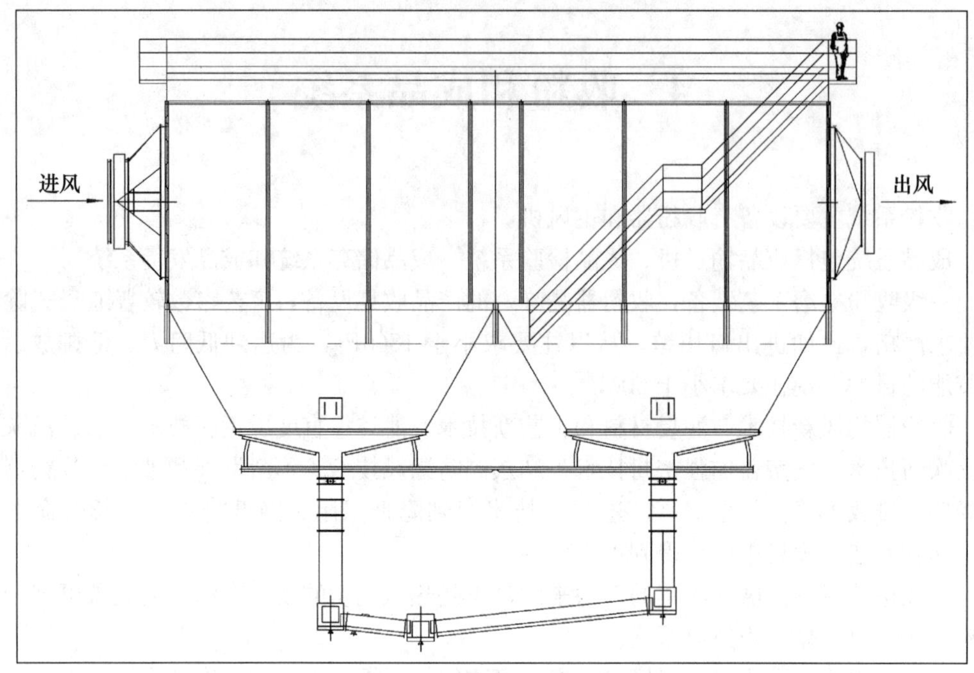

图 4-1 收粉器

收粉器通风过滤面积是出粉管通风面积的 1500 倍以上，含有高浓度粉尘的气流速度，从出粉管的 15m/s 以上，迅速降低到 0.6m/min 以下，气体在降速、膨胀的过程中，钢渣粉大部分自然沉降落入集灰斗，一部分随气流吸附在滤袋表面。气室通道依次间隔关闭，电磁阀打开喷入压缩空气，滤袋被反吹鼓胀，吸附在滤袋上的钢渣粉落入集灰斗。滤袋清理干净，增加透气性，气室通道打开，再次投入工作。

落入集灰斗的钢渣粉经过收粉器下部的船形空气斜槽输送集中，通过 3 级锁风卸灰阀出收粉器，成品落入空气斜槽。

出磨气流粉尘浓度高达 200mg/m³ 以上，经收粉器滤袋过滤，粉尘浓度降低到＜5mg/m³ 的洁净气体，经收粉器气室、气道，被主风机抽出。

依据环保要求，气体排放部分安装符合国家标准的在线排放检测设备要求。

4.1.2 工艺参数

进出口压差≤600Pa，过滤风速≤0.6m/min。

收粉器运行中，始终有一个气室关闭气道、反吹滤袋，这个气室处于不工作状态，因此，应扣除一个气室的过滤面积计算滤袋总面积，配置滤袋，这个不工作气室的滤袋面积往往被忽视，计算在总过滤面积内。

确保排放粉尘浓度≤5mg/m³。

4.1.3 装备配置

收粉器处理风量按系统风量＋漏风率设计。

滤袋选用工作温度≥120℃，最高耐受温度≥150℃，单位面积质量≥550g/m²，使用寿命2年以上，符合超低排放标准的低阻低排放节能滤袋。

尽量选择长度低于6000mm的滤袋，便于安装和更换，降低防雨篷和设备整体高度。

袋笼采用电镀涂装或不锈钢材质，避免偷工减料使用劣质涂装，避免其运行时高温熔化，粘连滤袋，造成滤袋提前破损。袋笼应为整体结构，避免多节挂接结构，以免滤袋晃动。

选择淹没式电磁阀。生产现场长期使用的经验是淹没式电磁阀相较于直角式电磁阀工作可靠、故障率低。

为不停机在线更换滤袋、处理故障，所有提升、喷吹气管支路，每路安装独立手动阀门，可拆卸减振软连接，管路布置规范、整齐美观、固定牢固。

整机漏风率≤3%。漏风主要由气室盖、卸灰阀造成。

因此，收粉器下选用三级单板锁风重锤卸灰阀，对置安装，如图4-2所示。

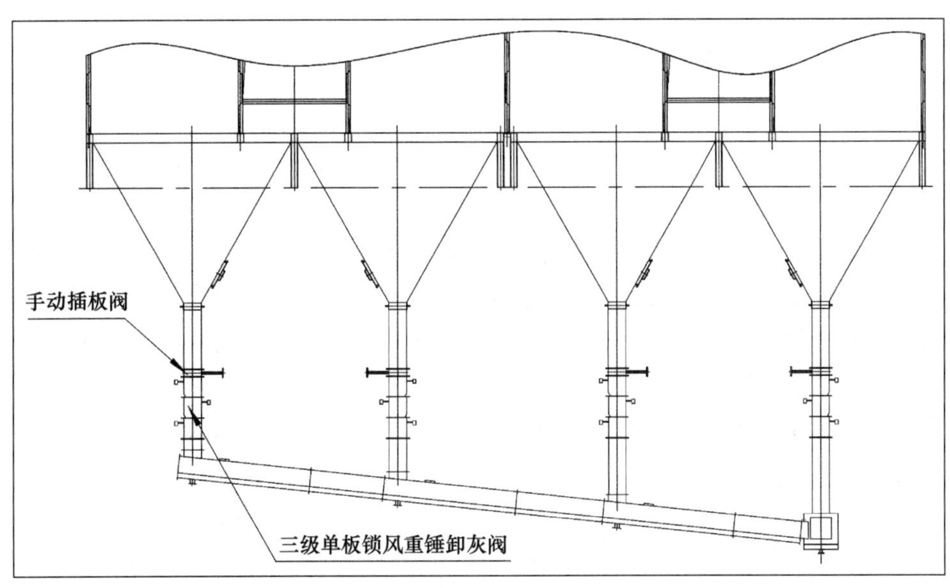

图4-2　三级单板锁风重锤卸灰阀安装

应确保有效锁风，防止向收粉器方向回风，造成空气斜槽物流、气流反向。翻板轴承安装在阀体外的密封轴承座上，应有效密封，杜绝漏风漏粉，污染环境。翻板阀配重可调，安装后精心调试，每一级固定在关闭与打开的临界位置。避免选择两级阀、避免选择双板阀。

为检修和处理卸灰阀故障，三级单板锁风重锤卸灰阀上部加装手动插板阀。

气室盖密封采用双立筋迷宫式结构，避免气室单立筋结构，如图4-3所示。

M形密封橡胶条采用整体成型，避免一条现场切割，以免接头漏风。

下料锥底部安装音叉料位开关或者射频导纳料位计、温度传感器。

料位检测是发现集灰斗堵塞的重要措施，温度检测是发现卸灰阀漏风的必要措施。有问题时主控器会显示、报警。

一旦检测报警，及时处理堵料，避免积料过多，发生重大设备和安全事故；及时处理漏风，比如翻板阀配重移位、掉落，导致阀板常开漏风，保证钢渣粉在空气斜槽输送顺畅，减少漏风、降低系统负荷。

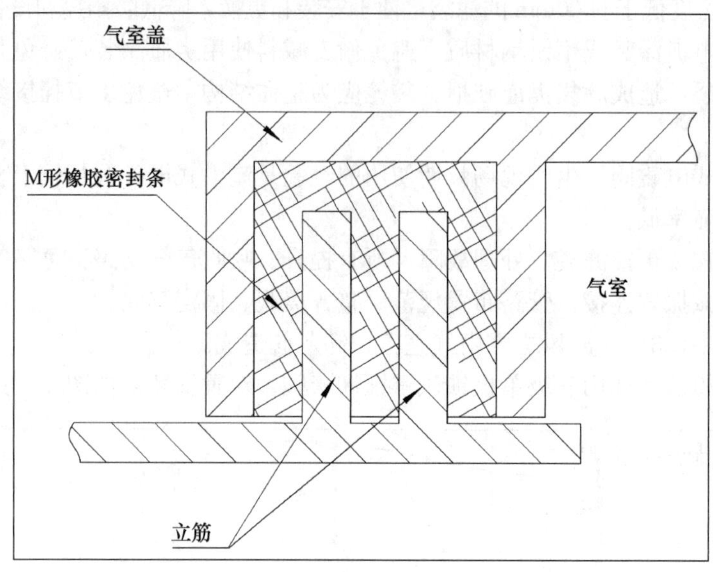

图 4-3　双立筋迷宫式结构气室盖密封

箱体和集灰斗机体强度足够，箱体采用压型钢板 $\delta \geqslant 6$mm，集灰斗钢板 $\delta \geqslant 8$mm 及≥L50×5 角钢加强筋，钢板厚度均为实测值。

气室孔板平整无拼接，钢板 $\delta \geqslant 8$mm，滤袋孔打磨光滑无毛刺，以防划伤袋口，避免更换滤袋时刮伤操作人员。

箱体和集灰斗做保温，做整体封闭防雨篷，保证冬期、雨天进出口温差≤5℃。保温材料采用硅钙板或硅铝材质，厚度适宜，避免用岩棉。

利用防雨篷屋架，在最高处设置一台 2t 电动葫芦，用于吊装滤袋、袋笼等备件。

安装完成后，灰室与气道做荧光检漏、气密试验，不允许漏焊、串气。

采用均风新技术，保证每个灰室气体分布均匀。

采用反吹新技术，保证喷吹气体均匀分配到每个滤袋，清灰彻底。

采用低气压反吹新技术，降低滤袋上口磨损，延长滤袋使用寿命。

采用滤袋垂直度矫正技术，确保滤袋竖直、底端互相不碰、不磨、不挤靠，达到滤袋低阻力、高效率、长寿命的使用效果。

上下收粉器设置双通道，保证一处斜梯。

4.1.4　主要设施设备（表 4-1）

表 4-1　主要设施设备

序号	名称	功能描述	备注
1	收粉器	收集成品	
1.1	箱体	封闭通道、承载设备	确保机械强度

续表

序号	名称	功能描述	备注
1.2	滤袋	过滤收集成品	低阻、低排放、长寿命类型
1.3	袋笼	支撑滤袋	电镀涂装或不锈钢材质
1.4	反吹电磁阀	滤袋清灰	淹没式
1.5	卸灰阀	成品通道，锁风	三级单板锁风重锤卸灰阀
1.6	上下通道	作业人员安全通行	双通道
1.7	雨篷	收粉器顶面封闭	高度满足更换袋笼、滤袋要求
1.8	保温	减少热损失	避免用岩棉材质
1.9	电动单梁起重机	吊装备件	在防雨篷最高处

4.2 主风机

4.2.1 工艺描述

主风机划归收粉系统或者划归热风系统都是正确的，系统划分目前是方便设备管理、制定工艺参数，对设备本身和在生产工艺上的作用没有影响。

主风机安装在收粉器后，是整个粉磨系统气流、物流的动力来源。

经收粉器滤袋过滤后的洁净气流被主风机抽出。

主风机出风分两路：

为提高热风利用率，降低热耗、节能减碳，第一路是循环风，占系统风量的 70%左右，与热风炉制造的高温热风混合后入磨，热风将粉磨后的物料吹起烘干，经过选粉机出磨进入收粉器。

为排出原料中的水分，第二路进入烟囱排入大气，占系统风量的 30%左右。烟囱安装在线排放检测设备，检测设备符合相关标准，由当地环保部门验收合格。

4.2.2 工艺参数

4.2.2.1 系统风量

系统风量的计算有热平衡法和粉尘浓度法。热平衡法较为复杂，粉尘浓度法比较简单。笔者经过三十多年对各种立磨制粉工艺的使用和管理，积累了丰富的实践经验，对立磨系统风量有更加简捷的计算方法：

$1m^3$ 的风，可以从磨机带出 200～250g 粉料。比如一台设计生产能力 100t/h 的立磨，系统风量配置：

最低配置按 $250g/m^3$ 计算，$4.0\times10^5 m^3/h$，节省投资，磨机超产能力受限；

最高配置按 $200g/m^3$ 计算，$5.0\times10^5 m^3/h$，当优化运行管理，立磨超产能力得以充分发挥，主风机能力仍有较大富余；

合理配置按 $225g/m^3$ 计算，$4.4\times10^5 m^3/h$。

4.2.2.2 系统风压

系统风压配置取决于一个主要因素：产品密度。

立磨制粉工艺对原料适应性较广，产品密度从 1.1～4.0g/cm^3 均可稳定生产。产品密度低，需要的系统风压低；产品密度高，需要的系统风压高。

立磨工艺系统风压通常在 5000～8000Pa，钢渣粉密度在 3.2～3.7g/cm^3，钢渣磨选择较高的系统风压为 7500Pa。

4.2.2.3 工作温度

钢渣磨高效运行、正常工作、工况稳定时，出磨温度在 100～105℃，入收粉器后气体膨胀，加之机体散热损失，出收粉器时下降 5～10℃，主风机入口风温 85～95℃，因此，主风机设计工作温度为 80～100℃。

4.2.3 装备配置

选择优质名牌产品，制造厂具备转子动平衡试验能力、焊接探伤检测能力。

转子出厂做动平衡试验，出具试验合格报告。做叶片焊接探伤检验，出具检验合格报告。

驱动配套电动机采用变频控制，变频器额定功率大于电动机额定功率一个等级。

电动机整机防护等级为 IP54，包括集电环等所有部件，绝缘防护等级为 F。

配置入口调节阀，以备变频器发生故障时主风机依靠调节阀控制风量工频运行，保障磨机连续运行。

配置入口（或出口）风量、风压、风温检测系统，主控显示。

配置风机轴承温度、振动检测系统，配置主风机电动机轴承、绕组温度检测系统，主控显示、报警、保护停机。

机壳配置隔声棉＋外保护层，减少热损失和降低噪声污染。

出风口配置消声器，降低噪声污染。

进出口配置不锈钢波纹补偿器，进出管道独立支撑，避免管道受力传递到主风机本体。

风机、电动机轴承选用 SKF、FAG 等原装进口品牌。

4.2.4 主要设施设备（表 4-2）

表 4-2 主要设施设备

序号	名称	功能描述	备注
1	主风机	提供系统风量	按设计风量、风压、风温配置
2	电动机	风机动力源	变频电动机
3	系统检测	风机工艺参数检测	风量、风压、风温
4	设备检测	轴承温度、振动检测	温度、振动
5	调节阀	用于调节系统风量	工频运行时备用
6	出口消声器	降低噪声排放	噪声排放达标
7	补偿器	隔振、热胀冷缩补偿	进出口安装，不锈钢波纹式

续表

序号	名称	功能描述	备注
8	隔声保温	风机机体隔声保温	风机本体
9	防雨篷	防雨水进入	遮盖电动机和风机本体

4.3　成品系统

4.3.1　工艺描述

成品系统包含成品输送系统、成品存储系统、成品检验系统、辅料添加系统、装车发货系统等。

钢渣粉经收粉器收集后，通过收粉器下的卸灰阀落入输送设备，成品经空气斜槽输送、成品斗式提升机提升、仓顶空气斜槽输送分配，入仓存放。

过程中在线验成品粒度分布，用于生产智能化控制。取样检测比表面积，以及国家标准《用于水泥、砂浆和混凝土中的粒化高炉矿渣粉》（GB/T 18046—2017）中要求检验的活性等全部检验项目。

仓底安装充气流化板，为成品均化和装车出料顺畅。

装车机选用无尘装车机，实现智能一键装车。

4.3.2　系统简介

4.3.2.1　成品输送

钢渣粉与矿渣粉等其他粉体物料的输送，常规选用空气斜槽输送机，业界简称为空气斜槽，设计输送能力大于主机设计生产能力两倍以上。

空气斜槽依靠小型离心风机作为动力源，封闭的箱体分上下两层，中间隔层设置支撑孔板和透气布。气体在下层流动，物料在透气布上滚动前行。

空气斜槽输送粉体物料简单可靠，动力消耗少、设备维护量少。

空气斜槽应在工厂里分节制作，上下两层封边有密封橡胶板，涂抹密封胶，出厂前做气密试验，确保合缝处无漏气。节与节连接处配置日字形橡胶密封件，避免现场拼接橡胶条，安装时两面涂抹密封胶。

有些设备商为降低成本，恶意参与市场竞争，透气布下缺失支撑孔板，或者用间隔条代替支撑孔板，透气布很容易下陷变形、破损漏粉。

成品仓顶选用空气斜槽或分叉溜管，设置分仓阀板，做到打开顺畅、关闭彻底，以免打开不畅造成堵料、关闭不严造成串仓。

空气斜槽不适于长距离输送，主要原因是空气斜槽有大于等于 8°的向下倾角，受料点与出料点有高度差，距离越长，高差越大，需要提高收粉器出料设计高度；需要建设通廊等设施。大于 100m 的长距离输送选择管道式气力输送设备。

4.3.2.2　提升入仓

钢渣粉成品提升选用钢丝胶带斗式提升机，业界习惯称之为成品斗式提升机。

成品斗式提升机生产能力是主机设计生产能力两倍以上。

成品斗式提升机在生产工艺的末端，只要发生故障，就会导致全线停机，因此，成品斗式提升机为一用一备设计，运行中随机启用，可在线切换，确保备用能用。生产现场，很多一用一备有主次设计，备用设备长期闲置，一旦需要，成了摆设，开不起来。

钢丝胶带选择著名产品，有出厂标识和合格证。

钢丝胶带设计耐受温度≥150℃，耐老化、寿命长。

明确钢丝胶带的钢丝布设，料斗螺栓孔设计与钢丝布设不冲突，避免胶带打孔伤害或打断钢丝，以免造成钢丝胶带运行断裂等严重设备事故。

成品斗式提升机慢传，用于检修、更换料斗，带逆止器防止突发故障停机时反转积料，设置跑偏、打滑、堵料开关，主控显示报警。

4.3.3 系统设施

空气斜槽室外部分至成品斗式提升机之间，设计建设标准封闭通廊，空气斜槽安装在通廊内，避免露天安装，禁止简易支撑。

成品仓前设计建设半封闭框架结构建筑，该建筑业界俗称为提升楼。

成品斗式提升机安装在提升楼里，禁止贴仓壁安装。贴仓壁安装不仅维护困难，同时存在极大的安全隐患。提升楼设置行人斜梯通向成品仓顶，框架高度超过成品斗式提升机头轮机壳 2m，顶部安装≥5t 电动单梁起重机，便于吊装备件、检修设备。

提升楼顶部结构示意图如图 4-4 所示。

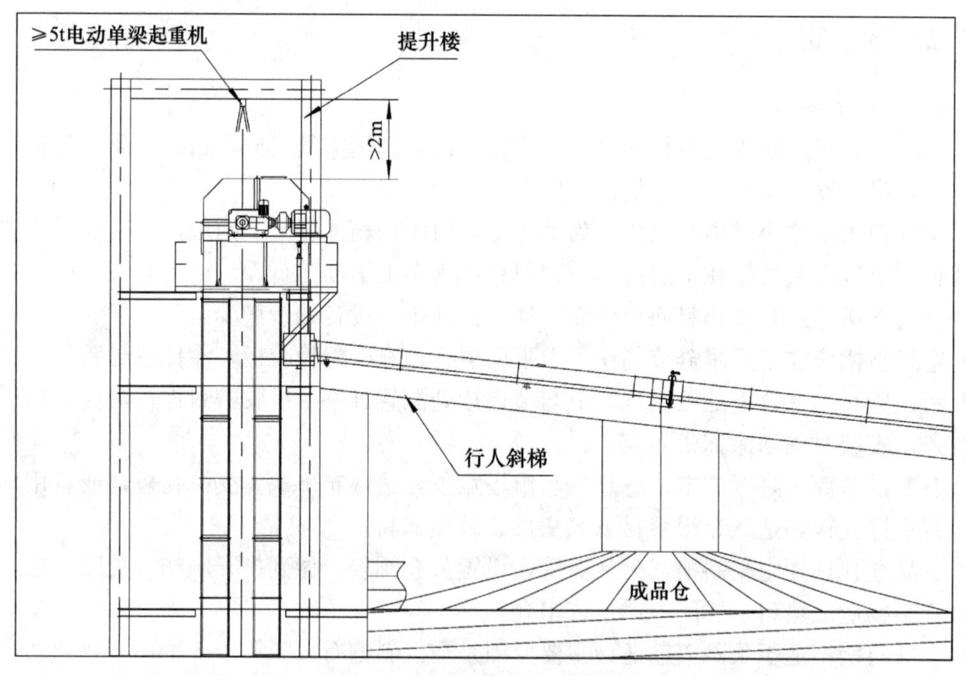

图 4-4 提升楼顶部结构示意图

4.3.4 产品检验

成品在空气斜槽落入成品斗式提升机的溜管上。安装产品取样器，一用一备，做好防雨措施，取样操作方便快捷。

同时安装在线激光粒度分析仪，用于系统智能控制。

4.3.4.1　在线检测

安装在线激光粒度分析仪，实时检测产品粒度分布，数据回传立磨控制系统，用于生产线一键制粉智能控制的数据组成部分。

实现智能一键制粉，产品质量在线检测必不可少。生产过程中，钢渣粉的比表面积和含水量是主要控制指标，目前并没有在线比表面积检验仪，用在线激光粒度检测仪检测钢渣粉粒度分布，以此推算比表面积。同一台磨机，经过粒度分布和比表面积仪的反复检验校对，总结出粒度分布与比表面积的对应数据范围，用粒度分布替代比表面积，用于钢渣粉、矿渣粉、水泥等生产线智能控制，是完全可行的在线检测方法。

笔者认为，在线激光粒度检测比勃氏透气比表面积检测更科学、更准确，粒度分布检测真实反映了产品的颗粒分布状态，而比表面积检测以透气率推算比表面积，并不能真实计算粉体颗粒的表面积。在可预见的未来，粒度分布检测一定能取代比表面积检测，就像比表面积检测替代细度检测一样，在线激光粒度检验检测结果的代表性、真实性、准确性、实时性，远优于比表面积检测。

4.3.4.2　取样检测

在线检测的主要目的是用于生产线智能控制，虽然优于比表面积检测，但是目前不是出厂产品检验合法依据，因此必须设置取样器取样检测。

设置自动取样器，一用一备，样品用于国家标准《用于水泥和混凝土中的钢渣粉》（GB/T 20491—2017）中规定的密度、比表面积、活性、安定性等各项检验，记录保存。

通常比表面积检测 1 次/h，活性、安定性检验 1 次/d，密度检验每周一次，根据密度计算比表面积仪量筒填装量。

4.3.5　辅料添加

钢铁公司固废种类较多，其中干法脱硫的排放物亚硫酸钙没有好的用途，是造成二次污染的严重问题，在磨后适量添加，可解决钢铁公司部分粉体工业固废。

设计建设一套辅料添加设备，出料入成品斗式提升机，在提升与输送过程中与钢渣粉均化，与成品一起入仓，设备启停及添加量由系统自动控制或由主控手动控制。

仓体有效容积满足两次专用罐车添加，最小容积≥100m^3，添加设备计量精度＜1％，添加量可调，变频控制。

仓顶配置除尘器、释压阀、雷达料位计等设施，设置防雨篷及检修平台，护栏安全可靠。

配置卸车快速接口及罐车用压缩空气快速接口，便于卸车入仓。

4.3.6　成品储存

4.3.6.1　仓容设计原则

成品仓仓容不能随意设计，也不是资金匮乏建小点，资金充裕建大些，最小仓容要符合规范。

钢渣粉生产线成品仓的仓容设计和建设，规范来自国家标准《用于水泥和混凝土中的钢渣粉》(GB/T 20491—2017),第4项钢渣粉技术要求中活性指数。

只有7d检验结果合格,产品才能出厂,也就是成品仓容设计底限是连续生产7d以上的产量。

例如:一条年产100万t钢渣粉生产线,按年运行时间7500h计算,台时产量133t/h。成品仓最低设计仓容为7d×24h×133t/h≈22400t。

钢渣粉成品仓容积接口找不到设计依据,往往被忽视。

4.3.6.2 成品仓

由于成品仓单体巨大,成品存储的关键是安全。

成品仓的设计安全性放在首位,设计单位和设计人员、施工单位和施工人员具备相应资质,施工过程严格管理、监理到位。避免建成后的成品仓加满荷载后,因地基沉降不均匀发生成品仓倾覆事故;因结构强度不够或偷工减料造成爆仓事故。

目前的施工技术,粉体物料成品仓单仓可以做到20000m^{3}甚至更大,作为钢渣粉生产线的成品仓,无论设计建设规模大小,在满足仓容设计最低标准的情况下,至少设计建设两座成品仓,保证连续生产和连续发货。

设计建设全钢筋混凝土结构或钢筋混凝土底座钢结构储仓均可。

每个成品仓顶安装一台处理风量≥10000m^3/h除尘器,各仓之间管道连通,在成品入仓及仓底卸料装车等运行全程中,确保仓内微负压,保证成品仓安全运行。

仓顶安装雷达料位计检测仓位,量程大于实际仓位5m,料位计设置吹扫装置,吹扫管路配置电磁阀自动控制和旁路手动阀,仓位信号分别进入主控室及装车室显示。安装音叉料位开关,进入主控满仓报警。设置手测孔,做好密封帽。设置向外单向排气装置,以防仓内正压。

成品仓除常规除锈防腐外,整体表面做蓝天白云、山水或卡通彩绘。

成品仓外围车辆行走区域设计重载路面。

4.3.7 发货系统

4.3.7.1 工艺描述

生产钢渣粉的最终目的是出售外销、创造效益,装入成品仓只是暂时存储,等待检验合格后成品装车发货。

为防止钢渣粉在仓内压堆板结,装车时出仓顺畅,仓内底板安装流化充气板,压缩空气经过流化板对仓底粉料流化,流化的同时起到均化成品的作用,对生产过程中因工况波动、启停机造成的短时跑粗再次均化,确保装车产品全部合格。

钢渣粉经过仓底中心的减压锥,从中心孔出仓,出仓成品经过流化出料锥、装车机,进入仓下罐车,完成发货。

4.3.7.2 装备设施

(1)仓底流化。成品仓内,底板设置减压锥、流化充气板,配气机构选择程序控制、电动球阀,加装手动阀,方便维护。仓底管道布置简捷流畅,避免影响安全和通行。

(2)仓下出料。设置出料锥或出料箱,钢渣粉通过仓内减压锥流入仓底出料锥或出料箱,粉料流畅进入装车前的输送设备,如图4-5所示。

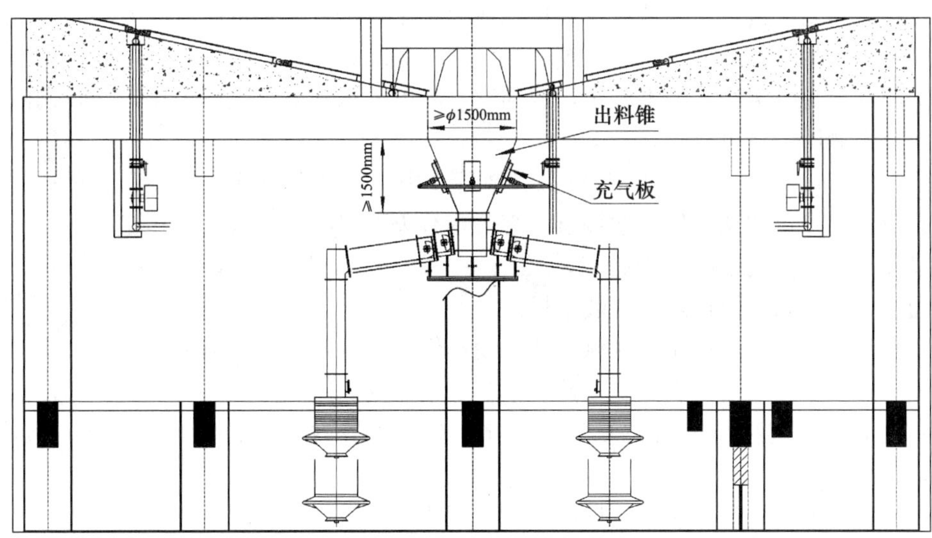

图 4-5 减压锥出料锥示意图

仓底出料锥或出料箱顶面进料口直径≥1500mm，出料锥高度≥1500mm，侧边安装充气板，出料锥下连接装车输送空气斜槽的进料口。

避免仓底直接连接装车输送设备进料口的设计方案。没有出料锥，空气斜槽直接对接仓底下料口，往往会出料不畅，影响装车速度，还会有仓内粉料大量塌料喷仓的事故隐患。安全隐患必须彻底排除。

(3) 装车控制室。仓与仓紧邻设计，装车室设计在 2 仓中间，两侧有封闭式大面积玻璃透视窗（占墙面三分之二以上面积），便于观察车辆入位情况，室内安装控制系统、监控系统。

每个成品仓设置双装车通道，每车道 1 台装车机。

装车控制室设置如图 4-6 所示。

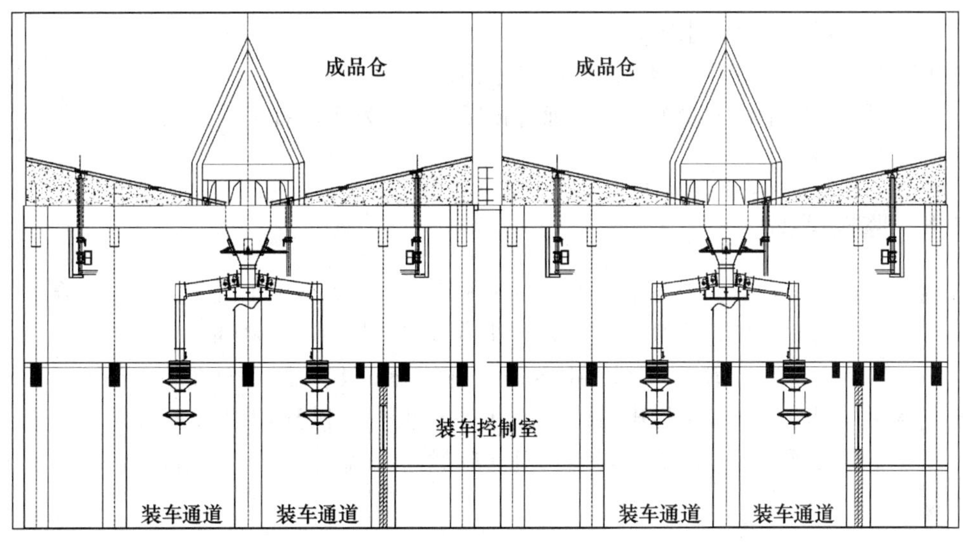

图 4-6 装车控制室设置

选择无尘装车机，安全环保。为保证快速装车，每台装车机生产能力≥200t/h。

装车机流量阀、快切阀、除尘器、料位检测等配置齐全、工作可靠。设置失电失压自动关闭，避免装满后关闭不到位，或因突发断电、压缩空气突然失压，导致钢渣粉喷仓、装车溢罐等运行事故。

每个装车位安装计量150t/台贸易级地磅，用于与装车机联机，控制装车；用于计量装车数量。预留数据远传通信接口，与公司有关部门联网管理。

设计安装一套集中电脑操控自动控制装车系统，安装在两个成品仓中间的操作室内，通过主控电脑操作控制所有装车机。

每台装车机在每个操作室两侧安装手动操作箱，以备电脑故障和调试时，手动操作装车。

采用地磅计量和装车料位双控制方案，避免装车失误、超量装车甚至发生溢料事故。

设计发货数据统计功能，数据可上传，配置打印设备。

4.3.7.3 建议

建议实施智能装车系统。

激光雷达定位系统和人工智能系统，自动指挥司机将罐车停到合适位置，保证装车机放料口与散装罐口对齐。对齐后智能启动放料装车系统，放料过程可实现无人操作，灌装到设定质量则自动停机。设定质量由销售管理系统按不同客户和不同车辆类型输入，远程传输或司机携带智能卡现场刷卡。基本信息包括客户名称、装车日期、卸货地点、车辆牌号、装车数量、装车车位，司机按指定车位装车，否则智能装车系统不予装车。

智能装车系统起到以下作用：

准确识别客户和车辆，避免错装、错发；

减员增效，提高发运效率；

降低劳动强度，改善工作环境；

提高公司管理信息化水平；

规范业务流程，管控风险，减少人员干预；

加大司机的安全行为检测力度，通过视频检测，发现和提醒司机改正违章行为，提高区域安全管理水平。

4.3.8 监控指挥

视频监控每车道不少于4个，进出口各1处，装车头与罐车口2处，成品仓外围不少于8个，采用数字高清摄像头，高清LED（发光二极管）拼接屏。

配置喊话设备，每车道一路，用于指挥司机调整车辆，罐口对准装车头。喊话设备由激光雷达检测罐口与装车机出料口位置自动指挥。亦可切换为人工指挥。

每个车道按顺序编号，前后安装LED红绿灯、车辆信息显示控制系统，用于引导车辆按指定仓位装车。

4.3.9 主要设施设备（表 4-3）

表 4-3 主要设施设备

序号	名称	功能描述	备注
1	收粉器斜槽	转送成品	根据收粉器集灰斗配置
2	成品斜槽	成品输送	
3	成品斗式提升机	成品高度提升	一用一备
4	电动单梁起重机	检修、吊装备件	
5	取样器	检测样品	一用一备
6	激光粒度仪	在线检测粒度分布	
7	仓顶斜槽	产品输送	
8	仓顶除尘器	保持成品仓微负压	一仓一台
9	雷达料位计	检测仓位	分别传输装车室和主控室
10	音叉料位开关	仓满报警	
11	仓底流化	成品均化、装车顺畅	
12	装车系统	成品计量装车	一键装车或智能装车系统
12.1	控制系统	装车控制	
12.2	计量衡	装车计量	控制装车量
12.3	装车机	成品装车	无尘装车机
13	封闭通廊	安装成品斜槽	按标准设置采光、通风设施
14	提升楼	安装成品斗式提升机	在防雨篷最高处
15	成品仓	储存成品	总仓容＞7d 产量

5 润滑和加载系统

润滑在设备运行中跟人的血液一样重要，控制设备运行健康。

润滑是保证设备正常运行的必要条件，润滑系统启动运行正常，供油温度、压力、流量符合工艺参数标准，向系统发出备妥信号，作为启机必备条件，允许主机启动，否则，主机不能启动。

润滑系统一旦发生故障或达不到工艺参数的标准，就会发出报警，启动备用，恢复标准，如果仍然达不到最低工艺参数，启动保护停机。

钢渣磨润滑和加载系统包括主电机润滑站、主减速机润滑站、磨辊润滑站、磨辊加载站、干油润滑站。

5.1 系统工艺

5.1.1 工艺描述

任何设备的转动或摆动必然会有摩擦，摩擦间隙必须润滑，润滑质量的高低，决定设备的运行质量和使用寿命，钢渣磨也不例外。

主电动机轴承、主减速机轴承和齿轮副以及推力瓦、磨辊轴承、选粉机转子上下轴承、入磨螺旋铰刀内外轴承、摇臂座轴承、摇臂下球头、液压缸底座轴承等部位均需润滑。

高速转动需要稀油润滑，低速转动、小角度摆动、高温位置需要干油润滑，钢渣磨这些部位的润滑，必须油站循环供油或单向定时定量供油，这样才能保证润滑效果，为设备运行提供润滑保障。

稀油润滑不仅起到润滑作用，还有冲洗、降温的作用。稀油润滑通常采用循环方式，只要系统不漏油，一般无须补油，但是磨辊密封磨蚀后经常漏油，应密切观察油位，及时补油；只要供油温度正常、回油温度不超限，润滑油也不会裂解降低运动黏度，可以长时间使用，一般一年检验一次运动黏度指数，检验结果符合标准的可以继续使用。

干油润滑不仅起到润滑作用，还有降温和密封作用。干油润滑单向供油，属于消耗品，需要定时定量补油。

5.1.2 统一要求

油站避开返料区，集中安装。

油站通常设计在收粉器主楼一层，业界统称油站。设计油站时，房顶设置 5t 电动单梁起重机，用于油站设备安装和检修。

其中主电动机润滑站和主减速机润滑站自流回油，油箱需要安装在地坑内，地坑底板和墙壁做防渗漏设计，施工措施正确，确保无渗漏、地坑无积水，地坑一角设置集水井和排水设施。

油站建筑面积足够，不同油站间距不小于 2m，设备与墙体间距不小于 1m，便于巡检和维护。

设置单冷空调，确保夏季最高气温时，室温可控制在 26℃以下。

油箱、阀门和管路全部选用不锈钢材质，严格按照《冶金机械液压、润滑和气动设备工程安装验收规范》（GB/T 50387—2017）标准组织施工。

油站各出油口与主管路、主管路与每个用油点全部采用隔振弹性连接。特别是加载站的高压油管与液压缸、蓄能器的连接，禁止刚性连接。

油站安装、管路对接施工完成，用独立的冲洗油站对管路、设备进行冲洗，不得使用运行油站和运行用油。冲洗油经检验，洁净度润滑站达到 9 级、加载站达到 8 级，加载站采用伺服阀或者比例阀达到 5 级，换净冲洗油，对油箱清洗、擦拭、黏附后，用滤芯≤25μm 滤油机注入工作用油，严禁用抽油泵直接加注。

选用整体油站，所有设备在油箱顶面或下面全部安装完成，现场无任何设备安装，出厂前试车合格。

站内管道施工对接润滑油进出管道、冷却水进出口管道。

每个油站所有动力、控制、检测等电气设备、线缆统一布设到集中接线箱，箱内标识接线图，按设计接线。

润滑站、加载站如有独立的现场控制柜，与主控 PLC（可编程逻辑控制器）数据通信，主控电脑控制操作，显示全部运行参数、趋势记录，数据保存一个月。

5.2 主电动机润滑站

5.2.1 工作原理

主电动机润滑站工作原理图如图 5-1 所示。

钢渣磨单机生产能力越来越大，立磨大型化也是制粉行业的发展趋势。大型立磨的主电动机配置通常都在 3000kW 以上，目前，国产立磨最大装机功率高达 8000kW。

超过 1800kW 的电动机，大部分采用滑动轴承支撑电动机转子。因此，必须配置稀油润滑站，给滑动轴承提供润滑油，保证轴承安全运行。

润滑油自流回油箱，经消泡、沉淀后，由油泵供油，依次经过滤器过滤杂质，过滤器滤芯精度为 25μm；经可调节热交换器调整供油温度，达到设计供油温度 35～40℃，经溢流阀调整供油压力，达到正常范围（0.12～0.2MPa）；经管路、分配阀调整流量，通过软连接送达主电动机前后轴承。

主电动机运行后再次调整供油量，保证轴承观察油镜油位高度在标尺范围内，回油流畅，不堵塞、不溢油。

润滑油在轴瓦和轴之间形成油膜，达到减少摩擦、降低发热的目的，冲洗轴和轴瓦摩擦脱落的细微粉末，达到润滑、降温、冲洗的作用。

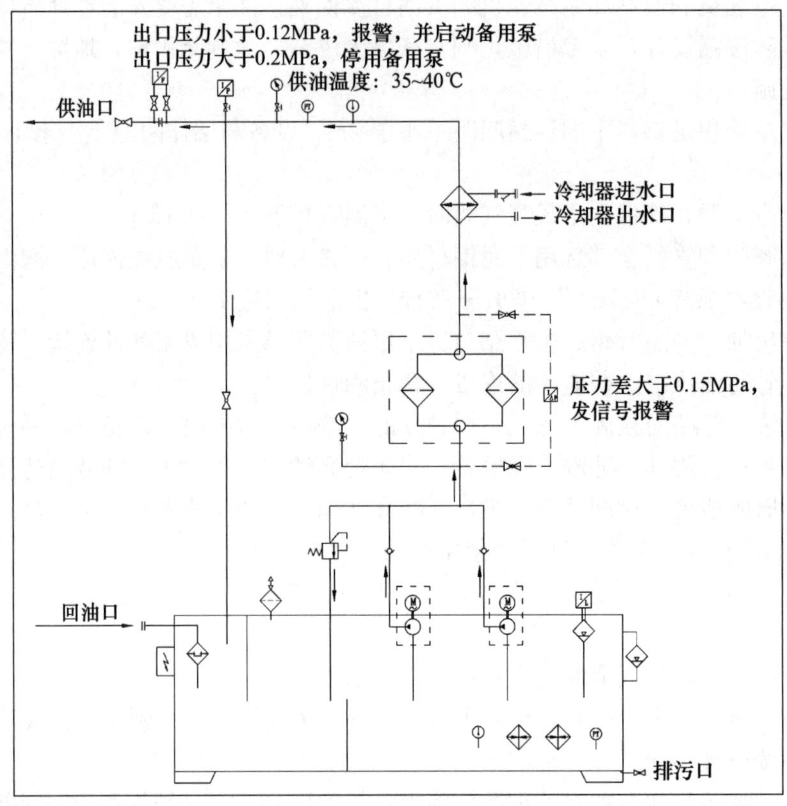

图 5-1 主电动机润滑站工作原理图

5.2.2 油品油箱

根据电动机说明书或地理气候条件，选择 32～46 号汽轮机油。

油箱容积：大于主电动机每分钟供油量的 10 倍。

箱体分二格：沉淀消泡格、取油格。

油箱配置加热器，加热器表功率≤0.7W/cm^2，配备电气联锁和自动化联锁双重保护，避免温度控制失效加热器持续工作，造成油温过高。

5.2.3 油泵

供油泵一用一备，主备随机启用。

单台泵供油量大于总需油量的 30%。

供油压力低于 0.12MPa 时报警并自动启备，达到 0.2MPa 停止使用备用泵。

5.2.4 过滤冷却

供油设置双筒过滤器，滤芯直径≤25μm，过滤面积足够，确保单个过滤器运行一个月压差不超 150kPa。过滤压差模拟量检测。

采用板式交换器、不锈钢 316L 材质，保证冷却面积足够，冷却水量根据供油温度自动调节，保证供油温度稳定在 35～40℃。

5.2.5 检测项目

温度检测：油箱、供油、回油，计量单位为℃。

压力检测：供油，计量单位为 MPa。

压差检测：过滤器压差，计量单位为 kPa。

流量检测：每路供油量，计量单位为 L/min。

油箱油位：模拟量，计量单位为 mm。

所有检测显示、报警，压力检测保护停机。

压力变送器、现场直读表用取样管连接集中布置，标识清晰，便于巡查。

5.2.6 主要技术参数

工作压力：0.12～0.2MPa。

工作介质：32～46 号汽轮机油。

润滑油清洁度：9 级。

润滑油工作温度：35～40℃。

冷却水温度：不高于 30℃。

冷却水压力：0.2～0.3MPa。

5.2.7 主要设施设备（表 5-1）

表 5-1 主要设施设备

序号	名称	功能描述	备注
1	油箱	承载润滑油	
2	油泵	加压供油	一用一备
3	双筒过滤器	过滤杂质	在线切换
4	热交换器	调整供油温度	连续可调
5	调节阀	调整供油压力	
6	检测	检测温度、压力、流量	
7	控制站	PLC 控制站	

5.3 主减速机润滑站

5.3.1 工作原理

主减速机润滑站工作原理图如图 5-2 所示。

钢渣磨立式行星减速机结构复杂，润滑点多，压力要求不一。

高速轴承包、太阳轮齿轮副、行星轮齿轮组等，需要 0.12～0.2MPa 的低压润滑；推力瓦需要 3～10MPa 的高压润滑。平衡轴采用滑动轴承的减速机，还有一路给滑动轴承供油的中压油，通常在 1.0～1.2MPa 之间。

润滑油自流回到油箱，首先经磁滤吸附细微的金属颗粒，进油箱第一格消泡，经分格板溢流进入第二格沉淀，再经过分格板溢流进入第三格取油。

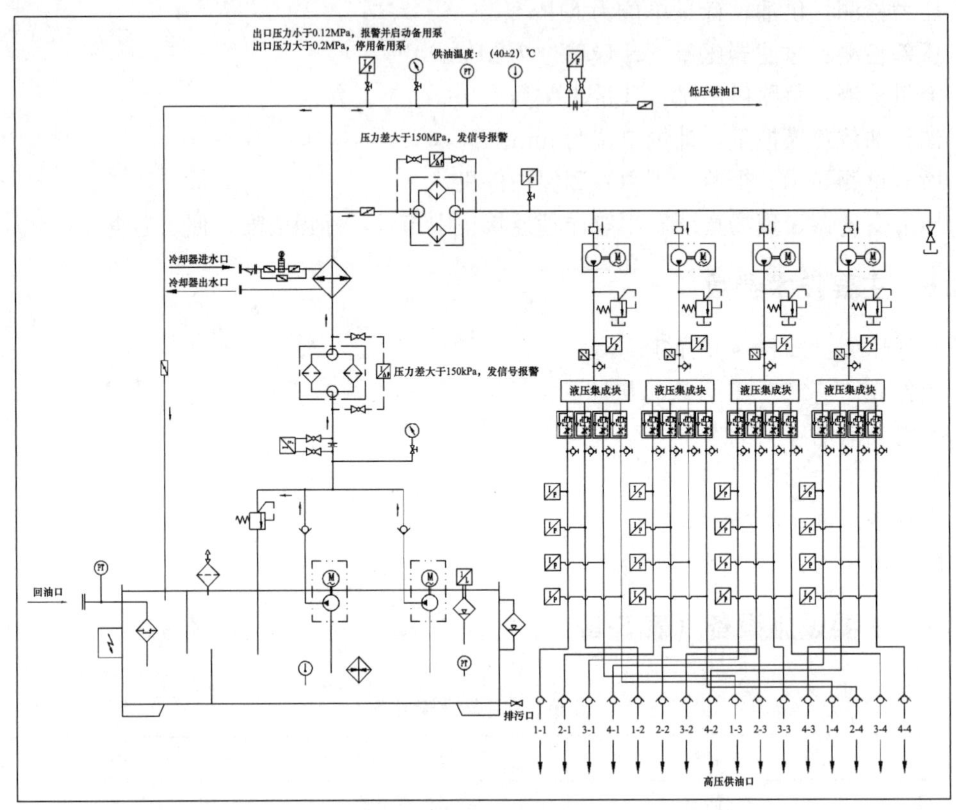

图 5-2　主减速机润滑站工作原理图

回到油箱的润滑油经过充分消泡、沉淀水分、杂质后，由低压油泵抽出，依次经粗滤器过滤杂质，过滤器滤芯精度为 25μm；经可调节热交换器降低供油温度，达到标准供油温度（40±2)℃。

温度合格的润滑油，低压供油主路经调压阀，供油压力调整到正常范围的 0.12～0.2MPa，经管路出站向减速机供油，在减速机外通过隔振软连接后分路：高速包、油池和机内。进入机器内后再次分配到各组齿轮副和轴承。

高压供油从低压总供油管路取油，经精过滤器（过滤器滤芯精度为 10μm）进入高压油泵。一般每台高压油泵供油四路，有泵内分路和阀台分路两种方式，一台泵四路供油严格对应减速机 1、5、9、13 号推力瓦，减速机推力瓦现场标识，润滑站出口和减速机进口挂牌标识。一台高压泵不可连续配接，多台高压泵不可顺序错乱。

高压供油对减速机推力瓦安全工作起着重要作用。为减少磨机振动对减速机造成的伤害，降低摩擦系数，推力瓦普遍采用不耐高温的软材质，如巴氏合金或氟塑料等。因此对高压供油要求严格：运行过程中检测到一路压力≤3MPa 或＞10MPa 报警，连续超过 10s 时保护停机；相邻两路压差≥3MPa 报警，连续超过 10s 时保护停机。

主减速机润滑站的温度、压力、压差、流量检测设置齐全。

5.3.2 油品油箱

油品：大部分立磨配套的立式行星减速机，使用运动黏度为 320mm^2/s 重负荷闭式工业齿轮油，矿物油或合成油均可。

油箱容积：大于减速机每分钟供油量的 10 倍。

箱体分三格：磁滤消泡格、沉淀格、取油格。

油箱配置加热器，加热器表功率≤0.7W/cm^2，配备电气联锁和自动化联锁双重保护，避免油温过高。

5.3.3 供油温度

低压总供油有可调节冷却装置，冷却器采用板式交换器、不锈钢 316L 材质，保证冷却面积足够，保证供油温度（40±2)℃。

冷却器的冷却水依据供油温度，采用流量调节阀自动控制＋旁路手动阀控制。

5.3.4 油泵

低压泵：一用一备，不分主备随机启用，单台低压泵供油量大于减速机总需油量的 30%，通过溢流阀调节供油压力为 0.12～0.2MPa，低于 0.12MPa 时报警并自动启动备用泵，达到 0.2MPa 停止使用备用泵。

高压泵选用威格士、力士乐、派克等原装进口品牌，流量、压力满足设计要求或减速机需油量。

5.3.5 过滤

低压供油设置双筒过滤器，滤芯过滤精度≤25μm，压差采取模拟量。过滤面积足够，确保单个过滤器运行一个月压差不超 150kPa。

高压油泵前设置双筒精过滤器，滤芯过滤精度≤10μm，过滤面积足够，确保单个过滤器运行一个月压差不超 150kPa。

5.3.6 高压调节

高压供油每路设置调节阀，减速机空载时，初次调整供油压力＞3MPa 并＜10MPa，保持均衡，所有管路之间压力差小于 0.5MPa。加载运行后再次调整，保证所有压力差小于 1.0MPa。

5.3.7 检测项目

温度检测：油箱、低压、回油，计量单位为℃。

压力检测：低压总供油、低压供油、高压每路供油，计量单位为 MPa。

压差检测：粗过滤器、精过滤器，计量单位为 kPa。

流量检测：低压总供油量、低压供油量、高压每路供油量，计量单位为 L/min。

油箱油位：模拟量，计量单位为 mm。

所有检测主控显示、报警、保护停机。

压力变送器、现场直读表用取样管连接集中布置，标识清晰，便于巡查。

5.3.8 主要参数

油品规格：运动黏度 320mm^2/s 重负荷闭式工业齿轮油。

低压工作压力：0.12～0.2MPa。

高压工作压力：3～10MPa。

润滑油工作温度：(40±2)℃。

冷却水压力：0.2～0.3MPa。

5.3.9 主要设施设备（表 5-2）

表 5-2 主要设施设备

序号	名称	功能描述	备注
1	油箱	承载润滑油	
2	低压油泵	加压供油	一用一备
3	低压双筒过滤器	过滤杂质	在线切换
4	热交换器	调整供油温度	连续可调
5	高压双筒过滤器	精过滤	在线切换
6	高压油泵	为减速机推力盘供油	
7	阀台	调节分配	
8	调节阀	调整供油压力	
9	检测	检测温度、压力、流量	
10	控制站	PLC 控制站	

5.4 磨辊润滑站

5.4.1 工作原理

磨辊润滑站工作原理图如图 5-3 所示。

在讲述磨辊一节，阐述了磨辊润滑的重要性。

磨辊润滑站回油采用抽油泵方式，为避免干抽、气蚀造成油泵提前失效甚至损坏，回油泵有防干抽设计。回油经磁滤，吸附磨辊轴承脱落的细微金属颗粒，进入抽油泵回油箱。

润滑油回到油箱经消泡、沉淀后，由供油泵抽出。依次经过滤器过滤杂质，过滤器滤芯精度 25μm；经可调节热交换器降低供油温度，达到标准供油温度（40±2)℃；经分配器、溢流阀，调整每路供油压力达到正常范围的 0.12～0.2MPa，每路保持均衡一致；经过管路及软连接送达每个磨辊。

润滑油进入辊轴，分别在外轴承外侧和内轴承外侧径向打通油路，润滑油流经轴承进入前端盖腔，对轴承进行润滑、冲洗、降温，使用过的油经中心管从前端盖腔抽回油箱。

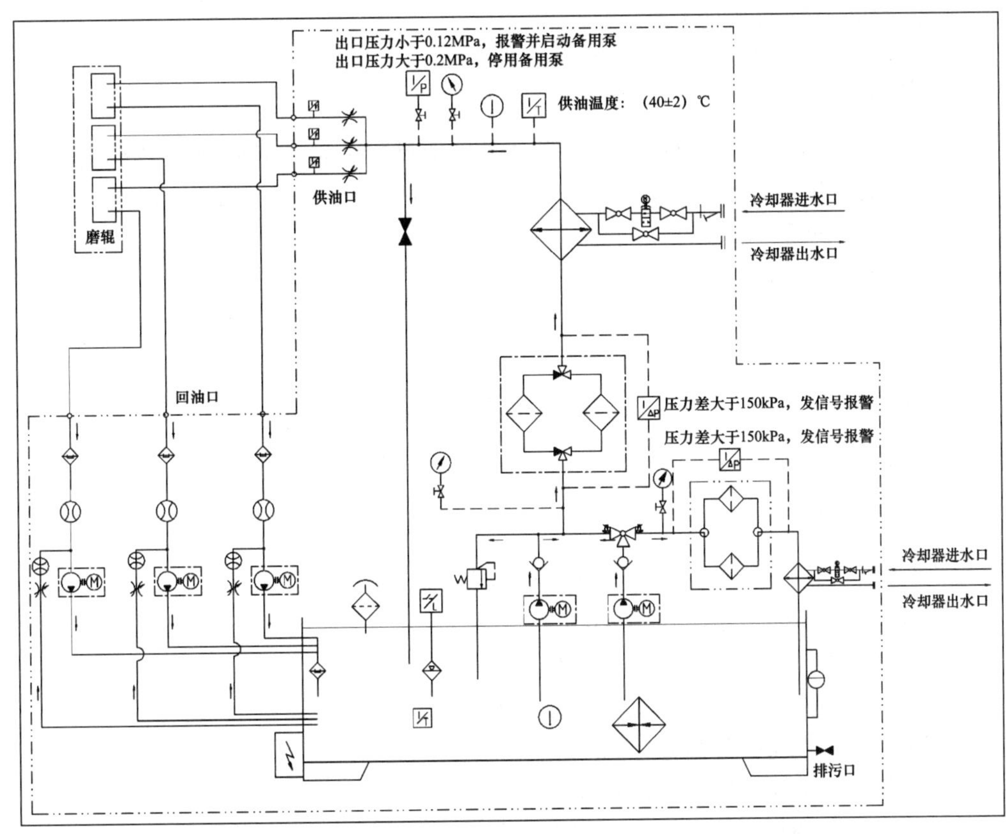

图 5-3 磨辊润滑站工作原理图

辊轴轴向供油孔可利用中心孔，回油管从中心孔穿进，前端封闭；也可另打一路偏心孔，中心孔做回油管。

磨辊回油通常温度较高、杂质较多，因此，站内增设一套独立冷却过滤系统。

5.4.2 油品油箱

油品：磨辊在磨内工作，环境温度高，磨辊轴承承受极压，一般选用运动黏度为 460mm²/s 重负荷闭式齿轮油，采用矿物油或合成油均可。

箱体容积：大于磨辊润滑每分钟需油量的 10 倍。

因回油不是自流，由抽油泵抽回，磨辊润滑站油箱通常设计为顶置式，结构紧凑，占地面积小，防止回油泵干抽气蚀。

油箱分二格：沉淀消泡格、取油格。

油箱配置加热器，加热器功率≤0.7W/cm²，配备电气联锁和自动化联锁双重保护避免油温过高。

5.4.3 供油标准

低压总供油有可调节冷却器。冷却器采用板式交换器、不锈钢 316L 材质，保证冷却面积足够，依据供油温度自动调节冷却水量，保证供油温度为（40±2)℃。

供油压力：0.12～0.2MPa。

回油经磁滤、抽油泵回油箱。

5.4.4 油泵

供油泵一用一备，主备随机启用，单台泵供油量大于总需油量的30%以上，低于0.12MPa时报警并自动启动备用泵，达到0.2MPa时停止使用备用泵。

回油泵每个磨辊一台。

站内自过滤冷却泵1台。

5.4.5 过滤

供油设置双筒过滤器，过滤器滤芯精度≤25μm，过滤面积足够，确保单个过滤器运行一个月压差不超150kPa。

5.4.6 检测项目

温度检测：油箱、供油、回油，计量单位为℃。

压力检测：供油，计量单位为MPa。

压差检测：过滤器，计量单位为kPa。

流量检测：每路供油量，计量单位为L/min。

油箱油位：模拟量，计量单位为mm。

所有检测主控显示、报警、保护停机。

压力变送器、现场直读表用取样管连接集中布置，标识清晰，便于巡查。

5.4.7 主要参数

润滑油规格：运动黏度460mm^2/s重负荷闭式工业齿轮油。

低压工作压力：0.12～0.2MPa。

润滑油工作温度：(40±2)℃。

冷却水压力：0.2～0.3MPa。

5.4.8 主要设施设备（表5-3）

表5-3 主要设施设备

序号	名称	功能描述	备注
1	油箱	承载润滑油	
2	供油油泵	加压供油	一用一备
3	双筒过滤器	过滤杂质	在线切换
4	热交换器	调整供油温度	连续可调
5	分配器		

续表

序号	名称	功能描述	备注
6	调节阀	调整供油压力	
7	回油泵		
8	检测	检测温度、压力、流量	
9	控制站	PLC 控制站	

5.5　磨辊加载站

5.5.1　工作原理

磨辊加载站工作原理图如图 5-4 所示。

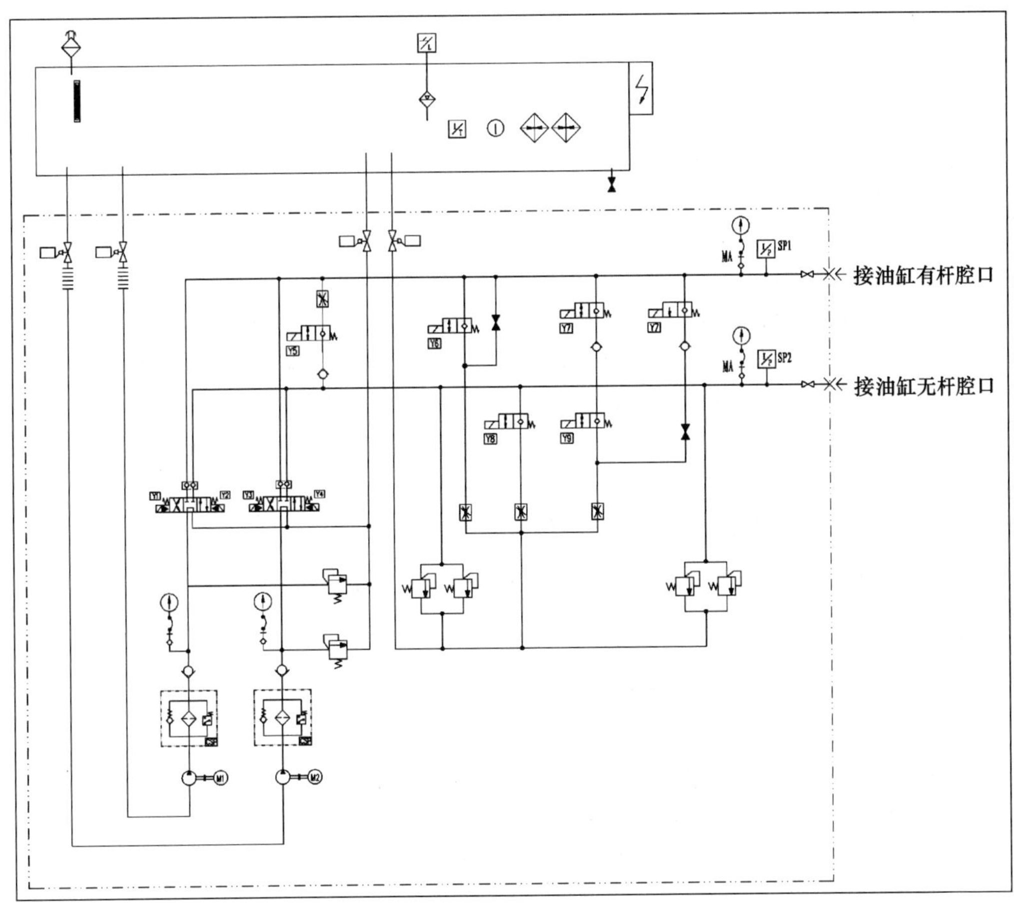

图 5-4　磨辊加载站工作原理图

加载站的主要作用是为磨辊加压提供动力来源。

液压油经液压泵加压，通过阀台调整出油压力，给无杆腔提供 3.0MPa 的缓冲减振备压，同时给有杆腔按照给定工艺参数提供加载压力。

随着有杆腔压力的增大，液压缸的缸轴向缸内回缩，通过摇臂磨辊下降。

停机升辊时，有杆腔泄压，无杆腔加压，缸轴伸出，通过摇臂磨辊升起。

当前，磨辊加载稳压新技术已经成熟应用，可调式缓冲蓄能器技术达到了有效粉磨时间加长、有效压力波动值变小的作用，从而提高研磨效率、提高产量、降低电耗。希望这些新技术得到推广应用。

加载站可配置手动供油接口，为检修液压缸提供工作用油。

5.5.2 油品油箱

油品：加载站选用46号抗磨液压油。

加载站油箱容积按以下要求设计：

液压油加至最高油位，开启液压泵向管路、液压缸和蓄能器加油，其间排净空气，反复升降磨辊到达高低限位，至少三个循环，过程中随时补油。当磨辊加载到下限位时，油箱油位在低限位以上。

5.5.3 液压泵

一用一备，随机交替运行，选择力士乐、威格士、派克等品牌。

供油量：在60s内升辊、加压降辊到位为标准。

5.5.4 系统配置

系统压力按25MPa设计施工，最高工作压力≤12MPa。

压力变送器选罗斯蒙特、EJA品牌，25MPa量程，0.2%精度等级。

压力变送器、现场直读表用取样管连接集中布置，标识清晰，便于巡查。

液压油出液压泵进入阀台前，设置网滤，过滤器滤芯精度≤10μm。

确保站内阀台和液压缸无内泄、管道无泄漏，保证在运行中保压超过4h，静态保压超过24h。

每路供油安装调节阀，保证磨辊升降同步，按时间计算不同步率≤5%。

液压站配备油箱液压油自过滤系统，根据过滤器压差自动运行。

5.5.5 检查项目

温度检测：油箱，计量单位为℃。

压力检测：有杆腔、无杆腔，计量单位为MPa。

压差检测：过滤器，计量单位为kPa。

油箱油位：模拟量，计量单位为mm。

所有检测主控显示、报警、保护停机。

5.5.6 主要参数

工作介质：46号抗磨液压油。

工作压力：≤12MPa。

介质工作温度：≤40℃。

5.5.7 主要设施设备（表 5-4）

表 5-4 主要设施设备

序号	名称	功能描述	备注
1	油箱	承载润滑油	
2	液压泵	加压供油	一用一备
3	双筒过滤器	过滤杂质	在线切换
4	阀台	供油调整	
5	检测	检测温度、压力、流量	
6	控制站	PLC 控制站	

5.6 干油润滑站

5.6.1 工作原理

干油润滑站工作原理图如图 5-5。

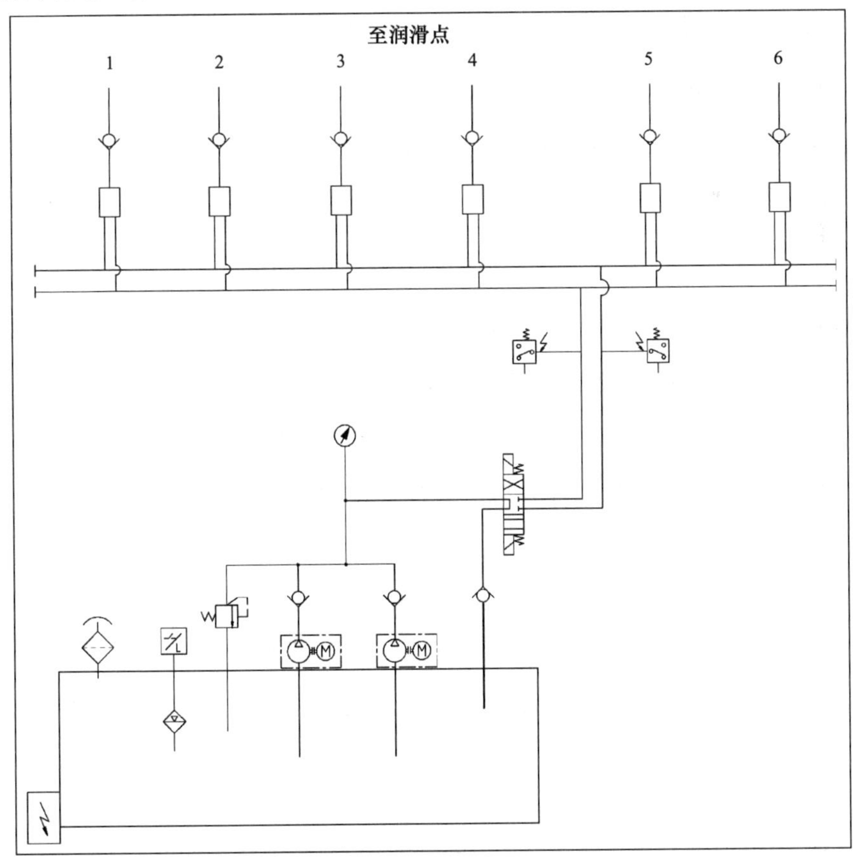

图 5-5 干油润滑站工作原理图

所谓干油，实际是润滑脂。

钢渣磨干油润滑点较多，最重要的有两处：选粉机转子下轴承和螺旋铰刀内轴承。

智能干油站设置在集中油站内，通过一条主管向各处的分配器提供高压润滑脂。分配器受智能系统控制，根据控制方案向润滑点定时定量加注润滑脂。

设置独立的PLC子站，与PLC总站通信并受总站PLC控制，也可由PLC总站直接控制。运行数据保存期限大于一个月。

5.6.2 装备配置

智能干油润滑站：程序控制，自动运行。

油泵一用一备：设置自动补油装置。

5.6.3 供油点位

选粉机上下轴承、螺旋输送机内外轴承、磨辊摇臂轴承、张紧装置球头、磨辊骨架油封等部位采用智能干油润滑站集中供油润滑方式。

选粉机转子下轴承、螺旋铰刀内轴承是磨机最主要的两处干油润滑点，间隔不大于10min/次，每次不少于两个泵次。

磨辊骨架油封，每次间隔60min。

其他点位：每周、每10天或每月一次。

供油合理，满足使用，避免供油不足、浪费和污染。

5.6.4 主要技术参数

油品类型：选用2号极压锂基脂润滑脂。

供油量：按各润滑点需要设计编程，定时、定量供油。

公称压力：20～40MPa。

油桶容积：20L。

补油桶容积：200L。

5.6.5 主要设施设备（表5-5）

表5-5 主要设施设备

序号	名称	功能描述	备注
1	油泵	加压供油	一用一备
2	智能分配器	控制加注点位、时间、加注量	
3	自动补油	向油泵油箱自动补油	
4	智能控制站	PLC控制站	连续可调

6 电气系统

电气系统分为高压配电系统、低压配电系统和仪表自动化系统。

设计时需配置高压配电室、变压器室、变频器室、水阻启动进相室、低压配电室、PLC 室、主控室。

各室布置合理，便于母排走线，空间充足，电气柜四周空间不小于 1.6m，顶部空间不小于 0.8m。

高低压如高压柜与直流屏、强弱电如低压柜与 PLC 柜，分室安装，严禁混装。各室之间用防火门连通，出室电缆通道用防火泥封堵。

所有动力控制柜全部安装在高低压配电室，包括距离较长的计量皮带秤、安全性要求很高的热风炉的动力控制柜。

现场安装操作箱，操作箱分“0”位、“本地”和“远程”，切换本地时，直接通过动力柜控制设备，不通过自动化系统。

电动机、变压器全部采用二级能效及更高等级，户外设备全部采用 IP54 及以上防护等级。

调试前和交工后，设计方将符号表、控制程序、触摸屏程序、程序密码交建设方，解密不加锁。

6.1 总体说明

6.1.1 参考标准

建设单位提供的工程设计资料及技术要求，以及有关现行最新版的国家、行业及地方规程、规范及规定。

电气专业主要设计标准及规范：

《建筑照明设计标准》(GB 50034—2013)

《供配电系统设计规范》(GB 50052—2009)

《低压配电设计规范》(GB 50054—2011)

《通用用电设备配电设计规范》(GB 50055—2011)

《建筑物防雷设计规范》(GB 50057—2010)

《爆炸危险环境电力装置设计规范》(GB 50058—2014)

《火灾自动报警系统设计规范》(GB 50116—2013)

《电力工程电缆设计标准》(GB 50217—2018)

6.1.2 供配电线路

10kV 电缆采用 ZR-YJV22-8.8/15kV 阻燃型交联聚乙烯绝缘聚氯乙烯护套电力电缆，

380V 电缆采用 ZR-YJV-0.6/1kV 阻燃型交联聚乙烯绝缘聚氯乙烯护套电力电缆，变频电源采用变频屏蔽电缆，信号电缆选用 KVVP 型屏蔽电缆，所有电缆满足电压等级要求。

配电柜至各用电设备的电缆，沿电缆沟和电缆桥架敷设，局部穿钢管暗敷设，厂区电缆一般沿电缆桥架明敷设，沿电缆桥架垂直布置的，每根电缆在桥架内间隔不大于 2m 一次固定，垂直布设禁用穿管。

电缆桥架、电缆沟布置合理。高压电缆、低压电缆、控制电缆、通信电缆等分层、分槽敷设。

所有线缆在施工放线时全程打码，挂牌间距不大于 40m，转角处必挂。

进出线端子标识规范、清楚、正确，按设计打点校对。

电缆桥架盖板固定牢固，能耐受本地最恶劣大风天气情况。

配电柜电缆在出线口之前固定，柜底出口用防火泥封堵，穿墙电缆桥架用防火泥封堵，电缆沟用防火板封堵。

6.1.3 接地系统

工作接地、保护接地、防静电接地、防雷接地、自动化控制系统接地等，需分别设置接地极，各系统接地极间距大于 5m。

各接地系统在合适的地方安装接地测试盒，电气和仪表接地点不低于两处，测试盒为 304 不锈钢材质。

其中 PLC 总接地在主控系统，采用独立铜板作为接地极，与其他电气接地系统分开，接地电阻不大于 1Ω。其他各子站 PLC 接地与主控楼 PLC 接地等电位，施工后检验。

6.1.4 继电保护及测量

电源进线设延时速断保护、过电流保护，装设电流表、多功能表。

10kV 母联回路设电流速断保护，断路器合闸瞬间投入，合闸成功后保护解除。

10kV 变压器设电流速断、延时过电流及温度报警。

10kV 高压异步电动机设电流速断、过负荷、低电压及单相接地保护。大于 2000kW 高压电动机增设差动保护。

低压配电系统配置短路保护、过负荷保护、接地保护及断相保护等各种低压保护系统。

380V 低压进线柜配置多功能数字表。

6.1.5 火灾自动报警系统

为防止火灾事故发生，确保重要电气设备及电缆的安全，设计按照《火灾自动报警系统设计规范》(GB 50116—2013) 有关消防规范，对配电室、电缆夹层、油站等，配置一套区域型火灾自动报警系统。系统由火灾报警控制器、烟感探测器、缆式线型感温探测器等各类探测器、手动报警按钮、声光报警器等组成。

控制器置于电气楼主控室内，能够接收火灾信号、发出声光报警，报警信号送至主控室画面显示。

6.1.6　燃气监测报警系统

为防止燃气中毒事故发生，确保人员及设备安全，在燃烧炉周边、热风管道附近以及操作室、休息室等处安装燃气报警器，统一接入燃气报警主机。

燃气报警主机置于电气楼主控室内，壁挂式，LCD（液晶显示器）显示，带声光报警及复位按钮，带两级综合报警输出，按照安装报警器数量选型 8 通道或 16 通道。报警信号送至主控室画面显示。

6.2　高压配电系统

高压配电系统如图 6-1 所示。高压配电系统分高压柜、高压变频柜、直流屏、变压器等，高压柜分进线柜、PT 柜、消弧消谐柜、出线柜等。

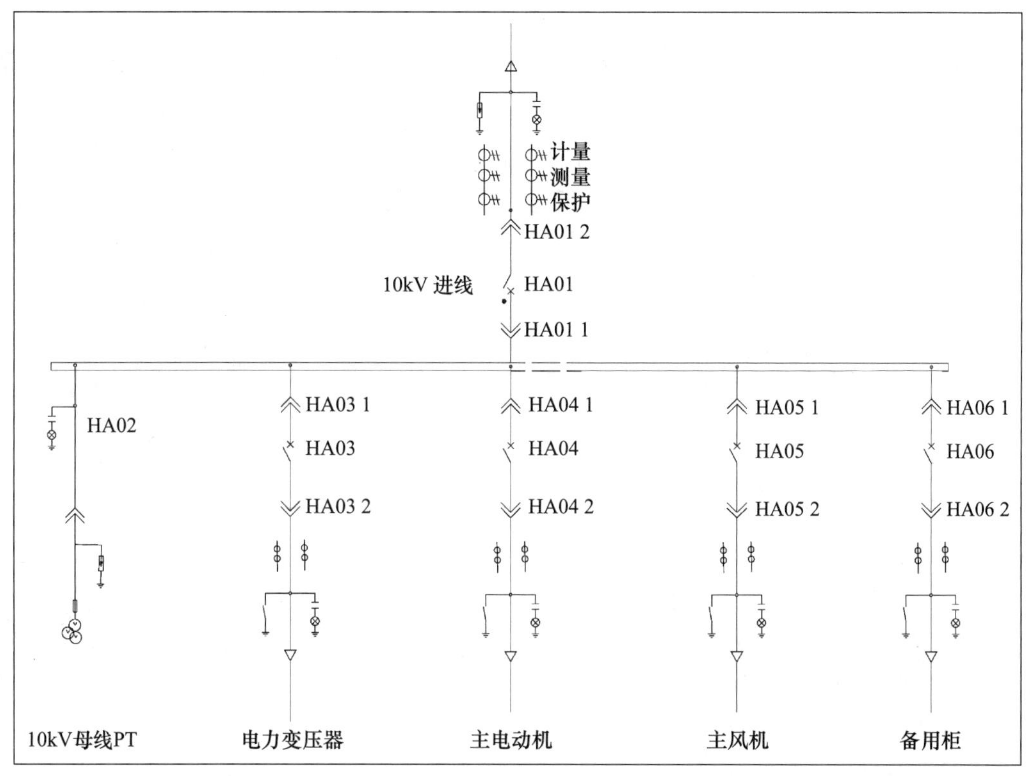

图 6-1　高压配电系统

6.2.1　系统说明

系统标称电压：(10.5±0.315) kV。

系统最高电压：12.0kV。

额定频率：50Hz。

短路容量：31.5kA。

设计主要配置高压配电室，安装高压开关柜、高压变频柜、水阻柜、直流屏及电池柜等。

高压开关柜均采用 KYN28A-12 高压铠装中置式真空手车金属封闭开关柜，直流 220V 操作系统，内装 VBG-12 或 VBTA-12P 系列高压真空断路器。

高压柜额定短时耐受电流 31.5kA，额定短路持续时间≥4s。

设置 10kV 系统微机综合保护装置，可对 10kV 线路、变压器、互感器等设备进行保护、控制、测量和监控报警。

配置一面与进线柜同规格备用高压柜，配备检修小车一台、高压绝缘凳一个、绝缘工具一套。

直流系统选用带微机保护的直流电源柜，免维护胶体电池使用寿命>8 年。

所有变频器冷却风安装管道排到室外，出口加防护网、防雨水倒流，变频器室设空气过滤补偿装置。

6.2.2 高压柜

高压柜配置见表 6-1。高压柜包括进线柜、PT 柜、消弧消谐柜、出线柜等。重点讲述进线柜和出线柜。

表 6-1 高压柜配置

序号	设备名称	规格型号	数量	单位	说明
1	进线柜	KYN28A-12	1	台	断路器 1250A
2	PT 柜	KYN28A-12	1	台	断路器 1250A
3	磨机开关柜	KYN28A-12	1	台	断路器 1250A
4	主风机开关柜	KYN28A-12	1	台	断路器 1250A
5	变压器开关柜	KYN28A-12	1	台	断路器 1250A
6	备用开关柜	KYN28A-12	1	台	断路器 1250A

6.2.2.1 进线柜

(1) 型式：KYN28A-12 型高压铠装中置式真空手车金属封闭开关柜。

(2) 额定电压：10.5kV，最高工作电压：12kV。

(3) 额定频率：50Hz。

(4) 额定电流：1250A。

(5) 额定热稳定电流及时间：31.5kA、4s。

(6) 额定动稳定电流（峰值）：80kA。

(7) 工频耐压：42kV。冲击电压：75kV。

(8) 辅助电源电压：AC220V。

(9) 控制和保护用电压：DC220V。

(10) 储能电源电压：DC220V。

(11) 柜体防护等级：IP4X。

(12) 柜内铜母线：电阻率≤0.01777，Cu 含量≥99.99%。

(13) 电流表、电压表首选指针式。

(14) 进线方式：下进线。

(15) 随机配备调试所需的常用备品备件及专用工机具。

6.2.2.2 出线柜

(1) 型式：KYN28A-12 型高压铠装中置式真空手车金属封闭开关柜。

(2) 防护等级：柜体 IP40，柜内隔室 IP20。

(3) 额定电压：10.5kV。

(4) 额定频率：50Hz。

(5) 额定短时耐受电流（有效值、4s）：31.5kA。

(6) 额定峰值耐受电流（峰值）：100kA。

(7) 额定雷电冲击耐压（峰值）：75kV。

(8) 额定短时工频耐压（有效值、1min）：42kV。

(9) 主回路相间及相对地绝缘介质：空气或复合绝缘。

(10) 出线方式：电缆下出线。

6.2.3 性能要求

6.2.3.1 性能参数

(1) 柜体温升：运行人员易触及部位为 20K；可触及但正常操作时无须触及部位为 40K；运行人员不易触及个别部位为 65K。

(2) 断路器机械操作次数：≥30000 次。

(3) 断路器额定电流开断次数：≥10000 次。

(4) 断路器额定短路电流连续开断次数：≥50 次。

(5) 隔离、接地开关机械操作次数：≥2000 次。

6.2.3.2 结构要求

开关柜结构设计除应满足《3.6kV～40.5kV 交流金属封闭开关设备和控制设备》(GB/T 3906—2020) 之要求外，断路器室采用国优敷铝锌板，电缆室、母线室及套管固定板均采用 304 不锈钢材料，所有穿墙套管带均压环，其他还应满足下列要求：

(1) 开关柜所有带电部分均应封闭在金属外壳内。

(2) 开关柜内的手车应为独立隔室，手车室与静触头之间的隔板应设有能自动关闭的活门。手车室与静触头之间应设有符合要求的隔板。

(3) 开关及其他各组件的布置应便于监视、检查和维修。

(4) 开关柜应设满足“五防”功能的防误装置以防止误操作。

(5) 开关柜各提供接地端子采用 M12 螺栓，柜内手车应接地良好。

(6) 开关柜及内部组件应设置铭牌，铭牌的位置应易于运行操作人员观察。

(7) 开关柜电缆及断路器小室应装设标准加热器，加热用空气开关应装设在继电器小室。

(8) 柜体标有明显的相色标志。

(9) 开关柜的各组件均应在厂内完全组装、调试完毕，并应按照附图的排列顺序在厂内进行预总装，然后装运发送。

(10) 开关柜均应有外包装，同时应设有便于吊装的装置并应有明显标志。

（11）开关柜内各组件的绝缘爬电距离应满足：瓷绝缘相对地≥18mm/kV，有机绝缘相对地≥20mm/kV。

（12）开关柜内应保证裸导体相间及对地空气距离≥125mm，主母线及分支母线要求采用铜材。若距离不够应采用复合绝缘材料，并确保相间及对地距离≥100mm，热缩材料要求选用高压合格热缩套厂家。

（13）柜内手车及其联锁、锁扣、导轨应有足够的机械强度，以防手车操作时变形。小车应设有导向轮且行走自如、灵活方便。

（14）继电器小室应有足够的空间便于二次小母线的柜间联络、敷设和固定。

（15）开关柜具有安装保护装置及电表的位置及接口。

（16）断路器的分合闸指示、操作机构的计数器、储能状态指示应明显清晰，便于观察。计数器为合闸计数。

（17）接地刀闸应操作方便灵活，并有操作方向指示和分合闸位置标志。

6.2.3.3　元器件参数

（1）断路器

断路器参数见表 6-2。型式：真空断路器。三相、单断口、开断 31.5kA、梅花触头型式。

表 6-2　断路器参数

项目	参数
额定电压（kV）	12
额定电流（A）	1250
额定开断电流（kA）	31.5
4s 热稳定电流（kA）	31.5
额定动稳定电流峰值（kA）	80
额定关合短路电流峰值（kA）	80
工频耐压（kV）	42
雷电冲击耐压（kV）	75
分闸时间（ms）	≤60
合闸时间（ms）	≤60
分闸不同期最大时间（ms）	≤2
合闸不同期最大时间（ms）	≤2
机构操作次数（次）	≥30000
额定电流开断次数（次）	≥10000
额定短路电流开断次数（次）	≥50

（2）接地开关

额定电压：10kV。

额定短时耐受电流及时间：25kA、4s。

额定峰值耐受电流：80kA。

接地开关与断路器之间应有可靠机械联锁，以防止误操作。

设有观察窗或可靠的机械位置指示器以校核其位置。

（3）电流互感器

采用环氧浇注型、单相式电流互感器，其额定参数应与开关柜额定参数一致，动稳定电流达到31.5kA，额定电流比及其他参数详见设计参数。

（4）电压互感器

采用环氧浇注型、单相式电压互感器，额定电流比及其他参数详见设计图。

（5）计量

多功能电表，带接线盒，具有远程通信功能和接口，便于电能管理。

（6）组合式过电压保护器

采用三相四柱组合式结构，用于保护变压器、开关、母线、电动机等电气设备免受过电压的损害，选择动作快、伏安特性平坦、残压低、性能稳定、组装维护方便的品牌产品。

6.2.4 直流屏

直流屏是低压设备，主要功能为高压系统供电，因此，划归高压系统，设备安装在低压室。

交流两路输入，自动投切，无相序要求，能发出欠/过压报警。

充电模块与动力母线相连，经降压装置输出至控制母线，并可实现自动/手动调压。采用程控免维护胶体蓄电池。

配置一套微机监控装置，负责整个直流系统中各功能单元和蓄电池运行的自动管理、自动控制、报警和故障保护，并通过RS232或RS485接口与上位机或变电所微机监控系统通信，实现“遥测、遥信、遥调、遥控”功能。直流系统采用单母线供电方式。

具有直流母线绝缘在线监测功能，用于在线监测控制母线对地绝缘状况。

直流系统具有闪光装置，为控制回路提供闪光母线。

系统电压为DC220V，电池单体额定电压不低于DC12V。

交流输入电压采用两路三相三线380V，电源自动切换，直流屏充电装置采用高频开关电源，每组充电模块按 $N+1$ 方式配置，应具有浮充、均充功能，并具备过流、过压保护。充电装置在满足蓄电池充电要求的同时，应具备对母线最大直流负荷不间断供电的能力。

为保证断路器蓄能所需，电瓶容量不小于100A·h。

6.2.5 高压变频器

变频器结构紧凑，集变压器柜、单元柜、控制柜、旁路系统于一体，集中通风冷却，接线简单方便，工作可靠稳定，便于使用和维护；人机界面具备软件简单、实时性好、可靠性高等特点；变频器标准配置的人机界面是TPC系列高性能嵌入式触摸屏，图形化的显示使界面直观，方便用户操作。

6.2.5.1 技术要求

(1) 按重载选型，变频装置为高-高结构，能直接输出 10kV，输出为单元串联移相式 PWM 方式。

(2) 为提高运行可靠性和安全性，变频主回路功率单元具有旁路功能，当任意某个功率单元故障时，通过移动中性点改变相间夹角，达到线电压平衡的目的。能保证变频器不停机且连续运行，进行故障报警处理，且不影响电能质量和变频器的调节品质。

(3) 高压变频器系统一体化设计，包括输入移相变压器、变频器、隔离开关、断路器等所有部件及内部连线。到现场只需连接高压输入、高压输出、低压控制电源和控制信号线即可。整套系统出厂前进行整体测试，出具测试合格报告。

(4) 变频装置能在下列环境湿度下正常工作：最大湿度不超过 95%（20℃）；相对湿度变化率每小时不超过 5%，且不结露；运行环境温度为−5～45℃。

(5) 在 20%～100%的调速范围内，在变频系统不加任何功率因数补偿装置的情况下输入端功率因数必须达到 0.96 及以上，并且无须功率因数补偿/谐波抑制装置即可保证电流谐波符合相关国家标准要求。

(6) 变频器无须滤波器就可输出正弦电流和电压波形，具有软启动功能，没有电动机启动冲击引起的电网电压下跌。

(7) 变频装置输出波形不应引起电动机的谐波，转矩脉动应小于 0.1%，变频器应具有共振点变频跳跃功能，变频器可自动跳过共振点。

(8) 变频装置对输出电缆长度应无任何要求，并能保证电动机不会受到共模电压和 dv/dt 的影响。

(9) 变频器对电网电压波动应有极强的适应能力，在−20%～+10%电网电压波动范围内能满载输出，可以承受 35%的电网电压下降而降额继续运行；变频装置具有瞬时掉电不停机的功能，变频器瞬时失电后，5 个周波之内，变频器运行不受任何影响。如果超过 5 个周波，变频器自动降额运行，待输入电压恢复正常后，变频器应能自动搜索电动机转速，实现无冲击再启动，将电动机拖动至停电前的运行状态。

(10) 控制系统在不采用 UPS（不间断电源）的情况下应能实现双路供电，控制电源采用双电源技术，其中一路为普通外部供电，另一路直接来自高压，经变压器降压输入。两路电源同时经整流后输入控制系统。双电源切换无时间间隔，供电系统在线热备份，对整个高压变频器的控制电源稳定性有足够的保障，实现控制电源双路冗余热备份功能。

(11) 控制系统采用数字微处理器控制器（DSP 控制），不使用对温度敏感的工控机。有就地监控方式和远方监控方式。在就地监控方式下，通过变频器上触摸屏实现人机界面控制，可进行就地人工启动、停止变频器，可以调整转速、频率；功能设定、参数设定等均采用中文。

(12) 变频装置的功率单元为模块化设计，方便从机架上抽出、移动和变换，所有单元可以互换。功率单元采用叠层母排设计。其具有可重复电气性能、低阻抗、抗干扰、可靠性好、节省空间、装配快捷等特点。叠层母排带杂散电感非常微弱，整体降低线路的分布电感，大幅降低 IGBT 两端的电压尖峰，防止浪涌电压击穿 IGBT，降低由于电压击穿而引起的功率元件损坏概率，提高单元稳定性。整体化安装，安装方便，不需要考虑其他问题，只需保证安装点螺栓紧固即可。叠层母排边缘封闭，保证异物无法入侵，不会因污秽物、粉尘或其他导电异物进入导致短路。外表面绝缘膜导热性好，长期工作温升很低，实现高电流承载能力，可以在短时间内通过大电流而不会损坏。

(13) 变频装置内部通信应采用光纤连接，以提高通信速率和抗干扰能力，变频器柜内强电信号和弱电信号应分开布置，以避免干扰；柜内应设有屏蔽端子和接地设施。系统具有较强的抗干扰能力，能在电子噪声、射频干扰及振动的环境中连续运行，且不降低系统的性能。距电子柜 1m 处以外使用大功率对讲机做电磁干扰和射频干扰试验，应不影响系统正常工作。

(14) 输出频率分辨率应不大于 0.1Hz；过载能力 120%额定负载电流，持续时间 1min；150%额定负载电流，持续时间 10s，满足现场工况频繁调节需求。

(15) 调速范围：0～50Hz 范围内连续可调，在 50Hz 时能正常连续运行。加/减速时间应在 5～1600s 范围内根据工艺可调。

(16) 在输出频率调节范围内及各相负载对称的情况下，输出三相电压的不对称度不超过 5%，输出电压波动不超过 4%；dv/dt 不大于 1000V/μs；在具体条件（如温度、电压、负载或时间等）的变换范围内，输出频率的稳定度、稳定数值应符合国家标准要求。

(17) 变频器和变压器采取强迫风冷，风机及配套设备具有冗余配置，并提供风机故障报警；变频器空气过滤网应能在运行中安全拆卸清扫。每台冷却风机的平均无故障时间大于变频器本身平均无故障时间。当一台风机发生故障时，仍然能够满足额定运行要求。变频冷却风机采用双电源自动切换功能，为保证冷却系统的安全，一路电源来自变频本身，另一路由用户方提供，双路电源自动在变频内部完成切换。每台柜顶冷却风机均采用独立供电保护回路，并可远传报警，单个风机独立保护，可保证单个风机出现故障时不影响其余风机的正常运行。具备独立供电保护回路，并可远传报警。

(18) 设备安装、设定、调试简便；功率电路模块化设计，维护简单。

6.2.5.2 保护设计

变频装置提供电动机所需的过流、短路、接地、过压、欠压、过热、缺相等保护，应分别输出跳闸和报警信号，并能接入 PLC 和电源开关跳闸或报警，保护输出接点不小于 5A。动作和故障均应在变频器智能控制器中有故障发生时间、故障类型、故障部位等详细描述，所有保护的性能应符合国家有关标准的规定。

(1) 过流保护：电动机额定电流的 120%，1min 内具有反时限特性。

(2) 短路保护：电动机额定电流的 150%，定时限特性，动作时间可设定。

(3) 接地保护：变频器至电动机线圈发生接地故障时，定时限特性保护。

(4) 过压保护：检测每个功率模块的直流母线电压，如果超过额定电压的 115%，定时限特性保护。

(5) 欠压保护：检测每个功率模块的直流母线电压，如果低于设定的数值，定时限特性保护。

(6) 过热保护：包括两重保护。在变频调速系统柜体内设置温度检测，当环境温度超过预先设置的值时，发报警信号；另外，在主要的发热元件，即整流变压器和电力电子功率器件上放置温度检测，一旦超过极限温度（变压器140℃、功率器件80℃），定时限特性保护。如电动机提供温度接点和温度模拟信号输送到PLC，可进行电动机过热保护。

（7）缺相保护：当变频器输入侧缺相、输出侧缺相时，发出报警信号并保护。

（8）光纤故障保护：当控制器与功率模块之间的连接光纤出现故障时，会发出报警信号并保护。

（9）其他保护：冷却风扇故障、控制电源故障等其他保护由乙方提供描述。

6.2.5.3 接口设计

（1）模拟量输入：3路，4～20mA或0～10V。4～20mA时输入阻抗250Ω，用于接收速度给定信号设置或被控量设置的模拟信号；现场的流量、压力、烟气浓度等信号。

（2）模拟量输出：4路，4～20mA。4～20mA输出时最大阻抗500Ω。以模拟方式输出变频器的运行速度；变频器的输出频率、电流、单元柜温度、功率、功率因数等变量。

（3）数字量输入：14路，中间继电器隔离，隔离电压AC500V。接收远程控制信号，包括速度给定开关信号及各开关状态信号等。

（4）数字量输出：22路，中间继电器隔离，隔离电压AC250V，接点容量5A。输出变频器状态、待机、运行、故障、远程控制等状态信号。

（5）保留与工艺主控PLC以太网通信。

（6）模拟量具有掉电保持技术，在模拟量信号异常丢失后，仍保持原给定速度继续运行，减少不必要的停机保证生产的连续性。同时发出报警信号，方便相关人员排查或判断是否需要人为停机。

（7）变频器与PLC的接口以及跳闸、报警量，在联络会时确定。

（8）其他现场需求的接口信号等。

6.2.5.4 移相变压器技术要求

（1）根据变频装置的型式选择配套的移相变压器。移相变压器应能克服系统过电压和变频装置产生的共模电压以及谐波的影响。

（2）H级绝缘干式变压器，其有柜体封闭。

（3）纯铜绕组。

（4）移相变压器应满足下列技术参数：

进线变压器一次侧额定电压：（10±1）kV。

进线变压器一次侧额定频率：（50±5）Hz。

绝缘耐热等级：H级。

（5）应提供进线变压器过负载能力，移相变压器允许过负荷能力符合IEC干式变压器过负荷导则及相应国标要求。

（6）变压器承受短路电流的能力，变压器在各分接头位置时，应能承受线端突发短路的动、热稳定而不导致任何损伤、变形及紧固件松动。

（7）变压器应提供测量、控制、信号等附件的名称、数量，并在文件中说明变压器本体系统的测量和控制工程。

（8）变压器进线接线端子应足够大，以便与进线电缆连接。变压器柜内高压引线导体应能满足发热的允许值（≤65℃）。

（9）移相变压器副边保护技术：避免因变压器副边绕组短路引发的火灾、设备损害等事故发生，减少客户损失，避免事故扩大化。

6.2.6 电力变压器

采用 S20 油式变压器，能效等级二级，符合《电力变压器能效限定值及能效等级》（GB 20052—2020）标准要求。

负载率 50%～70%。

绕组采用 DYn11 接线方式，高压侧采用电缆引接；低压侧采用电缆或母排引接，接线端子柱有防振软连接。

变压器能承受低压侧出口三相短路，高压侧母线为无穷大电源短路电流时，绕组不变形，部件不损坏。

铁芯采用低损耗优质冷轧硅钢片。

技术要求：

短路阻抗≥5.6Ω，高压侧±2×2.5 挡位调节，可拆卸装配式散热片，纯铜绕组，铜含量≥99.97%，空损负损优于《电力变压器能效限定值及能效等级》（GB 20052—2020）二级能效国家标准，温升优于该型号变压器国家标准，噪声优于 S20 变压器国家标准。

6.2.7 启动和补偿

磨机主电动机的启动和补偿，采用水阻启动、进相补偿方式。

转子开路电压高达 2000V 以上，在启动、绕组闭合、切换进相的瞬间，电路中有高压，因此归属高压系统。

水阻柜和进相柜安置在单独的电气室或高压室，不允许与低压电气混装。

6.2.7.1 启动柜

磨机主电动机采用绕线式，配置水阻柜启动方式。

主要技术参数：

（1）启动电流：$I_q \leqslant 1.3I_e$。

（2）允许连续启动次数：5～10 次。

（3）工作温度：0～70℃。

（4）启动时间：0～60s 可调。

（5）结构简单、使用方便。

（6）具有液阻超温报警、低液位报警、启动超时停机等多种保护功能。

6.2.7.2 补偿柜

主电动机选用交-交变频与微计算机控制技术，数字动态调节变负载进相机。

性能特点：

（1）交-交变频与微计算机控制技术，数字动态调节，控制可靠性好；

（2）适用于恒转矩负载和轻重交替负载工况；

（3）进相后定子电流下降 10%～20%，减少线损、铜损 60%～70%以上；

（4）可使电动机的功率因数提高到 0.95 以上，无功功率降低 60%以上；

（5）具有过流、缺相、欠压等多种故障保护功能；

（6）可以降低电动机温升，延长电动机使用寿命，提高电动机的负载能力。

技术要求：

电抗器、变压器为全铜式，可以过 3 倍额定电流；

可控硅经过专业测试可以过 4 倍最大电流；

确保运行时保持 0.95≤cosϕ≤1。

进相器依据功率因数自动投入、自动切除，也可以远程投入切除。

主电动机停机、空载时具备进相自动硬切除功能。

6.3 低压配电系统

6.3.1 系统说明

低压配电系统如图 6-2 所示。

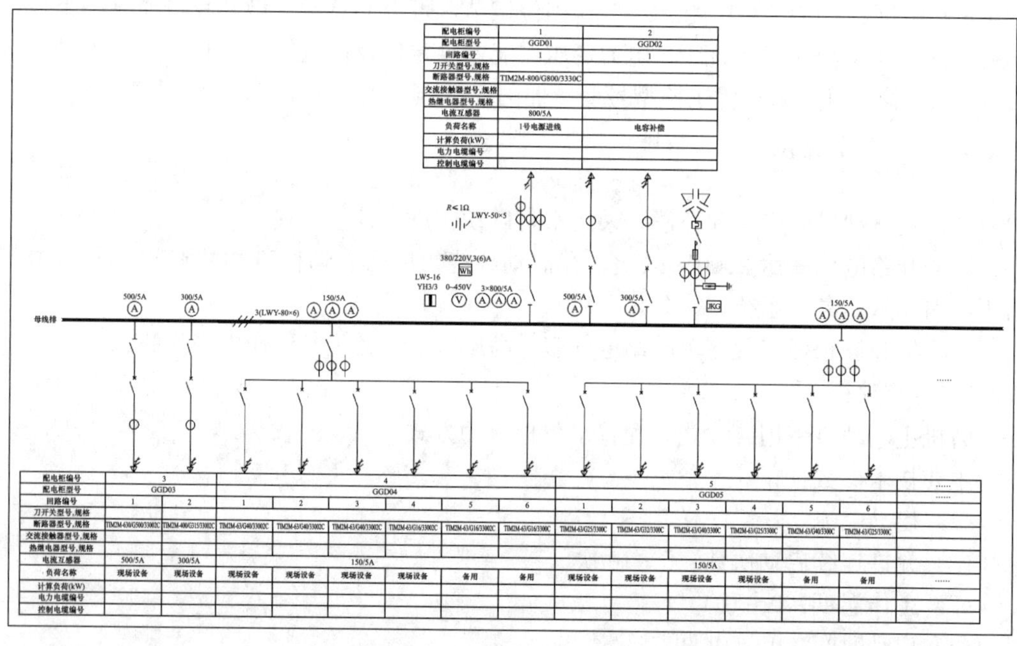

配电柜编号	1	2
配电柜型号	GGD01	GGD02
回路编号	1	1
刀开关型号,规格		
断路器型号,规格	TIM2M-800/G800/3330C	
交流接触器型号,规格		
热继电器型号,规格		
电流互感器	800/5A	
负荷名称	1号电源进线	电容补偿
计算负荷(kW)		
电力电缆编号		
控制电缆编号		

配电柜编号	3		4						5						......
配电柜型号	GGD03		GGD04						GGD05						......
回路编号	1	2	1	2	3	4	5	6	1	2	3	4	5	6	
刀开关型号,规格															
断路器型号,规格	TIM2M-630/G500/33002C	TIM2M-400/G315/33002C	TIM2M-63/G40/33002C	TIM2M-63/G40/33002C	TIM2M-63/G40/33002C	TIM2M-63/G16/33002C	TIM2M-63/G16/33002C	TIM2M-63/G16/3300C	TIM2M-63/G25/3300C	TIM2M-63/G32/3300C	TIM2M-63/G40/3300C	TIM2M-63/G25/3300C	TIM2M-63/G40/3300C	TIM2M-63/G25/3300C	
交流接触器型号,规格															
热继电器型号,规格															
电流互感器	500/5A	300/5A	150/5A						150/5A						
负荷名称	现场设备	现场设备	现场设备	现场设备	现场设备	现场设备	备用	备用	现场设备	现场设备	现场设备	现场设备	备用	备用	......
计算负荷(kW)															
电力电缆编号															
控制电缆编号															

图 6-2 低压配电系统

动力电源电压：AC380/220V。

照明电源电压：AC220V。

检修电源电压：AC380/220V。

受限空间电源电压：AC24V。

容量为 315kW 及以上的交流电动机采用 10kV，其余为 AC380V 配电。

电动机采用 2 级能效及以上，IP 等级 IP54 及以上，防爆区采用防爆电动机，严禁使用淘汰类电动机。

现场电动机 18.5kW 及以上前后端盖设置加油孔。

6.3.2 低压柜

低压负荷中心开关柜均采用 GGD 开关柜，柜内母排要求电阻率≤0.01777，Cu 含量≥99.99%。

母排与变压器采取隔振软连接。

采用 GGD 型固定式低压配电柜。额定短路开断电流：50kA。

柜体采用冷轧钢板，钢板厚度不小于 2mm，表面采用静电喷塑，具有较强的抗冲击和耐腐蚀能力。

柜内母线、分支引线及搭接处外包热塑绝缘护套，应具有防潮和阻燃功能。

柜内连屏母线烫锡。

柜内所有元器件提供产品质量合格证书。

柜体要求外观整齐。

防护等级 IP30。

受、馈电开关分断能力 25～65kA。

低压开关柜应留有 20%备用回路。

低压断路器、接触器、电动机保护器采用品牌产品。

进线回路应有电流电压测量装置，装设 SPD 保护装置。

6.3.3 配置要求

大于等于 5.6kW 和甲方要求的电动机，全部采用电动机保护。避免空气开关+接触器+热继电方式器控制，在电动机出现超时启动、过流、欠流、断相、堵转、短路、过压、欠压、接地漏电时，予以报警，满足保护、控制、显示功能，并将报警信息上传至主控电脑画面，以便操作人员及时了解设备状态。

具备通信功能，主控记录显示。

低压配电柜内每个单体设备启停控制回路单独设置 2P 空气开关，控制回路电源取自主回路电源 380V/220V 隔离变压器控制小母线上。

低压配电柜按相应控制设备的容量设计有主回路及控制回路 20%的富余量，按容量配置不少于 20%富余量的塑壳断路器。

每路检修电源单独控制，每路电源从低压配电室 GGD 柜内引至现场检修箱，杜绝两组或多组现场检修箱的串联方式。

10kW 以上及甲方认为有必要的小于 10kW 的电动机设置电流监控，在上位机显示。

电气设备均设机旁操作箱，控制设备标识清楚。控制方式为“本地”“远程”及“0”停机位。所有现场操作箱统一到中间停机“0”、逆时针“本地”、顺时针“远程”，并用汉字统一标注清楚。切换“本地”控制用电设备，直接控制开关柜，不通过 PLC。

计量皮带秤本地操作箱距离配电柜较远，可能产生感应电压干扰，采用 IP67 系列 DP 远程现场总线模块，24V 电源采用无风扇产品。DP 电缆线采用品牌产品。

机旁操作箱、照明配电箱、检修电源箱、动力配电箱、现场控制箱、开关箱、接地端子箱、端子箱、仪表箱等，采用防雨设计、304 不锈钢材质，室外区域使用户外型，防爆区域使用防爆型。设双层门，内层安装电气元件，外层门设玻璃视窗，并配安全锁扣。防护等级：室内 IP43，室外不低于 IP54。

现场检修箱设置漏电保护断路器。

6.3.4 断路器

为满足用电设备的可能变化，断路器应可以现场更换。在相同级数的情况下，100～250A 应为相同尺寸，400～630A 应为相同尺寸。＞630A 的采用框架式智能开关。所有断路器选择著名品牌。

为更好地保护系统设备，减少短路电流对设备的冲击及破坏，要求断路器能够快速切断故障短路电流，故障短路电流应在 60ms 内切断，大于 25 倍额定电流的故障电流可以在 10ms 内切断。

6.3.5 应急电源

（1）计算机、PLC 系统采用不间断电源，容量≥6kV・A。

（2）自动化系统采用不间断电源供电，持续供电时间不少于 60min。

（3）事故照明系统。电气室和操作室内设置带有内部蓄电池的应急照明灯，蓄电池持续供电时间不少于 60min。

人员疏散通道和出口处设置应急标志灯，蓄电池持续供电时间不少于 30min。

6.3.6 无功补偿

采用低压侧集中补偿方式，补偿后的功率因数不低于 0.95，补偿方式采用动态补偿。

6.3.7 低压变频器

低压变频器采用全数字式装置，选用西门子、施耐德、ABB 等品牌。

柜体采用 GGD 骨架结构，变频器带进、出线电抗器。

无论大小变频器，交换热风由独立管道或集中管道排到室外。

6.3.8 照明系统

所有照明集主控制，室外照明设置时间控制器。

照明电压等级：一般场合采用 AC220V，安全检修照明采用 AC24V（如进入磨机、进入成品仓等受限空间）。

光源：采用节能型 LED（发电二极管）灯具，光照度符合国家标准（5 年光衰不大于 20%）。

配置应急照明：按国标配置。

6.3.9 检修电源

检修电源电压等级：AC380V/AC220V。

容量：立磨 2 处均≥120kV・A，其余均≥100kV・A。

数量：全系统不少于 12 处，合理布置，生产工艺线前后端必须配置，箱内用电设备配置齐全。

6.4 仪表自动化

6.4.1 仪表部分

6.4.1.1 总体要求

仪表设计根据有关技术规范和工艺要求进行，根据自动化技术的现状及发展趋势，除测控内容较少的辅助设施采用常规控制及二次仪表显示，主要生产过程参数的数据采集、控制、显示、报警等功能由 PLC 完成。

充分考虑现场粉尘环境，所有现场仪表防护等级不低于 IP65。

压力/差压变送器选用智能型产品。

流量测量选用电磁流量计或威力巴流量计。

调节阀执行机构采用模块化智能电子式产品。

料位测量采用雷达式料位计和音叉料位开关。

温度测量采用热电偶和热电阻，选用双支带变送器、带现场数显型。出磨热电阻选用耐磨陶瓷护套。

测压仪表按系统和种类通过取样管集中安装在仪表保护箱内，方便巡检和维护，每路至少配备 3 个阀门，配备吹扫气源。

除设备本身安装的检查元件，其他所有仪表和一次元件尽量采用 2 线制、带变送器、带现场数显类型。

现场仪表二线制，热电偶、热电阻等 4～20mA 信号需经显示仪表再经隔离配电器后送 PLC 系统，隔离配电器与显示仪表选用性能稳定、故障率低、业界口碑好的名牌产品。

6.4.1.2 主要仪表选型及技术规格

（1）温度仪表

温度检测选用铂热电阻或热电偶。

（2）压力仪表

气体、液体的压力或差压测量选用智能式压力或差压变送器。另配置 HART 通信协议手持操作器。

变送器两线制，输出信号 DC4～20mA，带 HART 协议。测量精度：±0.075%（从零点开始的线性、滞后性和重复性）；±0.1%（微差压时）。长期稳定性：优于 0.1%/年。温度影响：在−40～+80℃范围内为 0.05%/10℃。变送器带数显表头。差压测量带三阀组。测量介质含有较多粉尘的宜选用法兰安装式或隔膜密封式压力变送器、差压变送器及压力表。电气接口带密封固定件。

（3）流量仪表

液体流量测量采用电磁流量计。

气体流量测量采用威力巴流量计或多喉孔板节流装置。

电磁流量计输出信号：DC4～20mA 流量瞬时信号，隔离输出。测量精度：优于±0.5%。

多喉孔板配对法兰安装，取压方式根据介质和管径选用合适的取压方式，符合现行 ISO 5167 相关规定。测量精度：优于±2%。

流量开关输出信号：无源继电器接点开关信号。接点容量：AC230V 3A。插入式安装。

（4）料位计

雷达料位计输出信号：DC4～20mA，带 HART 通信，采用高频雷达波。测量精度：±0.25%。防护等级：IP67。配对法兰安装。大量程需带瞄准器。表头带数值显示，并具有调试功能。带空气吹扫接口。

6.4.1.3 量程设置

按仪表量程正确设置变量参数，以免实际值与主控显示不一致，导致控制操作误判，甚至造成严重事故。

某矿渣粉生产线一台 45.3S 立磨，出磨温度传感器采用不锈钢护套，使用三个月后护套磨穿，传感器损坏。利用库满停机的时间，更换了一只陶瓷护套的温度传感器，重新开机后，出磨温度上升到 110℃投料加载，发现收粉器出口温度显示为 135℃，采取紧急降温措施，停机排查，发现原温度传感器量程为 0～150℃，更换的温度传感器量程为 0～200℃，没有重新设置变量参数。实际出磨温度已经超过 146℃，高温热风对收粉器滤袋造成了不可逆转的损伤，之后滤袋频繁破损后跑粉，陆续更换全部滤袋，造成数十万元损失。

6.4.2 自动化系统

6.4.2.1 总体要求

设置一套 PLC 系统，配置两台工控机及一台工程师站。

PLC 控制用于系统的自动控制与监视，实现全系统设备顺序启动、停止和联锁控制。根据生产实际，合理调整保护、联锁控制方案。

风、水、电、气等能源介质计量配置远传接口，能在 PLC 显示，燃气报警器带远传接口。

主要数据集中采集，在线自动完成功能齐全的生产统计报表，在线自动生成运行记录。

6.4.2.2 控制系统配置

（1）工控机

操作站设置 2 台电脑，电脑主机采用 DELL 机或研华产品，CPU 酷睿 I9 系及以上，内存 32GB，4GB 独显，硬盘 512GB 固态硬盘＋2TB 机械硬盘，显示器选用 27 英寸液晶，向上配置不限。确保运行记录保存 30d 以上，查阅历史记录时不卡顿。

工程师站设置 1 台便携主机，CPU 酷睿 I9 系及以上，内存 32GB，4GB 独显，硬盘 512GB 固态硬盘＋1TB 机械硬盘。

软件包含 STEP7，WinCC 最新版或 STEP7 TIA Portal（博途）V16 以上。

控制站的设置：各单元根据现场实际情况设计控制站的位置。PLC 控制系统主站设置在主控楼，完成主要系统的生产工艺控制、监视。

编程器一台，IntelCore i9-12900KS；32GB 内存，512GB 固态硬盘+1TB 机械硬盘或以上，配置一条西门子原装编程电缆。

（2）硬件的配置

控制系统采用西门子 S7-400 及以上为控制核心，信号模块采用 ET200MP 和图尔克 IP67DP 总线模块为信号模块的方式组合。S7-400 系列可完全满足钢渣立磨生产线控制，当然也可以选择更高等级的 S7-1500 系列产品。

竣工应提供自动化编程软件、最终带注释程序。

I/O 富余备用点按各类型分开计算，均不少于 20%。

开关电源：西门子 SITOP 稳压电源。

所有开关量、模拟量输入/输出信号采用隔离器，继电器采用菲尼克斯或魏德米勒超薄系列产品。

外围设备：A3 打印机、标准不锈钢台面、计算机、桌、椅。

（3）网络

采用以太网高速数据通道。

网络交换机：工业型网络交换机。

网络通信系统：1000Mbit/s 工业以太网。

网络通信协议：TCP/IP 通信协议。

网络线路物理介质：单模光缆和双绞电缆。

网络拓扑结构：交换式以太网环形/星形结构。

（4）框架及模件

框架原则上选用 12 槽以上 I/O 框架，与 PLC 柜统一布置。控制站至少留有 10%的备用槽及 20%的 I/O 备用点数。

（5）PLC 机柜

PLC 机柜按统一柜型设计。

每个机柜内，配置原则上不超过两个 I/O 机架。

机柜内布置考虑前面板为 CPU 机架、I/O 机架、断路器、稳压电源、交换机、电源插座等设备布置。后面板做输出继电器、端子排、光纤终端盒等布置，满足内外部接线要求。

柜内端子排列按模块划分，每个模块对应一个端子排，其间用标记端子隔开。各机柜内布置灯、风扇、接地铜排等必要装置。

PLC 柜内的接线应根据现场情况使每个设备的接线在同一柜内，不允许出现跨柜接线现象。PLC 系统的模块 24V 电源要与现场设备的电源分开控制，不能混用。

PLC 控制柜：金属封闭自立式，控制柜防护等级 IP41。PLC 控制柜内设置 24V 直流电源。

（6）软件

系统软件：Windows10 或以上。

编程及监控软件：博图 V16 及以上。

编程语言：优先梯形图，非必要不采用 SCL 语言，注释采用中文。

调试前和交工后，将符号表、控制程序、触摸屏程序、程序密码交建设方，解密不加锁，包括润滑站、加载站、热风炉等所有 PLC 子站。

（7）运行趋势

以下运行参数设置检测、记录，采样间隔小于 500ms，以趋势图方式显示，在主控电脑显示查询，数据保存期限不少于一个月，根据现场实际，合理调整。

①电流：胶带计量输送机电动机、上料胶带输送机电动机、进料管式螺旋给料机电动机；返料斗提式提升机电动机、除铁器电动机、返料锁风阀电动机，主电动机、密封风机电动机、选粉机电动机、主风机电动机、斜槽风机电动机、成品斗提式提升机电动机、仓顶除尘风机电动机、助燃风机电动机、空压机等的电流数据。

②压力：煤气、氮气、压缩空气、循环水，炉膛、炉膛出口、入磨、出磨、出收粉器、主风机进口；磨机压差、收粉器压差；润滑供油等压力或压差数据。

③温度：炉膛、炉膛出口、入磨、出磨、出收粉器、主电动机轴承及绕组、主减速机输入轴承及各测温点、选粉机上下轴承、选粉机电动机轴承及绕组、进料管式螺旋给料机内外轴承、主风机轴承、主风机电动机轴承及绕组、循环水、油站温度等温度数据。

④振动：主减速机、主风机轴承的振动数据。

⑤流量：煤气、压缩空气、氮气、水设流量计，数据显示进本工程主控，并做好累计和数据记录。

⑥转速：选粉机转子、磨辊转速等。

⑦减速机润滑站、磨辊润滑站、磨辊液压站的数据可在本地柜保存，主控查询。

⑧甲方根据现场情况要求增加的趋势记录（不超过总量的 10%）。

调试前向甲方交底报警、跳机清单和联锁条件清单资料，并抽查核对。

报警记录：包含所有设备的启停，记录中包含的电流、频率、压力、压差、温度、振动、流量、转速、料层厚度等。

6.4.2.3 视频监控及通信

（1）视频监控

全系统监控点不少于 30 点（不含装车系统监控）。全部采用高清摄像头。除操作台安装显示器外，正面设置立式或墙面大屏，面幅尺寸≥10m×3m，加顶字幕 $h \geqslant 500$mm。

监控大屏采用超高清 LED 无缝拼接屏，灯珠间距≤0.9mm，亮度≥700cd/m^2，刷新率≥3000Hz。

大屏用于监控和操作画面显示，显示屏与墙面协调一致、美观大方。

（2）启机告警

启机告警是安全生产的必要措施，不可或缺。分系统按主次设置启机告警，警告现场人员离开转动设备。启机告警作为启机条件，在操作界面控制。

（3）生产通信

生产指挥、巡检通报等用对讲机。

7 热风和公辅系统

热风系统包括热风炉、混风室、管道阀门补偿器等。

为达到热能充分利用、节能减碳、增加效益的目的，正常生产应全部“兑加”循环风，避免在热风炉前后、热风管道等任何环节“兑加”自然风。

热风炉混风室设置应急放散阀和冷风阀，紧急情况迅速打开，放散余热、与自然风置换气体、降低温度。

目前，新建钢渣粉生产线大部分由钢厂自主建设，基本上都采用燃气热风炉，使用高炉煤气或转炉煤气做燃料。燃煤沸腾炉排放达标十分困难，为此建设脱硫脱硝系统的造价高、运行费用高，钢渣粉是低价值产品，制造成本升高，很难参与市场竞争。

顾名思义，公辅系统就是公共和辅助系统。

公辅系统按工艺流程和系统划分，应独立一章，由于内容较少，与热风系统合并在最后一节。

公辅系统包括通风、空调、循环冷却水、压缩空气等设备，主控室、化验室、办公室和其他公用设施。

7.1 热风工艺

7.1.1 工艺描述

一次处理后的钢渣含有15%左右的水分，二次处理后的钢渣尾渣中含有8%左右的水分。立磨形成料层时稳定运行，通常需要原料水分8%左右，钢渣粉水分国家标准要求<1%，烘干水分需要高温热风、消耗热量。

钢渣磨工况稳定需要保持100～105℃的出磨温度，否则磨机压差升高、磨机振动，导致研磨效率降低。

由于收粉器滤袋过滤风速是出粉管风速的1/1500，热风进入收粉器后气体膨胀，温度下降，当膨胀后的气体温度<65℃的临界温度时，滤袋会结露黏附粉尘，造成糊袋，通风阻力增大，收粉效率下降。糊袋严重时不能正常生产。

因此，钢渣磨必须配套热风炉。

热风炉制造钢渣磨生产运行所需的热风，热风量占系统风量的30%左右，在炉膛出口的混风室与70%左右的循环风混合，调节后达到足够的系统风量、合适的入磨风压和风温，经立磨下机体入磨，在立磨中形成高速高温气流，将粉磨后越过挡料圈的物料吹起，物料在上升的过程中被烘干，经选粉机选择，合格的成品被气流带出磨机，进入收粉器被收集，过滤干净的气流经主风机抽出，主风机出风温度>85℃，高于大气平均温度60℃以上，为充分利用热能，70%左右的热风循环被利用，为排出从原料里烘干出的水分，约30%的系统风量排入大气。

用于钢渣磨的热风炉有燃烧煤粉和生物质等固体燃料的沸腾炉，燃烧天然气、煤气等气体燃料的燃气热风炉。

当前，环保标准越来越严、要求越来越高，燃煤沸腾炉很难通过环保验收，甚至很难通过环评立项审批；生物质燃料来源供应不稳定，运行成本高；燃煤沸腾炉运行中存在结焦、熄火隐患，很难实现无人管理、智能运行。

新建钢渣粉生产线不建议配套沸腾炉，推荐配套燃气热风炉。

燃气类型根据建设单位条件选择。钢铁公司使用高炉煤气或转炉煤气，有煤焦化设备的公司使用焦炉煤气，煤化工公司使用电石煤气，没有以上燃气条件的建设单位使用天然气或煤制气。

智能制造、一键制粉、智慧工厂等先进制粉工艺越来越成熟，推广应用也是大势所趋。热风系统工艺参数是磨机工艺参数的核心，首先实现系统温度控制，是整个制粉系统实现智能控制的核心和基础：

以出磨温度为基准，控制燃气流量和助燃风量，调整热风炉热量，从而达到稳定出磨温度、稳定系统工况的目的。

工况波动异常需要人工干预，智能控制系统可切换退出，由主控操作员在主控电脑操作控制，及时恢复正常工况，切换智能控制。

7.1.2 优化设计

笔者有三十多年的立磨管理经验，通过对多家立磨热风系统的使用管理和现场调研，对热风工艺进行优化设计，达到工艺简捷流畅、热能高效利用的目的。

热风系统优化设计的关键点是混风室位置设计。

混风室设置在炉膛出口，与热风炉一体设计，在热风炉出口直接“兑加”循环风，及早降低管道风温，减少散热损失，保护热风管道、延长其使用寿命。

热风炉前后、热风管道全流程，正常运行时无“兑加”自然风，充分利用循环风，降低系统热耗。

优化设计的热风系统工艺流程如图 7-1 所示：

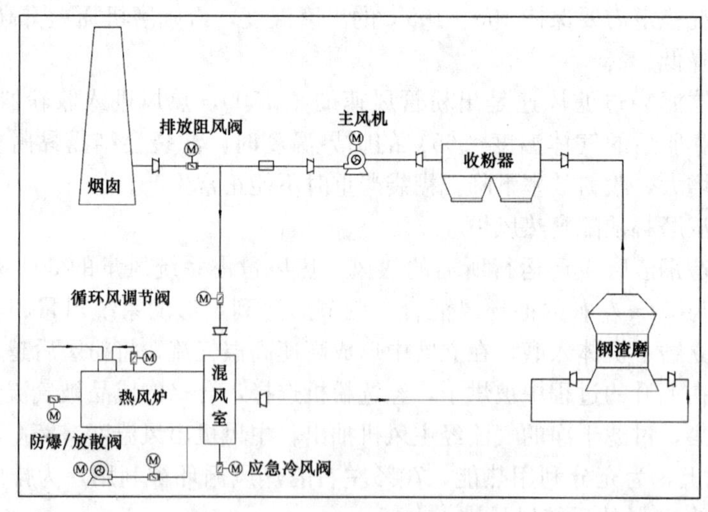

图 7-1　热风系统工艺流程

7.2 热风炉

热风炉所有功能实现本地现场操作、主控集中操作、系统智能控制。

7.2.1 配套说明

燃气热风炉制热能力根据钢渣磨规格型号和设计产能配套设计，单耗按 1×10^5 kcal/t（1cal＝4.19J）计算。

因大部分磨机优化运行管理后，具有超产能力，配套热风炉设计制热能力必须有富余量；加之燃气压力、热值波动（如天然气热值波动，用气高峰压力下降，煤气压力、热值波动等），导致热风炉制热能力随之波动、降低，制约系统功能的发挥。

建议热风炉制热能力按磨机设计产能 2 倍以上配套。比如一台设计产能为 100t/h 的钢渣磨，配套热风炉制热能力最低为 2×10^7 kcal/t。

热风系统优化设计、高效保温，优化操作，可以达到每吨产品 8×10^4 kcal/t 以下的超低热耗。

7.2.2 热风炉

7.2.2.1 炉型结构

选择旋风预热式燃气热风炉。旋风预热式燃气热风炉由炉体、点火装置、燃烧器、助燃风机、混风室、燃烧检测控制系统、阀门组等部分组成。

炉体部分由外壳、内保温层、助燃风螺旋通道、外保护层以及混风室组成。主体部分制成两个腔室，内腔为燃烧炉膛，外腔为助燃风螺旋通道。

在炉膛出口端设置助燃风进风口，连接助燃风机，助燃风经过螺旋通道被炉体加热，热风从出风口对接燃烧器，如图 7-2 所示。

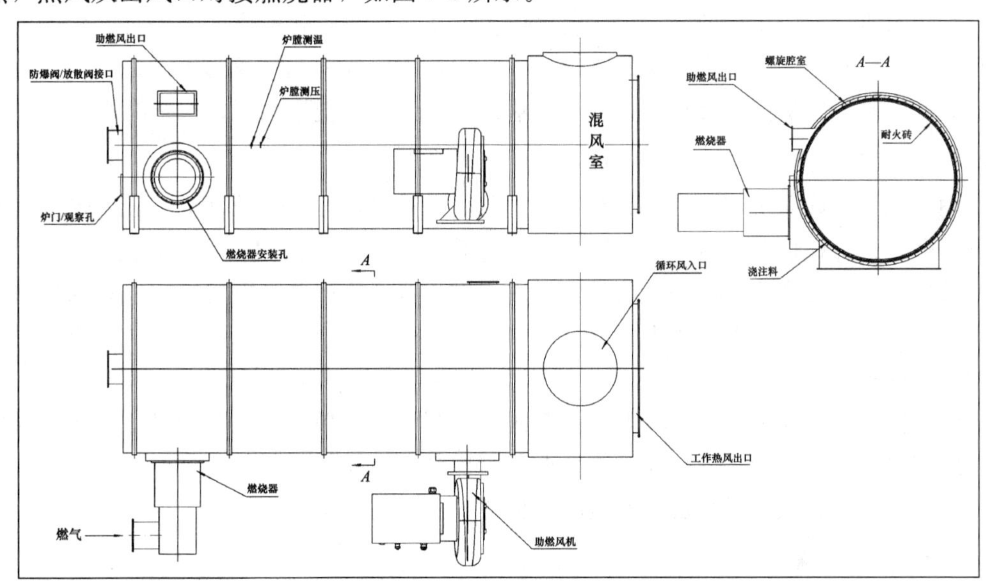

图 7-2 热风炉

混风室与热风炉炉体采用一体设计结构、双腔室结构，内腔室直通热风炉，外腔室进入循环风。循环风在外腔室经过均风分配器，均匀进入内腔室（图 7-3）。

图 7-3　混风室与炉膛一体的热风炉

为最大化减少热能损失，炉膛内保温采用双层结构，内层砌筑定型高铝耐火砖，外层灌注耐高温浇注料或轻质绝热砖。

混风室外腔室处于循环风温度，内腔室被大量循环风迅速混合形成 350℃以下的工作热风，没有炉膛出口到混风室的高温热风段，保温设计和施工措施相对简单，热风管道使用寿命得到延长。根据现场建设条件、热风炉位置、循环风管道走向，循环风入口可设置在混风室一侧或上部，由于循环风管位置较高，大多设计在上部。

炉体尾端设置应急放散阀，放散管道向上，防止热风喷射造成人身伤害。放散阀用于点火前炉膛吹扫放散、事故应急放散、停炉后炉内废气和热量及时排出。

炉体尾端设置炉门检查孔，方便人员进入检查内保温使用状况，排查隐患。

7.2.2.2　助燃风

助燃风由助燃风机产生，经螺旋风道预热，进入燃烧器形成助燃空气。助燃空气与燃气混合，通过燃烧器喷射至炉膛燃烧，产生 850～950℃的热风，经炉膛出口出炉。

通过炉体外腔螺旋管道预热后的空气进入燃烧器，能让燃烧更加稳定。利用炉体自身的热能加热空气，减少散热损失，又对炉体起到一定的冷却作用，达到节省投资、节约能源、保护炉体的目的。

助燃风机变频控制，进口配电动调节阀、控制柜配工频旁路装置，以备变频器故障时，助燃风机工频运行，依靠风机进口调节阀控制助燃风量。

风机进口安装消声器、机壳安装隔声棉。

7.2.2.3　点火装置

燃气热风炉配置自动点火装置。点火采用低燃点燃料和独立的助燃风系统。

设计安全点火程序，点火前启动助燃风机，对炉膛、管道及阀门吹扫，以保证点火过程安全，保证运行安全。

7.2.2.4　稳定燃烧

燃烧器按建设方提供的燃气类型、热值、压力等参数设计制造，避免采用通用燃烧器，以免与燃气类型不适应导致燃烧不稳定。

炉膛设计燃烧蓄热室，以备燃气压力和热值不稳定时热风炉仍能稳定燃烧不熄火。炉膛出口与混风室之间设置格子砖挡火墙，起到稳定炉膛压力、稳定燃烧的作用。

热风炉正常运行时，保持炉膛压力在－600～－200Pa，小于－800Pa、大于－100Pa 报警，大于 0Pa 切断燃气、熄火保护。

7.2.2.5　节能技术

采用空燃比检测、燃气与风量自动调节控制技术，达到最佳空燃比，低温燃烧、燃烧充分，既节约能源，又降低尾气排放。

7.2.2.6　混风室与热风管

混风室设计在炉膛出口，与热风炉为一体结构，优化热风工艺流程，简化热风管道，降低热量损失，提高热量利用率，如图 7-4 所示。

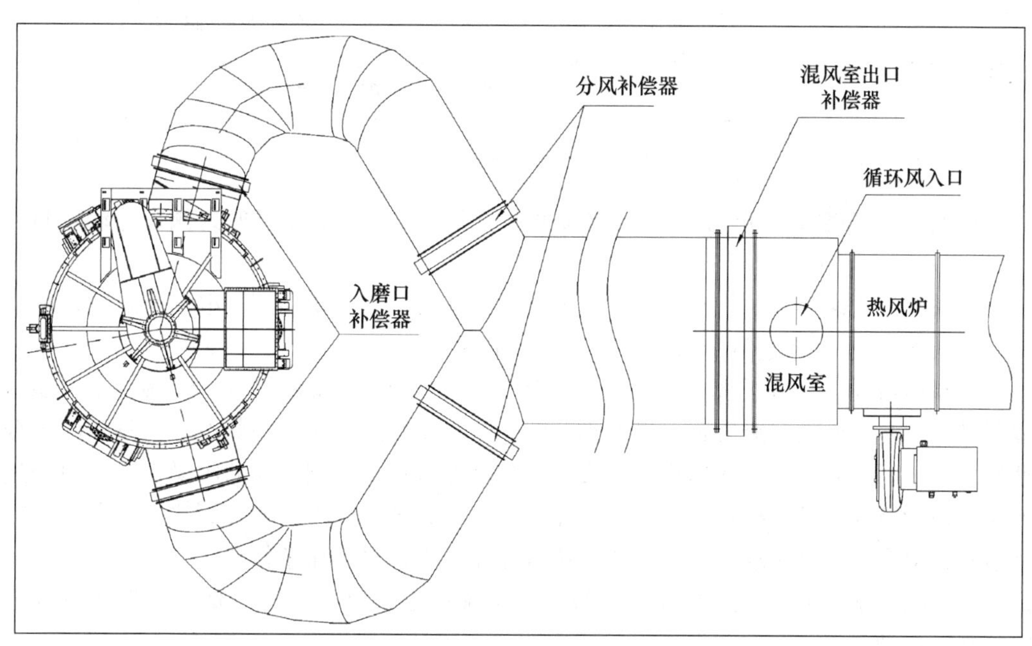

图 7-4　混风室与热风管道

混风室进入 70%左右的循环风，出风温度低于 350℃，入磨前没有高温段，彻底解决了高温管道烧蚀、变形、损坏的难题。

低于 350℃的工作热风出混风室，经过热风管道，在磨机前分为两路，分风处设计导向板，现场调节，确保两路入磨风压均匀一致，保证磨机压差检测准确取样。

新建立磨生产线配套的热风系统，全部采用混风室与炉膛一体设计，避免混风室与热风炉分开设计。

7.2.3 燃气管道阀门配置

燃气管道阀门配置如图 7-5 所示。

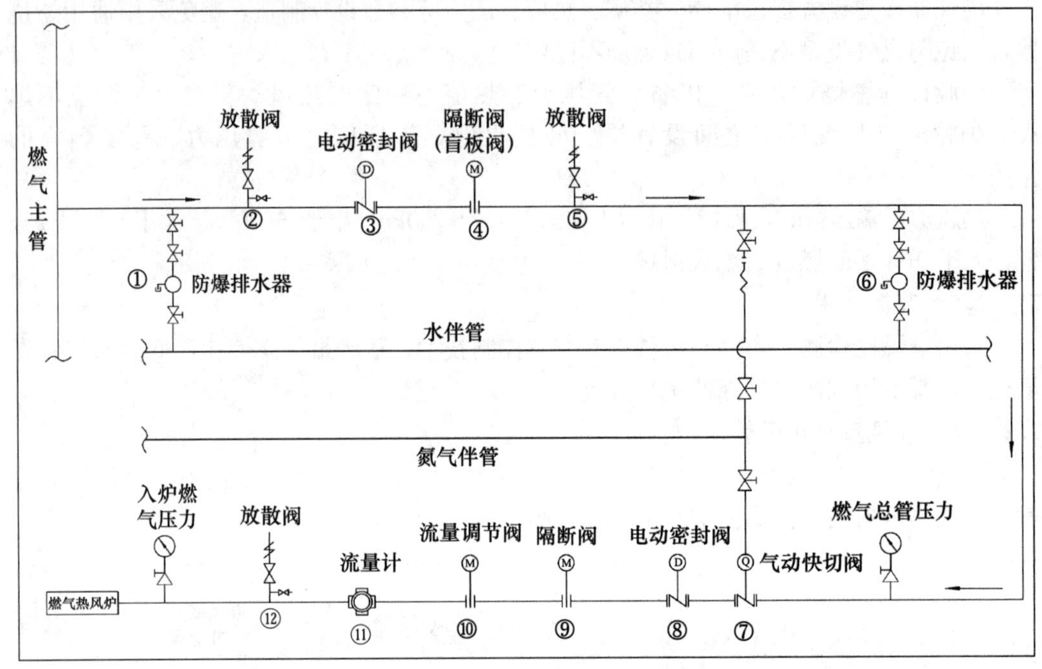

图 7-5 燃气管道阀门配置

与燃气主管接管车间外区域：设置防爆排水器、放散阀、电动密封阀、电动隔断阀（盲板阀）。

进入生产线由热风炉控制区域：设置防爆排水器、气动快切阀、电动密封阀、电动隔断阀（盲板阀）、流量调节阀、流量计、放散阀等。

隔断阀习惯称为盲板阀或眼镜阀，是燃气进入车间前的隔断装置，能够完全可靠地隔断燃气，是必要的安全装置。操作隔断阀时，电动蝶阀处于关闭状态，与隔断阀配合使用。目前，隔断阀门组的操作已经实现一键操作、自动控制。隔断阀操作必须由经过专业培训的持证人员执行，2 人或 2 人以上，装备便携式气体检测报警仪，备有空气呼吸器等急救设备，做好现场监护，严格执行操作规程，严禁违章作业。

快切阀是紧急情况下的安全应急阀，在系统失电、氮气压力过低、突发运行故障时，确保自动关闭。

放散阀用于检修维护作业时、介质置换时管道气体放散。

流量阀受系统智能控制，或由主控操作员调节，控制燃气流量，保证正常系统温度。流量计显示瞬时流量、累计用气量。管道压力检测用于观察燃气管道压力，低于最低设计压力时切断燃气，熄火保护。燃气管道配置氮气和净水伴管。

氮气的作用：一是吹扫、置换管道气体介质的工作气源，为管道接口、检修作业吹扫置换管道气体。工作结束后关闭阀门，断开连接管，严格按规程操作。二是为快切阀提供工作气源，确保快切阀失压关闭。

净水伴管为防爆排水器提供安保水源，保持排水器长流水，防止排水器因缺水发生燃气逸出事故。

7.2.4　主要设施设备（表 7-1）

表 7-1　主要设施设备

序号	名称	功能描述	备注
1	燃气热风炉	制造热风	旋风预热式
1.1	混风室	调制工作用风	与热风炉一体结构
2	助燃风机	提供燃烧所需助燃风	变频控制
3	燃气阀台	安装阀门	—
4	隔断阀	隔断燃气	安全必要设施
5	密封阀	隔断阀门组配套阀门	与隔断阀配套使用
6	流量阀	调节燃气流量	—
7	流量计	计量燃气流量	—
8	快切阀	事故应急关闭	失压失电自动关闭
9	自动点火系统	热风炉启动点火	有安全程序
10	火焰检测	安全设施	熄火保护
11	防雨篷	防止系统温度骤降	炉体阀台全覆盖

7.3　热风管道

7.3.1　工艺参数

入磨前热风管道、排风管道、循环风管道，以及热风炉出口混风室、放散管道等统称热风管道。

运行系统热风管道有效通风面积，依据热风系统设计最大风量，扣除管道内保温后的实际通风面积，按风速≤15m/s 设计管道直径。

磨机出口到收粉器的出粉管，依据磨机出粉管截面面积设计，风速＞15m/s。

入磨风管两侧温度差和压力差均小于 5%。

7.3.2　系统方案

热风炉炉体尾端设置应急放散阀，阀体耐受温度≥600℃。应急放散阀常闭状态，热风炉启动前的吹扫、紧急情况时自动打开。

混风室与炉膛一体设计，正常运行兑冷，全部使用循环风，设置冷风阀，启停机或发生故障应急兑冷，降低温度。

混合好的工作热风出混风室，分别流向磨机下机体两个入风口，做到两侧分风均匀。

混风室与管道、管道与钢渣磨入风口设置不锈钢波纹补偿器。

出磨机后含高浓度粉尘的气流快速进入收粉器，收粉器进出口设置不锈钢波纹补偿，经收粉器滤袋过滤后的洁净气体被主风机抽出。

主风机进出口设置波纹补偿器。

出风分为两路：

第一路为循环风，占系统风量70%左右，经调节阀进入混风室，与热风炉出炉高温热风混合形成工作用风。

第二路进入烟囱排放，占系统风量30%左右。为避免循环风量不足，安装阻风阀。

主风机出风也可直接进入烟囱，循环风从烟囱取风，取风口上部加装阻风阀，调节循环风流量，或设计变径烟囱起到阻风作用。

正常运行时，保证循环风调节阀开度为50%左右，否则控制排放量，保证循环风量。

实际运行中，确保入磨风管两侧温度差和压力差均小于5%，否则加强混风措施，混风室出风口加装导向板，保证满足工艺要求。

7.3.3 材料要求

管道强度足够，所有热风管道钢板 $\delta \geqslant 10$mm。

管道环形加强筋按有关标准规范设计，热风≥350℃部位成倍加密。管道开口处补强圈、三角拉筋按有关标准规范设计，保证管道在温度变化时不变形，如图7-6所示。

烟囱直径、高度、排放速率、检测孔、检测平台按国家有关环保排放标准设计。下部循环风开口处钢板 $\delta \geqslant 12$mm，中部检测平台下钢板 $\delta \geqslant 10$mm，平台以上钢板 $\delta \geqslant 8$mm，平台花纹板 $\delta \geqslant 6$mm。

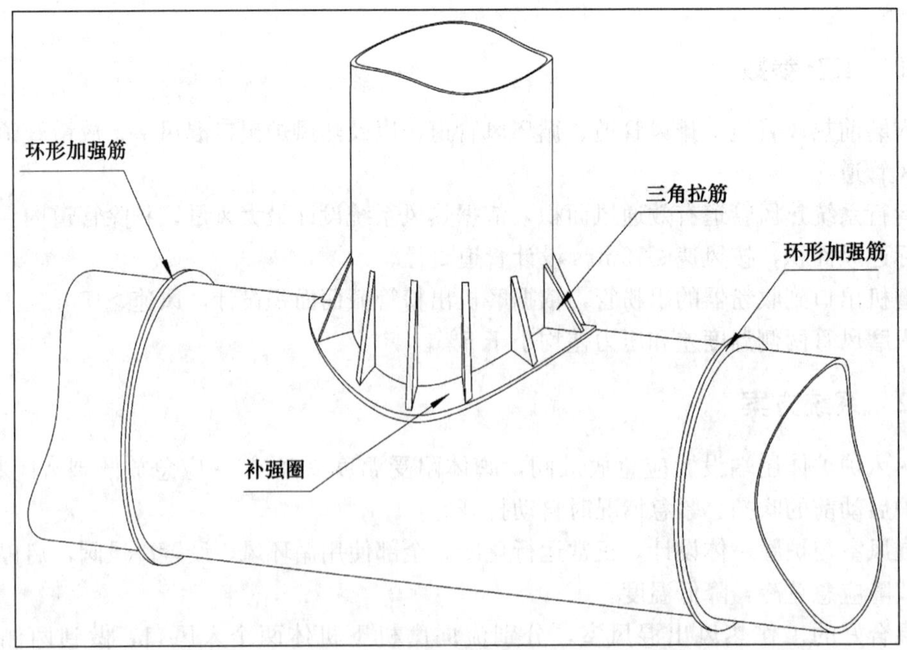

图7-6 管道补强

7.3.4 补偿器

所有补偿器全部采用波纹结构，不锈钢 316L 材质，其中两个入磨口不少于 5 个完整波节，钢板 $\delta \geqslant 10$mm，如图 7-7 所示。其他位置不少于 3 个完整波节，钢板 $\delta \geqslant 8$mm。

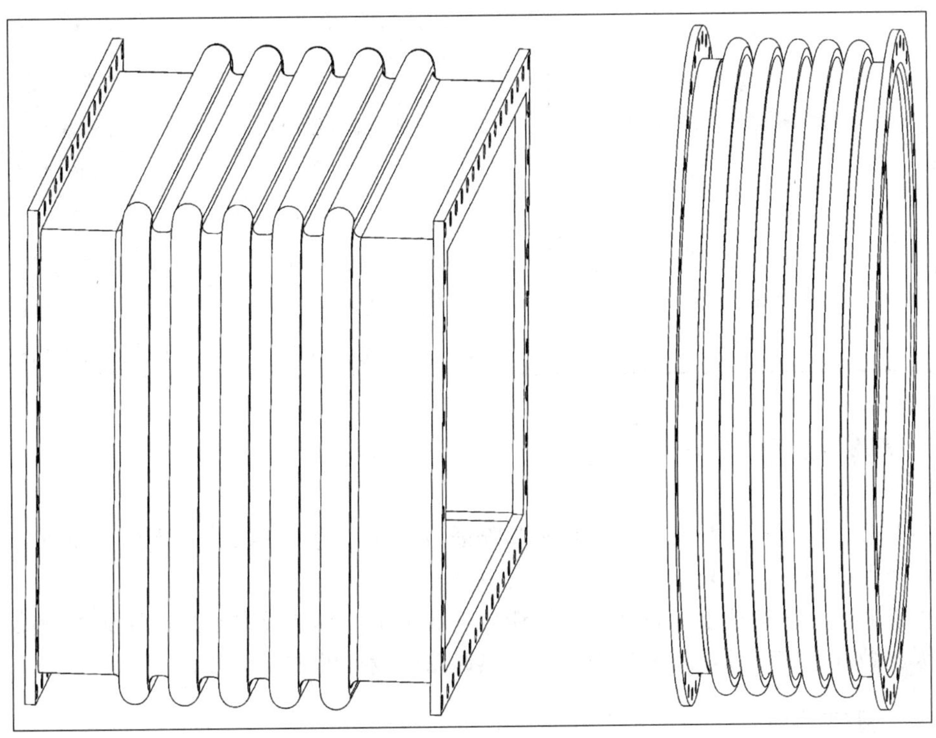

图 7-7 不锈钢补偿器

特别强调：除不锈钢波纹补偿器外，滑动式补偿器及其他材质构造的补偿器，不适用于钢渣磨的热风系统。尤其是滑动式补偿器，因其品质低劣、极易损坏、漏风漏料、污染环境、维护困难。

7.3.5 排放

烟囱按环保排放标准设计施工，出口高度、排放速率、检测设备符合国家标准和当地环保部门要求。

烟囱除常规除锈防腐外，还可做蓝天白云、山水或卡通彩绘。

7.3.6 主要设施设备（表 7-2）

表 7-2 主要设施设备

序号	名称	功能描述	备注
1	入磨风管	从混风室到入磨口的热风通道	内外保温
2	出磨风管	高粉尘浓度、高速气流	内耐磨外保温

续表

序号	名称	功能描述	备注
3	出收粉器风管	过滤后的洁净风通道	外保温
4	循环风管	主要工作用风	外保温
5	烟囱	向大气排烟	符合环保标准
6	循环风阀	调节系统风量、风压	—
7	排放阀	排放阻风	常闭状态
8	热风炉混风室出口补偿器	热胀冷缩补偿管	不锈钢波纹式
9	入磨补偿器	热胀冷缩补偿管	不锈钢波纹式
10	进出收粉器补偿器	减振、热胀冷缩补偿管	不锈钢波纹式
11	进出主风机补偿器	减振、热胀冷缩补偿管	不锈钢波纹式
12	循环风管补偿器	减振、热胀冷缩补偿管	不锈钢波纹式
13	消声器	降低噪声污染	确保排放合格

7.4 系统保温

当前节能减碳是大势所趋，而且也是降低生产成本的有效措施。优化、高效的保温设计和严谨的施工，对降低系统热耗至关重要。

由于能源价格持续上涨，在钢渣制粉生产成本中，热耗成本远超电耗成本为第一要素，因此做好系统保温，降低热损失也是热风系统设计的重要环节。

7.4.1 整体要求

所有热风管道采取有效内保温后，管道本体外壳温度≤100℃，采取有效外保温后，外层温度≤60℃（非太阳直射面）。磨机本体等无外保温措施的管道、设备，采取有效内保温后，外壳温度≤60℃（非太阳直射面）。

内保温无论涂抹还是喷涂，锚固钩焊接牢固、支护网与锚固钩绑扎牢固、全覆盖，材质与温度特性吻合，比如350℃以上部位采用普碳钢材质的锚固支护材料，受热时软化变形，造成喷涂层脱落。

≥350℃部位，内保温采用硅钙绝热板（$\delta \geq 50$mm）＋喷涂或涂抹（$\delta \geq 100$mm）双层设计。硅钙板施工时密实无缝隙，锚固钩、支护网采用不锈钢材质，如图7-8所示。350℃以下部位，内保温采用喷涂或涂抹$\delta \geq 100$mm设计，锚固钩、支护网采用碳钢材质，如图7-9所示。外保温采用硅铝毡或硅钙板＋耐高温防雨层＋保护钢板，保温材料铺设密实、绑扎牢固，防雨层搭接密实、绑扎牢固，垂直或有斜度的管道，上下施工顺序正确，保护钢板搭接有防水槽，避免雨水进入保温层，如图7-10所示。

7.4.2 具体要求

热风炉本体做双层砌筑耐火砖，或一层砌筑一层灌注，外层螺旋通道由助燃风降温。

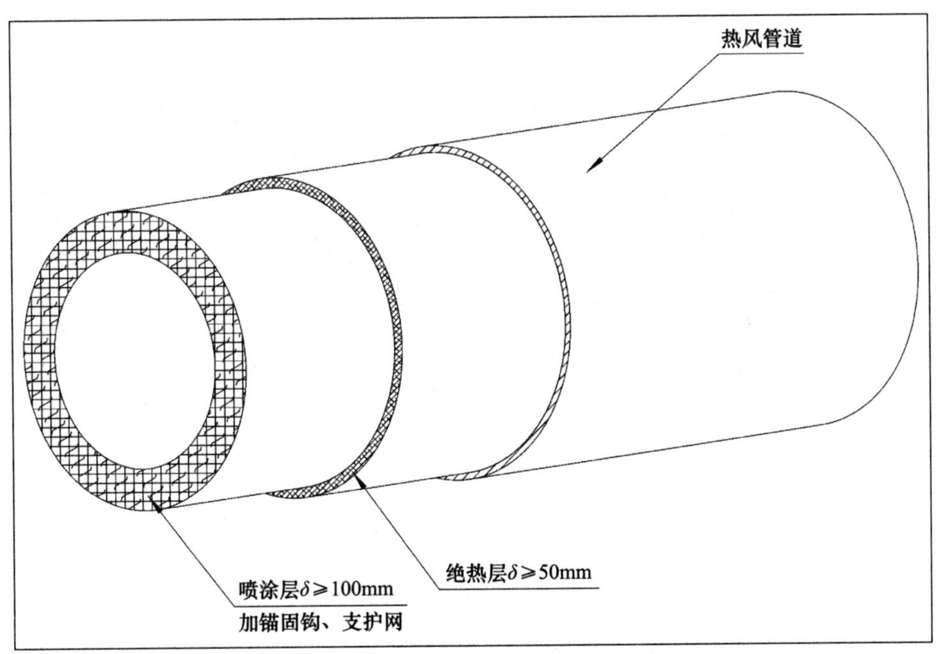

图 7-8 ≥350℃热风管道内保温示意图

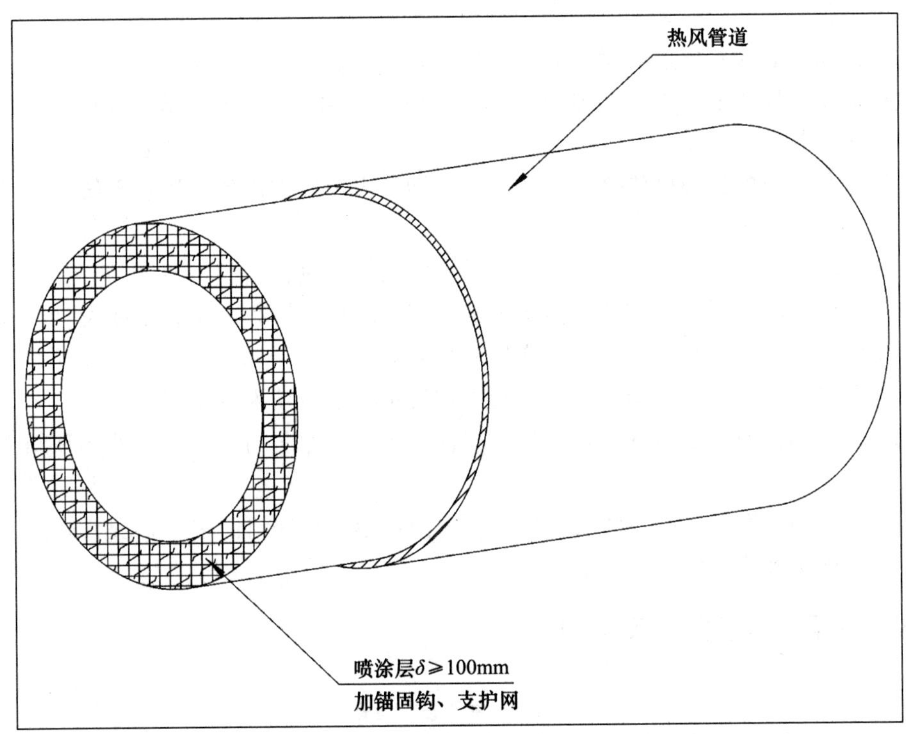

图 7-9 <350℃热风管道内保温示意图

混风室与热风炉一体设计，外腔室为循环风通道，均风分配器采用耐高温材质。

如果混风室独立设计，从热风炉到混风室的超高温管道和混风室本体，做硅钙绝热板＋喷涂或涂抹双层内保温＋外保温。

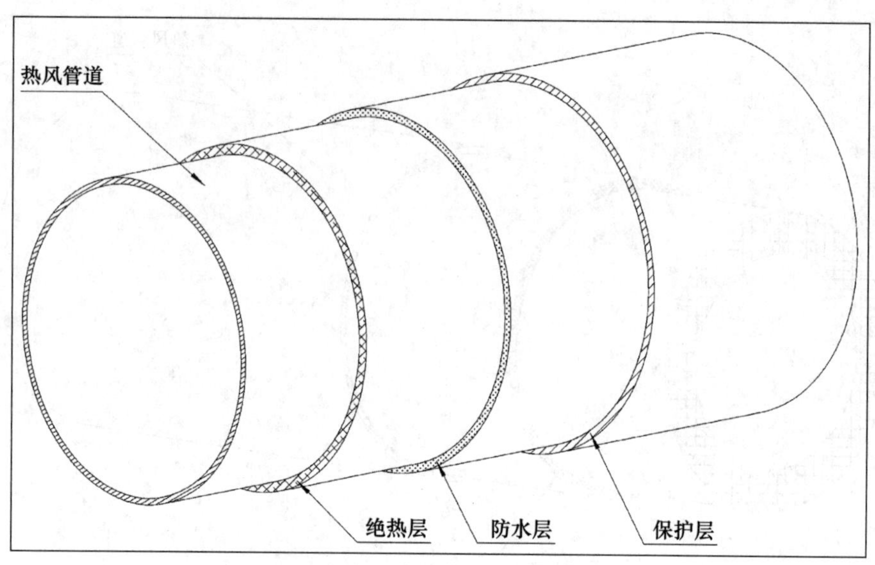

图 7-10　热风管道外保温示意图

混风室到入磨口做喷涂或涂抹内保温＋外保温。

磨机本体是散热面积最大的部分，从下锥体到中机体、上机体，做耐磨内保温处理，不考虑做外保温。

磨机出粉管到收粉器进口做内耐磨涂层＋外保温。

收粉器、主风机前风管、主风机本体、主风机出风管、烟囱下部至循环风取风口、循环风管做外保温。

防雨也是重要的保温措施之一，尤其在雨期，大雨冲刷设备，导致系统温度急速下降，严重影响正常生产。

热风炉阀台、炉体和混风室、热风管道做防雨篷，遮盖面积足够。

在喂料楼与收粉器之间搭建整体防雨篷，遮盖磨机整体和出粉管，在设计时充分考虑整体防雨篷给喂料楼与收粉器框架增加的荷载。

收粉器做整体封闭式防雨篷，防止雨水被气室盖缝隙抽入收粉器。

成品输送斜槽安装于通廊内，成品斗式提升机顶部做防雨设计，成品仓顶斜槽做防雨篷。

建议建设高标准磨机房，磨机安装于厂房内，达到环保清洁生产、现代智慧工厂新标准，同时解决磨机本体防雨问题。

7.4.3　主要设施设备（表 7-3）

表 7-3　主要设施设备

<table>
<tr><th>序号</th><th>名称</th><th>功能描述</th><th>备注</th></tr>
<tr><td>1</td><td>硅钙绝热板</td><td>内保温材料</td><td>350℃以上部位双层</td></tr>
<tr><td>2</td><td>锚固钩</td><td>内保温稳固</td><td rowspan="2">350℃以上部位不锈钢材质
支护网全面覆盖</td></tr>
<tr><td>3</td><td>支护网</td><td>内保温稳固</td></tr>
</table>

续表

序号	名称	功能描述	备注
4	喷涂料	内保温喷涂	局部耐高温、隔热、耐磨
5	硅铝毡	外保温材料	避免选择岩棉
6	高温防雨布	外保温防雨	绑扎牢固
7	防护钢板	外保温防护	接头压楞有防水槽
8	热风炉防雨篷	热风炉防雨	遮盖热风炉、阀台、热风管道
9	通廊	成品输送	按建筑标准设计采光带、通风
10	磨机房	安装磨机	
11	防雨篷	防雨	喂料楼、提升楼、仓顶斜槽等

7.5 检测装置

7.5.1 热风炉

压力检测：燃气总管压力、调节阀后压力、炉膛压力、助燃风压力、氮气压力。

温度检测：炉膛温度、混风室温度。

流量检测：燃气流量，检测并记录、累计。

7.5.2 系统管道

压力检测：入磨口压力（每路一处）、出磨压力、收粉器后压力，风机出口压力、循环风调节阀后压力。

温度检测：入磨温度、出磨温度、出收粉器温度、循环风温度。

流量检测：系统风量、循环风量。

压差检测：磨机压差、收粉器压差，可由压力检测计算获得。

7.5.3 安全检测

燃气泄漏检测、报警设施齐全，包括操作室、热风炉、调节阀等部位，不少于 9 处，带 3 个探头的富余量，依据现场情况随时增加。

燃气区域的所有电气设备如控制柜、电动机、仪表、阀门、执行器、照明等，全部采用防爆标准设计，配置防爆设备。

7.5.4 主要设施设备（表 7-4）

表 7-4 主要设施设备

序号	名称	功能描述	备注
1	压力检测	热风系统各处压力检测	
2	温度检测	热风系统各处压力检测	

续表

序号	名称	功能描述	备注
3	流量检测	燃气流量、系统总风量和循环风量检测	
4	压差检测	磨机和收粉器进出口压差检测	
5	安全检测	燃气区域检测	

7.6 公辅系统

公辅系统即公共和辅助系统，包括通风、空调、循环水、压缩空气和公用设施。

7.6.1 通风

变压器室、水泵房、空压站等设置高位轴流风机向外排风，用于室内外的空气交换及强制通风，设置空气补偿窗口加过滤系统；为降低噪声，转速均为≤1450r/min。

7.6.2 空调

高压配电室、低压配电室、进相补偿室、润滑加载站、PLC室、空压站、水泵房等设置单冷空调。

主控室、装车室、化验室、会议室、办公室等设置冷暖吸顶空调或中央空调。

空调能力足够，确保夏季最高温度期间，室温可控制在26℃以下，冬季气温最低时室温可控制在20℃以上。

所有空调全部采用一级能效产品，选择优质名牌商品机，避免选用工程机、返修机。

空调配置清单见表7-5。

表7-5 空调配置清单

序号	安装位置	数量	规格	说明
1	高压配电室	1	10P	单冷柜机
2	低压配电室	1	10P	单冷柜机
3	PLC室	1	5P	单冷柜机
4	高压变频器室	1	5P	单冷柜机
5	低压变频器室	1	5P	单冷柜机
6	水阻补偿室	1	5P	单冷柜机
7	润滑加载站	1	10P	单冷柜机
8	水泵房	1	5P	单冷柜机
9	空压机房	1	10P	单冷柜机
10	中控室	1	5P	冷暖吸顶空调
11	参观通道	1	5P	冷暖吸顶空调

续表

序号	安装位置	数量	规格	说明
12	装车库	2	5P	冷暖吸顶空调
13	化验室	2	3P	冷暖吸顶空调
14	资料室	2	3P	冷暖吸顶空调
15	办公室	2	3P	冷暖吸顶空调
16	会议室	1	5P	冷暖吸顶空调

根据现场设计和实际建设增减配置。

7.6.3　冷却循环水

循环水系统为润滑站、加载站、风机轴承等设备提供净环冷却用水，为磨机喷水系统提供水源。

建设循环水池和水泵房。水池大小满足正常生产冷却循环用水需求。

循环水泵一用一备，水泵采用变频电动机，根据系统需水量和水压自动调整。室内安装，电动机防护等级为 IP55。

循环水出口管路安装在线自清洗刷式过滤器，设置旁通。过滤器、旁通阀门设置齐全，便于在线维护，禁用管道式过滤网、禁用旁路过滤器。

循环水降温采用逆流式冷却塔，冷却塔风扇可采用自动控制与手动控制方式。框架材质：Q235 热镀锌。防腐工艺：热浸镀锌。塔顶平台材质：玻璃钢花纹板。塔顶护栏、上塔斜梯材质：Q235 热镀锌。

设置供水温度、压力、流量检测，设置回水温度、流量检测，进入主控显示报警；低压报警、低压自动启备。回水温度检测用于控制冷却塔风扇启停，流量检测用于计量磨机用水量以及判定管路是否漏水。

所有支路和用水点设置阀门、压力直读表或窥视镜。

7.6.4　压缩空气

压缩空气系统为收粉器、除尘器、雷达料位计、装车系统气动阀门等用气设备提供干燥的压缩空气。

空压机生产能力依据系统产能确定，一般为 0.8MPa、一用一备、变频控制。

设置通路干燥机及旁通，冷却热风通过管道排到室外，出口加防护网防雨水倒流，设置空气过滤补偿装置。

成品压缩空气指标：温度<40℃，压力露点低于−40℃，含油量$<1\times10^{-4}$。

压力检测进入主控显示、报警；低压报警、自动启备。

部分重要用气设备，如收粉器设置独立的储气罐，出口设置调压稳压阀，设置独立的压力检测，主控显示、报警。

进出管道、用气点等所有支路设置阀门，避免因一处用气设备故障导致空压机或总阀门关闭。储气罐设置自动疏水器，污水有组织排放。

储气罐与主管并联，避免串联设计，如图 7-11 所示。

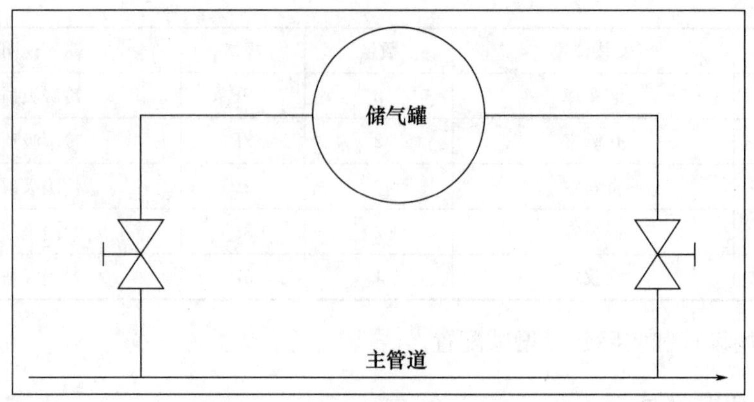

图 7-11 并联设计储气罐

所有储气罐和安全阀有安全检测合格证书。

7.6.5 主控室

主控室使用面积≥60m^2（不含参观通道），装修后净高≥4.5m，设置整体玻璃透视隔离参观通道，通道宽度≥1.6m。

设置 LED 高清大屏，幅面≥10m×3m，屏幕刷新率要求大于 3000Hz，像素间距＜1.25mm，同时做监控及主控界面显示，与主控室整体规划布局协调美观。

大屏上部加滚动显示，高度不小于 500mm，可改变显示内容。

7.6.6 化验室和设备

建设化验室、留样间。

比表面积检测称量天平远离磨机和重载运输道路，避免地面振动和室内空气扰动，以免天平无法归零、不能读数。

流动度比、活性指数、安定性等制作、养护、破型实验室保持（20±1)℃恒温环境。

化验室配置国家标准《用于水泥和混凝土中的钢渣粉》（GB/T 20491—2017）中检验项目中的所有检验设备。

化验设备清单见表 7-6。

表 7-6 化验设备清单

序号	检验项目	设备名称	数量	备注
1	密度	李氏瓶水浴箱	2	加料附件、无水煤油等耗材
2	比表面积	127 型比表仪	2	标准样校验，滤纸等耗材齐全
3	细度	负压筛分仪	1	配备 45μm、80μm 方孔筛
4	含水量	快速水分检测仪	1	
5	游离氧化钙含量	游离氧化钙测定仪	1	
6	三氧化硫含量	三氧化硫含量测定仪	1	
7	氯离子含量	氯离子测定仪	1	

续表

序号	检验项目	设备名称	数量	备注
8	活性指数	试块成型机、养护箱、压力检验台	1	包含胶砂搅拌机、振实台、养护箱、抗折及抗压试验机等全套设备以及基准水泥标准砂等耗材
9	流动度比	成型机、检验台	1	全套设备
10	安定性	成型机、煮沸箱、压蒸箱	1	全套设备
11	称量	0.01g 天平	1	5000g 称量
12		0.001g 天平	1	1000g 称量
13	恒温	冷热空调	1	化验室恒温调节

以上为基本配置，根据生产需要随时添加。化验室和检验设备必不可少，投产前安排专人外出培训，在负荷试车时要开展全套检验项目。

7.6.7 污水排放

立磨工艺钢渣粉生产线全系统不产生、不排放污水。

建筑屋顶、防雨篷等雨水集中收集，有组织排放。

区域内建设雨水排放明沟，排入指定雨水排放系统。

7.6.8 其他设施

设计建设机械电器备件仓库和加工制作间，机械备件仓库不小于 $100m^2$，电气备件仓库不小于 $60m^2$，加工制作间不小于 $60m^2$，层高不低于 5m，设置 5t 电动单梁起重机。

建设办公室、会议室、资料室、洗手间等办公设施，装修美观、氛围大气。

上述包括化验室可建设一座综合楼。

7.6.9 主要设施设备（表 7-7）

表 7-7 主要设施设备

序号	名称	功能描述	备注
1	冷却循环系统	提供冷却循环水	—
1.1	蓄水池	储存冷却水	—
1.2	水泵	提供冷却循环水	一用一备
1.3	冷却塔	循环水降温	自动启停
1.4	自清洗过滤器	过滤杂质	通路式
2	压缩空气系统	提供系统用压缩空气	—
2.1	空压机	制造压缩空气	一用一备
2.2	干燥机	除去压缩空气水分	—
2.3	储气罐	稳定系统压力	自动疏水器
3	空调	调节室内温度	—

续表

序号	名称	功能描述	备注
4	备件仓库	存放备件	配置电动单梁起重机
5	制作间	加工维修设备	配置电动单梁起重机
6	主控室	安装主控操作电脑，主控操作	—
7	化验室	产品检验和样品留存	—
8	办公室	管理人员办公	—
9	会议室	必要的办公设施	—

8　设备安装和试车

钢渣粉立磨工艺装备生产线，采用先进的工艺设计、合理的设备选型、严格的施工监督、优化的运行管理，可以长期稳定、高效、低耗运行，以较低的生产费用，创造较多的经济效益，为固废资源建材化综合利用做出贡献。

主电动机、主减速机、磨辊、收粉器滤袋、主风机、热风管道、润滑加载站等主要设备的使用寿命和运行效率的高低，很大程度上取决于设备安装质量的高低。

安装过程的每一步特别是隐蔽工程，必须有专业人员现场监督，按标准、规范和技术协议条款组织施工，现场检验、记录、确认。施工方、监理方和建设方现场签名确认的安装检验记录，是竣工验收的首要资料，缺失三方签名确认的现场检验记录，将不能进行各项验收工作。

8.1　安装说明

8.1.1　参考标准

（1）设备制造商提供的安装图及安装说明书，有关施工的会议纪要。

（2）《水泥机械设备安装工程施工及验收规范》（JCJ/T 3—2017）。

（3）《破碎、粉磨设备安装工程施工及验收规范》（GB 50276—2010）。

（4）《机械设备安装工程施工及验收通用规范》（GB 50231—2009）。

（5）加载及润滑系统的安装施工及验收按照《冶金机械液压、润滑和气动设备工程安装验收规范》（GB/T 50387—2017）有关规定执行。

（6）《建筑工程施工质量验收统一标准》（GB 50300—2013）。

（7）《电气装置安装工程　高压电器施工及验收规范》（GB 50147—2010）。

（8）《电气装置安装工程　电缆线路施工及验收规范》（GB 50168—2018）。

（9）《电气装置安装工程　接地装置施工及验收规范》（GB 50169—2016）。

（10）《建筑电气工程施工质量验收规范》（GB 50303—2015）。

以上仅列举几项相关标准，并不能完全涵盖全部有关国家和行业标准，在安装过程中，合同和技术协议没有注明的项目，一律按国家和行业最新标准执行。

8.1.2　标高控制点

8.1.2.1　标高控制点的作用

笔者学的是工程测量专业，具有施工控制专业知识。

标高控制点用于施工过程中，对建筑物、构筑物、设备设计标高与实际标高的控制和校验。

对建成后的设备基础、成品仓等建筑物、构筑物进行沉降观测，及时发现沉降超限、不均匀沉降等事故隐患，及时采取有效措施妥善处理。

8.1.2.2 控制点的建立

在开工建设前，以设计标高±0.000为基准，在施工现场外围、不易破坏、地质结构稳定、视线良好、容易观测的位置，建立三个永久的标高控制点，测量相对高程，绘制高程地形图，建立首个相对高程档案，妥善保管。

8.1.2.3 施工控制点

每个施工点就近建立一个标高控制点，以永久标高控制点为依据测量记录相对标高，记录在案，定时复检，用于施工控制。

8.1.3 混凝土基础

钢渣磨施工从基础开始。

设备和建筑物、构筑物基础采取管桩、灌注桩、承台、阀板还是基岩承载，根据地质勘探和有关标准、规范设计和施工。重要的基础有两处：磨机基础和成品仓基础。注意事项各有侧重。

（1）磨机基础

磨机基础重点是隔振。钢渣磨在运行中不可避免地发生磨机振动和机体晃动，带动基础振动，混凝土基础立面与场地地基应采取必要的隔振设计、采用有效的隔振材料和严谨的施工方法。如果隔振设计遗漏或失误、施工偷工减料使用劣质隔振材料、建设方专业能力不足不能及时发现，一旦地基回填、地面硬化，钢渣磨投料运行后，磨机振动将对周边的建筑和设备造成不良影响。

如果磨机基础隔振措施处理不当，当磨机发生振动时，主控室、化验室随之晃动，造成操作人员心理恐慌、化验设备不能正常使用（比如天平无法称量）。

（2）成品仓基础

注意使成品仓基础承载受力均匀，避免不均匀沉降。

钢渣磨单机建设规模大型化是发展趋势，成品仓一般建设两座或更多，每座仓容达万吨以上，软地基通常采用灌注桩或整体阀板基础；基岩埋深较浅采用基岩底板，开挖土方，凿平底面岩石防止侧向滑动。

建成后，定期沉降观测发现基础沉降是不可避免的。经过一年以上的沉降观测，沉降量应在设计范围内、保持沉降均匀一致，确保成品仓安全运行。

8.1.4 特别提示

8.1.4.1 螺栓收紧

严禁使用锤击扳手力矩杆这种落后、野蛮的施工方法收紧螺栓。

钢渣磨大型设备多、设备固定，动力传递大多使用螺栓连接，用力矩扳手旋紧螺栓已是施工现场的常规做法。设备制造商必须提供螺栓规格等级扭力表，施工方使用力矩扳手，施加标准扭力旋紧螺栓。

不同的螺栓有不同的规格、等级、扭力、屈服强度，锤击扳手力矩杆的施工方法旋紧螺栓，存在以下隐患：

（1）每一颗螺栓不能正确受力；

（2）一组螺栓受力不均匀；

（3）超过螺栓屈服强度，螺栓被拉伸、丝口拉伤。

特别重要的螺栓如主电动机底座、主电动机与主减速机联轴器、减速机底座、减速机推力盘与磨盘、主风机与电动机联轴器等，必须使用力矩扳手，按螺栓的标准扭力旋紧，保证每个螺栓受力正确，保证一组螺栓受力均匀。

在施工现场收紧大型螺栓时，经常有如下情境：螺栓上放着一个扳手套头，老师傅高声督促“抡起大锤使劲打！直到打不动!”，如图 8-1 所示。建设方的管理人员看到此情境，不仅不制止，还竖起大拇指，对施工方赞许有加。

图 8-1　收紧螺栓错误的施工方法

在一锤一锤的击打过程中，这颗螺栓很可能已经被打坏，这一组螺栓也不可能受力均匀。同时，野蛮的施工方法有造成人身伤害、发生工伤事故的隐患，必须禁止。

8.1.4.2　放卡防锈

所有联轴器、销轴、锁销，无论压装还是热装（包括中频加热、浸油加热、火焰加热等方式），都要在轴或孔涂抹防卡剂或防锈油，以免拆卸困难，拉伤轴或切割拆卸。

主要部位有辅传离合器、主减速机联轴器、主风机联轴器、选粉机联轴器、磨辊支座与摇臂锁销、液压缸底座和上拉环销轴等。

8.2　垫铁和底板

8.2.1　垫铁

当混凝土基础达到龄期后开始设备安装。

垫铁是设备安装的基础。垫铁安装一般有研磨法和坐浆法。因研磨法工作量大、噪声和粉尘污染严重、施工难度高等不利因素，大部分垫铁安装采用坐浆法。

8.2.1.1 坐浆墩

制作坐浆墩使用HGM坐浆料，按照坐浆料使用说明，精确称量坐浆料和加水量，在搅拌桶内充分拌匀，在固定好的模具内添加拌和好的坐浆料，用手持微型振捣器振实。

禁用细集料高强度等级普通混凝土、灌浆料等替代。

8.2.1.2 平垫铁

平垫铁在坐浆墩上安装前，首先除锈除油，擦拭干净，然后放置在坐浆墩上，用橡皮槌轻轻敲打，顶面与坐浆墩持平，四周被坐浆料包围。

平垫铁安装严格控制两个数据：标高和水平度。

标高相对误差≤±1mm，用精密水准仪检测。

水平度误差≤0.2mm/m，用0.01mm/m条形或框式水平仪检测。

8.2.1.3 斜铁

平垫铁上放置成对斜铁，测量调整，所有斜铁顶面达到同一设计标高，等待安装底板。

8.2.2 底板

钢渣磨的安装与其他设备安装，一个重要的不同之处就是电动机、减速机、机架安装在一个整体上。

目前，有磨机制造商为降低成本低价竞标，只有减速机底板、主电动机设置简易的安装底座，机架没有设置安装底板，只有几块垫铁，独立安装在减速机外围的混凝土基础上，如果技术协议没有明确，建设方也不能再有要求。如果现场到货是这样的设备，安装工作将十分困难，且难以保证安装误差符合标准，将来难免造成设备运行问题。类似情况属于偷工减料的不良行为。

安装底板注意事项如下：

8.2.2.1 资料检查

提供底板出厂检测报告、合格证。检测报告包括以下内容：材质、焊接探伤报告、平面度检测记录等。

8.2.2.2 准备工作

将设计数据以点线方式标画在混凝土基础上。以张紧装置的下铰接点为参照，用地规和卷尺测量底板中心位置，在混凝土基础标画底板中心与纵横十字线。

8.2.2.3 底板安装

清除底座表面油污、杂质，清理地基预留螺栓孔、地基表面，清理地脚螺栓锈蚀和防锈油，将地脚螺栓放入混凝土基础预留孔。

吊起底板，使中心位置、纵横与混凝土基础上的标线中心位置重合，下落放在垫铁组上。底板的中心允许偏差：与设计标画中心纵横线偏离≤5mm。

不断调整斜铁，测量底板标高和水平度。

标高误差≤1mm，减速机底板与机架底板同一标高。特别注意：主电动机底板标高低于主减速机底板 1mm，为调整同轴度留足余量。

底板出厂前，水平度加工误差≤0.04mm/2000mm，为底板精密安装创造有利条件。

底板水平度用 0.01mm/1000mm 精度水平仪和 2m 平尺配合测量，通用最大允许安装误差 0.04mm/1000mm，减速机标注底板安装水平度误差更小的，以更小误差为标准，这是立磨安装最重要的检测过程。

图 8-2 为错误的水平度检测方法。水平仪直接放在底板上局部检测，底板局部水平度合格不代表底板整体水平度合格。尤其是精于偷工减料的施工方，为达到检测数据合格，将底板进行局部打磨，不管底板整体是否合格。

图 8-2　错误的水平度检测方法

水平度检测必须有与减速机底座直径相等的平尺，平尺安放在底板上，水平仪安放在平尺上，如图 8-3 所示。

图 8-3　正确的水平度检验方法

底板的水平度决定了钢渣磨从下到上整台设备的倾斜度，也决定了减速机的垂直度，必须达到减速机安装说明书的要求。如果底板的水平度误差超过标准，减速机的垂直度受到影响，会造成减速机齿轮副提前点蚀、损坏等主机设备事故。

8.2.2.4 斜铁焊接

逐个调整斜铁，确保每一组垫铁的斜铁与平垫铁、与底板底面的结合度大于70%，不得出现线接触，更不能悬空。

用塞尺检查，0.1mm塞尺不入，合格后焊接牢固。

8.2.2.5 底板焊接控制

大型立磨的减速机、机架和电动机底板体积庞大，无法整体运输，一般分块制作、现场焊接。

控制焊接变形是施工中的重要工作，施工方编制焊接变形控制方案，严格按方案施工，及时检测、跟进矫正。

8.2.2.6 复检

现场拼接焊接完成，复检底板的标高、水平度、平面度，确保各项数据合格。

8.2.2.7 一次灌浆

底板复检合格，使用CGM灌浆料施工，禁用细集料混凝土。

8.2.2.8 底板地脚螺栓

（1）提供材质、探伤检测报告。

（2）提供规格、等级、扭力表。

（3）安装前除油除锈。

（4）灌浆满龄期后，使用力矩扳手，按标准扭力旋紧螺栓。

（5）底板紧固后，再次校验底板标高、水平度和平面度。

8.2.2.9 二次灌浆

底板螺栓旋紧，复检合格，使用自流平无收缩灌浆料二次灌浆，禁用细集料混凝土。静浆后一次抹平压光，避免三次砂浆抹面，严禁毛面交工。

8.3 电动机和减速机

8.3.1 电动机

选用优质名牌纯铜绕组电动机（因市场鱼龙混杂，冒牌、贴牌现象时有发生）。

到达现场的主电动机，首先检查出厂试验报告、出厂合格证，与制造厂售后服务联系，根据设备编号确认是否为合同规定的厂家产品，是否享有充分的售后服务保障。

经过专业的绕组直流电阻检测，判定绕组材质，确认无误后方可安装使用。

8.3.1.1 电动机轴承

钢渣磨的主电动机通常配置功率较大，主流立磨装机功率最小的为1600kW，最大的为8000kW，功率2000kW以上的电动机采用承载力更大的滑动轴承。

滑动轴承与滚动轴承的电动机有两点不同之处：磁中心线变化，需要润滑站。

8.3.1.2 磁中心

滑动轴承的电动机，静态和加电工作时，磁中心不在同一位置，有轴向移位，不同的电动机有不同的移位数量，以铭牌（图8-4）标识确定。

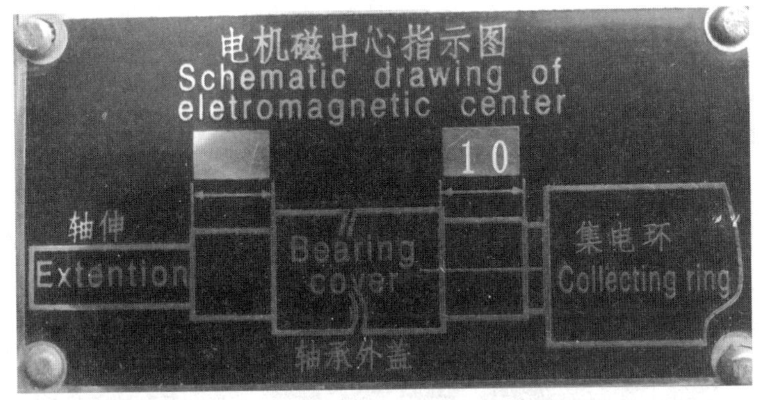

图 8-4 主电动机磁中心铭牌

安装时特别注意，按主电动机铭牌标识的磁中心偏移数据修正磁中心，使其在中心位置运行，否则，投入运行后会发生减速机轴承发热，电动机轴承发热，电动机出力不足、过载等问题。特别提示：修正磁力中心这项工作很容易被忽视的。

8.3.1.3 集电环检查

钢渣磨主电动机采用绕线式转子，在尾端设置集电环。检查集电环是否为铜质。钢质集电环在多雨和空气湿度较大的地区容易锈蚀，降低导电率，发生打火等问题。检查主电动机主体和所有部件，尤其是集电环部分，防护等级全部为 IP54。

电动机运转过程中，碳刷与滑环摩擦，碳粉不停脱落，应及时吹扫出集电环密封室，防止碳粉进入绝缘组件和出线孔，因此，集电环密封室设置吹扫风扇，吹扫风扇进风口设置过滤网，避免杂物和水分进入集电环，采取上吹下出方式。

如果没有吹扫风扇，长期运行后碳粉沉积在集电环绝缘组件和绕出线孔内，势必造成集电环和绝缘组件短路打火，造成滑环烧蚀、与碳刷接触不良、导电性能下降、集电环总成发热、加速损坏。图 8-5 为烧蚀严重的碳刷。

图 8-5 烧蚀严重的碳刷

钢渣磨主电动机防护等级一般要求为IP54，有些设备商为降低成本，主体部分为IP54，集电环部分采用隐瞒方式降为IP23，使用一段时间后，集电环绝缘组件和绕组绝缘下降，出线因打火高温碳化导致绝缘彻底失效，转子绕组相间短路，烧坏电动机。碳化的绝缘组件如图8-6所示。

图8-6　碳化的绝缘组件

转子绕组出线绝缘可靠，防止振动摩擦对地绝缘性能下降甚至接地；出线孔封堵严密，防止结露水和碳粉随导线进入转子内，造成绝缘下降、短路和接地等设备故障。

如果集电环没有安装固定吹扫风扇，严禁违章作业，在运行状态下打开集电环封闭室，带电吹扫。吹扫集电环碳粉必须在停机后进行，摇出高压柜真空断路器，挂牌锁定，方可打开集电环密封室检查门，进行吹扫作业。

定期检查碳刷磨蚀情况，及时更换。

8.3.1.4　绕组冷却

主电动机绕组冷却方式有风冷和水冷，风冷按照接线图接线，确保风机正常运行。

如果是水冷绕组，确保水质，避免结垢造成冷却通路堵塞等问题。压力表、窥视镜、阀门、减振软连接等配置齐全。

8.3.2　减速机

8.3.2.1　说明

特别说明：减速机底座与安装底板之间不允许加任何垫片。

底板一次灌浆达到龄期，按照正常的安装顺序，首先安装减速机。

因为减速机大多由第三方配套，供货时间难以控制，如果减速机到货较晚，机架、磨辊平台、下锥体已安装，减速机就位后，严格调整与磨机的同轴度，避免发生磨辊偏心、机体刮擦等问题。

8.3.2.2 安装前的检查

开箱检查随机资料，包括装箱单、试车报告、出厂合格证。

检查整机完好性，检查随机附件、工具等是否齐全，如联轴器及螺栓、地脚螺丝、定位铰刀、定位固定块、振动传感器等。

减速机就位前，再次检查底板安装验收资料，抽查复检重要数据，用平尺和水平仪十字复检水平度。

底板打磨干净，涂抹润滑脂。

8.3.2.3 安装

建议以吊装方式安装减速机。以往因大型汽车起重机稀少、昂贵，减速机由电动机底板滚动入位，随着大型汽车起重机的普及，这种安装方式已很少使用。

吊装落地后，微调减速机，使中心和纵横线达到设计安装标准。钢渣磨减速机安装误差见表 8-1。

表 8-1 钢渣磨减速机安装误差

序号	项　目	允许偏差	检验方法
1	与磨机的纵横中心线	≤±0.50mm	全站仪检查
2	标高	≤±0.50mm	精密水准仪检测

如果场地受限，只能采用从电动机底板滚动或滑动入位的安装方式，笔者在多年的一线工作中，和现场安装、维修人员一起，总结出一套简单省力的方法。

用检修液压缸将减速机推入底板或从减速机底板拉出，如图 8-7 所示。

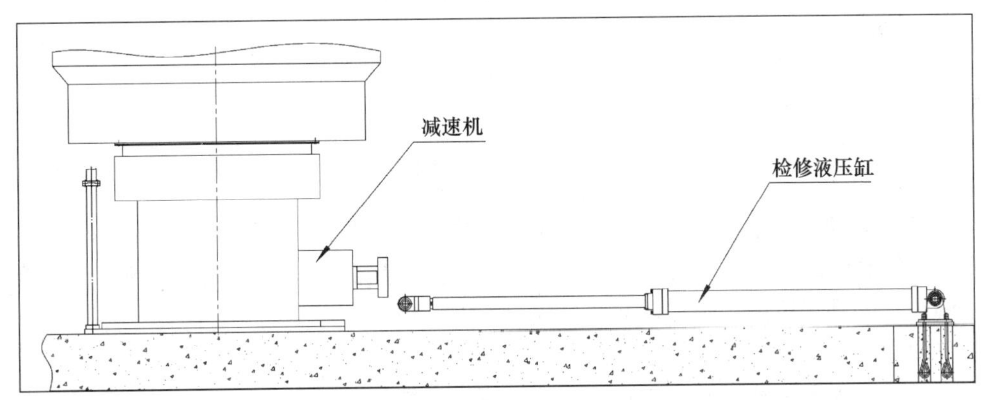

图 8-7 检修液压缸推拉减速机

混凝土基础施工时，在电动机一侧合适位置预埋一套检修液压缸安装底座，由于液压缸工作时拉力较大，底座应安装牢固。

减速机检修维护时需要从机架内拖出，首先松开磨盘与减速机推力盘的连接螺栓，顶起磨盘，拆除主电动机。将检修液压缸安装在底座上，减速机用钢丝绳从下部绕圈拴牢，连接在检修液压缸上。

向检修液压缸加注液压油，缸轴伸出或收回，牵拉减速机进出移动。该方法与手拉葫芦相比省时省力。诸如此类实用工作技巧，只有在一线长期工作，善于总结思考、想方设法节省力气，才能想得到、做得出。

8.3.2.4 螺栓旋紧

减速机地脚螺栓分常规旋紧和加热预旋紧两种方式。

提供规格、等级、扭力表，提供材质、探伤检验报告。

如果是热装，提供热装方式、加热温度、加热时间、热变形量、加热后的收紧扭力等设计数据。

使用力矩扳手，按标准扭力旋紧螺栓。

8.3.2.5 检查

安装完成后，检查减速机底座与底板接触表面。

用塞尺检测减速机底座一周，检查接触面的间隙，要求 0.1mm 塞尺不入。

检测减速机推力盘顶面的水平度，核对与底板水平度误差方向是否一致。

装入定位销，固定减速机。

8.3.2.6 固定

用随机工具定位铰刀，铰制减速机和底板定位孔，铰制到位，铰刀留置，顶紧固定块，焊接牢固。

8.3.2.7 安装振动传感器

减速机定位后，现场焊接振动传感器安装座，根据说明书要求的高度，本着布线方便的原则，焊接在合适位置。

8.3.2.8 推力盘检测

当减速机润滑站、磨辊加载站调试完成后，检测推力盘浮起，这是保证减速机安全运行的一项重要检测内容。

(1) 用 4 块百分表，均分对置安装。

(2) 安装好百分表后，将表盘归零，启动减速机润滑站。

(3) 记录推力盘浮起高度。

空载试验：

开启加载站，磨辊升辊。

开启减速机润滑站，依次启动高压油泵、推力盘，当最后一台高压泵启动完成，最终空载浮起高度四个点位全部＞0.3mm，4 个方位浮起高度基本一致。否则，调整每路高压供油量，反复检测，确保浮起高度误差＜0.05mm。

重载试验：

机械限位固定装置松开，顶丝后退，升辊，在磨辊与磨盘之间垫上厚度一致的橡胶板（可用废旧输送带）。

开启加载站，给磨辊静态加载，推力盘浮起后逐渐下降，逐步加载到最大工作压力，确保推力盘浮起高度保持＞0.1mm；然后磨辊卸载升辊，推力盘恢复空载浮起高度。

恢复机械限位，锁紧固定装置。

推力盘浮起检测如图 8-8 所示。

图 8-8　推力盘浮起检测

加载后，推力盘浮起高度≤0.1mm，证明减速机推力瓦表面曲率、配套润滑等不合理，需要设备制造商协调减速机厂家和润滑站厂家共同解决，直到重载时保持推力盘浮起高度>0.1mm。否则，不准进行减速机重载运转试验，以免损伤推力瓦，造成重大设备事故。

如果不处理，盲目投入运行，减速机推力瓦在运行中高温报警、保护停机就会发生，如果再遇上一个不负责的管理者，因推力瓦高温保护停机导致不能连续生产，下令封闭推力瓦温度联锁，减速机就会很快彻底毁坏，须返厂维修。

8.3.3　联轴器

8.3.3.1　联轴器的种类

立磨减速机与电动机一般采用双膜片或鼓形齿联轴器，双膜片较多。膜片联轴器按弹性联轴器标准安装验收。

8.3.3.2　安装联轴器

主电动机两端均有联轴器，尾端与辅传离合器连接，前端通过双膜片联轴器与主减速机连接。联轴器通常采用现场加热法安装，有浸泡在机械油里加热、火焰烧烤、中频加热等加热方式。无论哪种加热方式，都要在轴上涂抹防卡剂或耐高温润滑油。

如果忘记涂抹防卡剂，尤其是火焰烧烤方式安装的联轴器，当需要拆卸维修时，会发生锈蚀、拆卸困难、轴被拉伤等问题，如图 8-9 所示。

联轴器螺栓孔为精加工铰制孔，螺栓为精密高强度螺栓。

联轴器制造商必须提供螺栓的规格等级扭力表，使用力矩扳手按标准扭力旋紧螺栓，确保每个螺栓旋紧扭力准确、一组螺栓受力均衡。如果采用野蛮方式旋紧螺栓，每个螺栓受力不正确、一组螺栓受力不均匀，运行中会发生不明原因的振动超限，以及螺栓、膜片、器身断裂等问题，哪怕同轴度完全符合安装标准误差，依然会发生设备事故，问题就出在螺栓旋紧施工不正确上，如图 8-10 所示。

8.3.3.3　检验

通常，立式行星减速机弹性联轴器的安装误差标准如下：径向误差≤0.08mm，轴向误差≤0.08mm。

图 8-9　联轴器拆卸困难

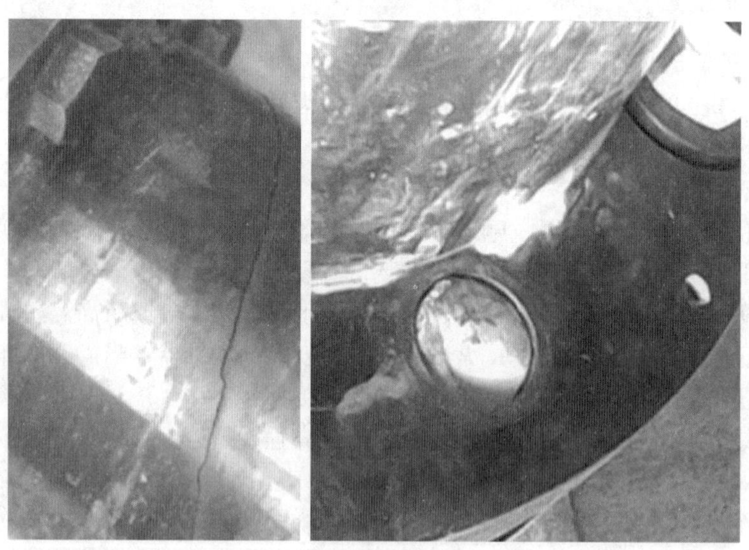

图 8-10　联轴器断裂的器身和螺栓

如果减速机制造商说明书有明确要求，误差精度标准更高，严格按说明书要求的安装误差数据进行同轴度检验。

联轴器安装完成后，检测联轴器轴向和径向同轴度。

联轴器端面打磨光滑，减速机一端上下左右十字标注。

两块百分表固定在电动机端，百分表触电端分别置于减速机一端的轴向面和径向面。

开启主电动机润滑站，辅传离合器推合，辅传电动机低频运行。

记录百分表十字四点轴向和径向误差，如图 8-10 所示。

如有超限，调整主电动机底座方向，底座加减铜皮，反复调整、反复检测，确保轴向误差、径向误差符合规范标准要求，收紧主电动机底座螺栓。

当主电动机底座螺栓旋紧后，再次检验联轴器同轴度，确认误差合格。

调整联轴器安装误差，是一项细致、耐心、专业性很强的工作，现场施工人员的经验会起到事半功倍的作用，远比理论知道实用，值得重视。

联轴器安装误差检验示意图如图 8-11 所示。

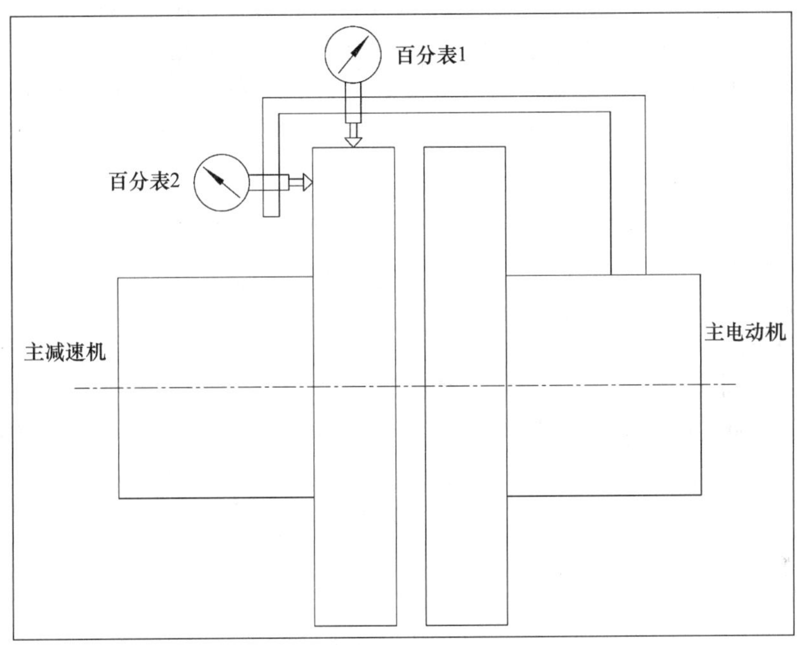

图 8-11　联轴器安装误差检验示意图

8.4　下机体和磨内部分

8.4.1　机架和平台

8.4.1.1　安装顺序

先安装机架、磨辊平台、下锥体、风环，最后安装磨盘、衬板挡料圈。

8.4.1.2　机架安装

机架安装在整体底板、减速机外围。

机架承载摇臂、磨机本体。必须有足够的机械强度，特别是机械限位部位容易被忽视，如果强度不够，会存在重大隐患，导致重大设备事故。

按设备安装图的设计数据，在底板标画，用螺栓将架体各部分连接固定，以减速机中心为基准调整机架，机架中心相对于减速机中心允许偏差、机架顶面平台水平度、机架分度允许偏差见表8-2。

表8-2 钢渣磨机架安装误差

序号	项目	允许偏差	检验方法
1	机架中心与减速机中心	≤±0.50mm	铅锤检查
2	机架上部水平度	≤0.2mm/m	水平仪检查
3	机架分度	≤0°0′30″	经纬仪检验

8.4.1.3 机架机械强度验证

机架最重要的是结构牢固，尤其是机械限位部位，保证磨辊限位最大受力时不变形。安装完成，按最大加载压力做辊缝保持验证试验。如果不能保持有效辊缝，必须加固机架，直到保持辊缝。能否保持辊缝，是判定一台磨机是否合格的重要依据。

升起磨辊，在磨辊磨盘之间垫10mm厚度的钢板，泄压落辊，让磨辊自然降落在钢板上。

旋紧机械限位定位螺杆，锁紧固定装置。

升辊，撤出钢板。

加压落辊，加载到最大工作压力。

测量辊缝。

如果辊缝保持≥5mm，可以判定机架机械强度合格。

如果<5mm，需要加固机架，加固后若辊缝保持≥5mm，可以判定机架机械强度合格。

加固后仍不能保持辊缝≥5mm，可以判定机架机械强度不合格，重新设计、制作、安装。

8.4.1.4 磨辊平台

机架顶面安装摇臂轴承座，严格控制和检验机架标高、顶面水平度，安装误差小于设计标准。

轴承座与减速机上部的磨盘中心同轴度误差小于设计标准，分度均匀，轴承座中心线中点的垂线指向磨盘圆心。

机架安装定位后，安装连接梁（也叫过桥）将机架顶面连为整体，起到加固机架、构成磨辊平台、形成检修通道等作用。

8.4.2 风环

风环在磨内最外侧，承接磨盘挡料圈出来的物料。风环是调节风速风向，提高烘干、研磨、选粉效率的重要环节。

缺失径向导向板，磨内物流、风流紊乱，不利于研磨后的物料有序上升、快速烘干。

风口面积设计合理与否，对磨机效率的影响至关重要。

面积过大，风速降低，返料增大，返料系统负荷加大，引起磨机负荷增大。

面积过小，风速提高，不合格粗粉不能快速落回磨盘，磨机压差升高，工况变差，效率降低。

风环出口设计安装向圆心的导风板，选用耐磨材质或铸造定型板，这部分一般磨机不会缺失。但是，不少磨机为节省几块钢板的成本，或者设计缺陷，缺失径向导向板，这种现象在运行的立磨中经常出现。风环有无径向导向板如图 8-12 所示。

图 8-12 风环有无径向导向板

一旦缺失径向导向板，热风入磨后，通风面积大幅增加、扩散降速，无约束无规则流动，在旋转的磨盘和磨辊影响下，磨内气流容易紊乱，形成局部涡旋，不能带动粉料有规律地上升，粉料在磨内局部区域沉积。当沉积的粉料突然塌落，磨内粉尘浓度迅速升高，磨机压差增大时，磨机工况变差，影响磨机正常运行。如图 8-13 所示，磨机内部气流紊乱，存在局部涡旋，磨辊密封装置上部沉积粉料。

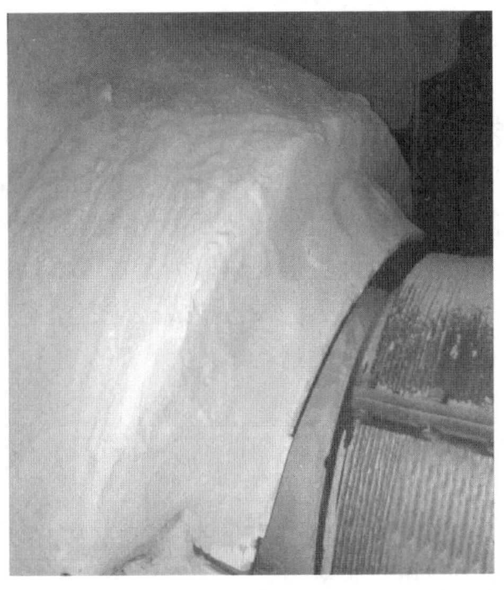

图 8-13 磨辊密封装置沉积的粉料

8.4.3 下机体

下机体也叫下锥体、下箱体，是热风通道，也是返料外出通道。机架、平台安装后，依次安装下锥体、风环。下机体内圈与磨盘和磨盘刮料板支架组成迷宫式密封，设备制作不精良、安装误差控制不严谨，安装后检查调整不彻底，磨机调试运转时，有可能发生刮擦现象。

下机体进入的热风通常高于 250℃，机壳应有效保温、减少散热损失。

由于返料在下机壳里通过刮料板刮出磨机，对机壳冲刷磨蚀严重，因此，机壳的耐磨处理也是关键，应严把施工质量，确保措施到位。

当前，磨机制造商蓬勃发展，导致市场竞争加剧、内卷严重，立磨制造商为降低成本抢夺市场，整个机体设计减少用材量，与摇臂下球头互相干涉，下机体局部收缩导致凹陷变形，如图 8-14 所示。

图 8-14 发生严重设计失误的机架、加载装置和下机体

一旦造成这种情况，下锥体有效面积减少，一是阻挡热风顺畅入磨，二是变形处很快被返料冲刷磨穿，漏风漏料、污染设备和环境。

造成这种情况无非两方面原因：一是低价中标，设备制造商为降低成本故意为之；二是建设方没有精通立磨工艺的专业人员，技术协议没有规定清楚，磨机到达现场已成既定事实，建设方并不知道这是设计失误，误以为设备原本就是这样。

此类严重失误屡见不鲜，且均属人为设计造成，应完全避免。如果在技术协议中没有明确要求，这台磨机也只能终身带病运行了。

8.4.4 磨盘和衬板

8.4.4.1 出厂资料

磨盘连接减速机推力盘，传递动力，承载衬板和磨辊压力，负责做功。一般情况下，磨盘为外协加工，必须提供以下资料：

出厂合格证，探伤检测报告，上下面的平行度、上下面的平面度检测报告。

8.4.4.2 磨盘安装

除减速机外，磨盘是最重的单体部件，吊装作业安全第一，必须有专业人员持证作业，有专职安全员监护方可施工。

减速机安装完成，开始安装磨盘。

彻底清理推力盘顶面防锈油污，复检推力盘顶面水平度，标记最高和最低点。清理磨盘底面防锈油污，涂抹防锈剂。

推力盘和磨盘有设计加工好的定位孔，首先在减速机推力盘上安装定位销。吊起磨盘，定位孔对准定位销，缓慢落到推力盘上。

磨盘与推力盘用螺栓连接。使用力矩扳手，按标准扭力旋紧螺栓。

检测磨盘顶面的水平度、平面度、标高。核对水平度误差方向、误差大小与减速机推力盘误差是否一致。

8.4.4.3 刮料板

磨盘出厂时，为方便运输，通常预安装筒形刮料板支架和刮料板，吊装磨盘前应拆下，提前放在下机体内。

磨盘就位后，检测下锥体内挡料圈与磨盘的同轴度，调整合格后，安装刮料板支架和刮料板。

筒形刮料板支架与下锥体内挡料圈、磨盘形成迷宫密封，此部位安装控制不严，设备制造不精，容易造成偏心刮擦。

刮料板支架必须安装牢固，防止掉落造成事故。如果安装不当、疏于监督，留有隐患，难免发生刮料板支架松动、刮料板脱落、下锥体底板被撕裂等严重设备事故。

8.4.4.4 衬板安装

安装前检测每块衬板底面的平面度。

衬板在工厂整体堆焊前按顺序编号，到达现场后，按标识顺序平铺在磨盘上，外缘紧贴磨盘外挡圈，内圈用胀紧块压住，衬板被固定在磨盘上。磨盘衬板间隙必须均匀一致，如果缝隙较大，用高强度耐磨钢板塞紧缝隙，以免衬板松动。

8.4.4.5 挡料圈

在磨盘外缘固定挡料圈，挡料圈为耐磨材质，高度按设计施工，通常在调试过程中根据实际运行工况进行高度调整，工况适应后固定。

8.4.5 中心下料管

设备制造商从设计开始就琢磨节省成本，缺少中心双套管设计，或者设计完善，施工方偷工减料，施工后的下料管实际结构如图 8-15 所示，缺失中心下料管、缺失磨盘中心刮料板，建设方没有专业人才，根本发现不了缺失的部件。

与本书图 3-2 设计完善的中心下料管对比，偷工减料设计施工的中心下料管缺失的部件一目了然。

螺旋铰刀没有独立的中心下料管，原料在出口与选粉机返料和外循环返料混合，返料中的粉料在原料出料口慢慢黏结，最后造成堵料停机的运行事故，如图 8-16 所示。

缺失磨盘中心刮料板，下料管中的粉料在中心堆积板结，造成下料管出口狭小，下料管内高温、高湿，形成稳流环境，利于粉料黏结，慢慢堵塞下料管，如图 8-17 所示。

出料口黏结堵塞后，选粉机返料在集料锥堆积，当堆到选粉机转子底面时，造成选粉机转子转动受阻，电流升高，最后引发保护停机。

进入磨内清理下料管堵料，属于有限空间作业，高温环境，有一定的危险性，需要严格执行安全操作规程，办理作业票，设置监护人员。清理后运行一段时间，再次堵料，恶性循环。

因此运行管理人员应接受教训，学习掌握工艺原理，补加中心下料管，彻底解决事故隐患。

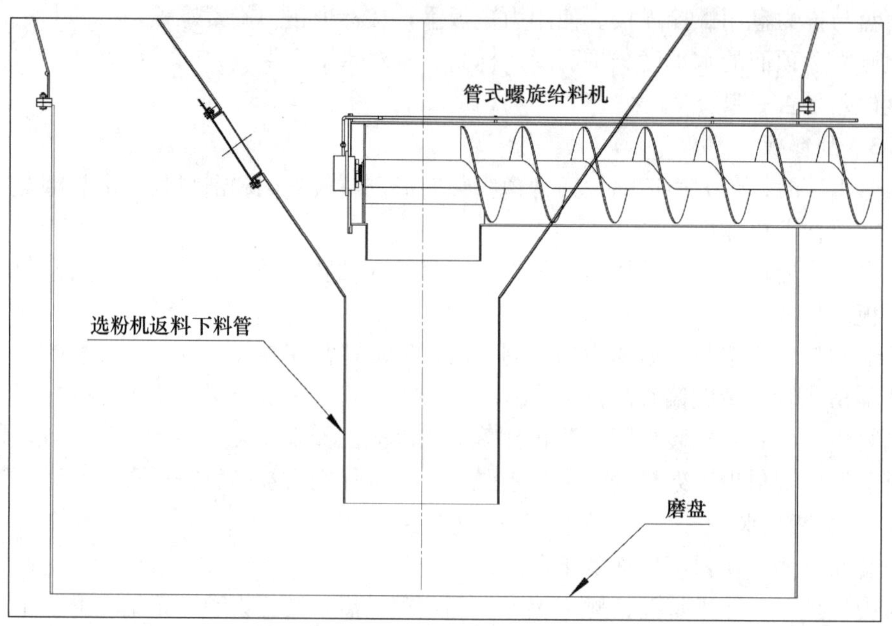

图 8-15　缺失中心下料管的设计施工

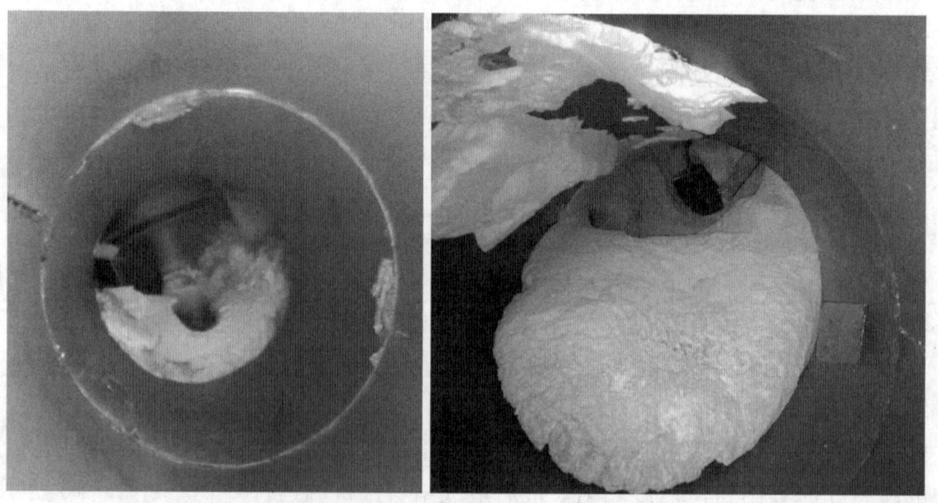

图 8-16　螺旋铰刀出口缺失下料管造成堵塞

图 8-17 缺失磨盘中心刮料板造成粉料堆积

8.5 磨辊系统

磨辊轴安装在磨辊支座上，与摇臂锁紧安装在摇臂轴上，摇臂轴安装在轴承座上，轴承座安装在机架上。液压缸向摇臂下球头加载拉力，通过摇臂转换变成磨辊压力；液压缸工作靠液压油，加载站通过管道将液压油输送到液压缸。

上述装备安装顺序如下：摇臂轴承座→摇臂→磨辊→磨辊与摇臂锁紧→张紧装置→压液管路。安装后检查验收。

8.5.1 摇臂安装

为方便运输，摇臂预组装出厂，轴承座、摇臂轴、主臂、磨辊支座组装成摇臂总成一起发货。安装前拆除包装，清洗擦拭轴承，轴承密封腔涂满润滑脂，封闭上压盖，使用力矩扳手旋紧压盖螺栓。

吊装摇臂总成，安装在机架上，螺栓初步固定。

安装初期的轴承座用螺栓固定在机架上，位置是可微调的。

拆除摇臂与磨辊支座的锁销，将磨辊支座向外翻转处于水平位置，等待安装磨辊。

摇臂为铸钢结构，很少发生事故，一旦发生便是大事故。如图 8-18 所示，一台大型立磨在运行中主臂断裂为突发重大设备事故。

由于摇臂不属于易损件，事故率极低，没有任何一家立磨使用单位购买摇臂作为常用备件。立磨制造商也不会加工摇臂作为备件待售。

一旦发生摇臂断裂事故，需要立磨制造商提供立磨部件设计图纸或只能依靠设备商开模铸造、应力消除、机加工，制作周期不会少于三个月，会耽误生产、丢失客户、损失巨大。

此类事故主要原因是铸造缺陷，对铸件进行探伤检测十分必要，设备制造商对有隐患的铸件不能存在丝毫的侥幸心理，应立即做报废处理，禁止进入下一道工序。

图 8-18　摇臂主臂断裂

8.5.2　磨辊安装

磨辊装入磨机之前，装配好的磨辊总成运到现场。

8.5.2.1　轴承检查

安装前，开小端盖检查磨辊轴承品牌与技术协议是否一致，检查完毕后封闭小端盖。

检查磨辊轴转动是否灵活。

将磨辊端盖朝下放置，通过磨辊轴顶端的螺栓孔安装两颗螺栓，借助杠杆人工盘车可以转动，否则开大端盖检查或返厂处理。

8.5.2.2　安装磨辊

清除磨辊轴的防护防锈涂层，涂抹润滑脂。

将磨辊支座安装孔涂满润滑脂。

磨辊翻转，磨辊轴向下，吊装磨辊，将磨辊轴垂直插入磨辊支座。

拆开磨辊小端盖，拆除润滑封堵和回油管。安装吊装支架，悬挂 2t 电动或手拉葫芦，从磨辊轴中心穿出吊装链，吊装链安装专用工装，吊装磨辊锁紧零部件，从磨辊轴下方依次安装胀套、压盖，锁紧螺栓，恢复润滑管道和封堵。

用检修装置将磨辊支座顶起，磨辊翻入磨内，磨辊支座到达摇臂锁销孔位置，找正后安装锁销。

8.5.2.3　安装锁销

在安装锁销前，磨辊可以绕摇臂轴转动、翻进翻出磨门。

安装检修翻辊装置，开启加载站，向检修油缸注油，将磨辊翻进、翻出磨门，检验磨辊与磨门是否存在刮擦、检验磨辊与摇臂是否存在干涉现象。

摇臂锁销有锥销胀套、直销等不同结构，安装要点是：

(1) 锁孔和锁销涂抹防卡剂。

(2) 安装过程没有专业监督，施工人员不懂或忘记涂抹防卡剂，磨辊更换或检修时，锁销取出困难。制作工装、安装液压千斤顶采取多种措施，若仍不能拆卸锁销，最后采取破坏性切割。拆卸困难的摇臂锁销如图 8-19 所示。

图 8-19 拆卸困难的摇臂锁销

(3) 锁销安装到位后锁紧固定螺栓。

8.5.2.4 检测传感器

(1) 磨辊轴承温度传感器

磨辊轴承温度传感器安装在轴承附近，比如磨辊辊轴、前端盖等部位。传感器安装在回油管路上，属于偷工减料的设计和施工，必须坚决制止。

(2) 磨辊转速传感器

磨辊转速传感器安装在磨辊内，磨辊轴承密封腔磨外磨辊安装在磨外。安装在磨辊外磨机内则是偷工减料的设计和施工，必须坚决制止。

(3) 料层厚度传感器

料层厚度传感器安装在摇臂轴承座上，通过摇臂摆动检测料层厚度。

(4) 高低限位传感器

高低限位传感器是保护磨辊衬板的重要检测设备。高低限位传感器安装在摇臂轴承座上，实测磨辊与磨盘的距离，高位以设计数据 90～120mm 为标准，低位以辊缝 5～10mm 为标准，固定传感器。

全部触发高位，作为主电动机启机必要条件；全部触发低位或一只磨辊触发低位连续 10s，作为停机保护、自动升辊的条件。

8.5.2.5 磨辊润滑

磨辊润滑分两部分：

一是磨辊轴承稀油润滑，二是轴承密封对置骨架油封干油润滑。

磨辊轴承润滑极其重要。

检查磨辊润滑设计和实际润滑路径。润滑路径不合理，会造成润滑不良、轴承提前失效等隐患。

磨辊安装到位，连接润滑油管，调试供油和回油。确保供油充足、回油顺畅，不缺油、不溢油。

大部分磨辊轴承密封在磨内设置对置骨架油封，干油润滑对油封寿命至关重要，磨辊轴尾端有干油加注孔，采用智能干油站集中供油，初期将油封之间的间隙填满润滑脂。

磨辊轴承密封润滑不良，导致骨架油封短期磨损、密封失效、磨辊漏油、磨内进灰、污染润滑油、磨蚀轴承。

骨架油封磨损后磨辊漏油情况如图 8-20 所示。

图 8-20 骨架油封磨损后磨辊漏油情况

磨辊轴承密封磨蚀损坏会导致磨辊轴承漏油进灰、润滑失效、轴承损坏，甚至导致磨辊轴研磨损坏（图 8-21），拆下来的磨辊惨不忍睹。

图 8-21 损坏的骨架油封和轴承

在磨机运行现场，发生磨辊轴承损坏甚至磨辊轴损坏的设备事故，绝大部分是骨架油封密封方式的磨辊。密封腔延长到磨外的密封方式的磨辊很少出现此类现象。

在本书 3.3.2.7 一节中轴承密封中，对两种轴承密封有详细的对比，实际使用再次证明了优劣差异，再次建议设备制造商采用磨辊密封腔延长磨外无密封风机的磨辊轴承密封方式。

8.5.3 张紧装置

张紧装置主要设备是液压缸。

液压缸安装在机架内的油缸底座上，液压缸的轴杆与拉环属分体结构，对夹连接，拉环通过销轴与摇臂下球头连接。

8.5.3.1 液压缸安装

安装前复测摇臂球头轴孔和液压缸底座轴孔的实际尺寸是否与设备安装图设计一致，然后拆下预装在摇臂和底座上的销轴。

移动缸体时，特别注意保护缸轴、轴头丝扣、油嘴，避免磕碰损伤。

缸体到位后，分别连接液压缸两头的销轴，调整关节轴承两边的间隙，注意上下轴承加油口位置，使之便于安装干油管道。

当前，设备制造商为降低价格缩减制造成本，压缩机架体积，液压缸安装空间紧张。液压缸现场安装时，即便是“哈夫”结构的液压缸拆除对夹机构和拉环，安装高度也不够，只能对机架结构进行切割，液压缸才能安装就位。对定型设备进行切割，即便事后焊接恢复，对设备造成伤害已成事实，如图 8-22 所示。

图 8-22 液压缸安装时切割机架

诸如此类情况，属于设备制造问题，设备制造商为降低成本，采取极限设计甚至错误设计，安装过程只能采用妥协方案。建设方在技术交流和技术协议谈判过程中，对此类问题一定要专列条款，予以明确。

特别提示：安装上下销轴时，千万不要忘记涂抹防卡剂或润滑脂，否则会给以后的检修造成很大的麻烦，甚至完全拆不出来，最后只能吹氧切割，如图 8-23 所示。

图 8-23　液压缸拉环与摇臂下球头切割拆卸

液压缸的缸体后端盖与下拉环采用整体锻件加工工艺，劣质液压缸会采用端盖与拉环焊接方式，使用中会发生断裂事故；上拉环材质、热处理不当也会发生断裂事故，如图 8-24 所示。

图 8-24　断裂的液压缸上下拉环

液压缸设计最大工作压力为 25MPa，出厂时应做极限耐压试验，出具试验合格报告。

液压缸有效工作面积应合理，确保加载压力适当。正常生产时，无杆腔备压为 2～

3MPa，有杆腔最大工作压力＜12MPa，否则重新设计更换大规格液压缸。

8.5.3.2 液压管路

管路安装完成，用冲洗油站对管道冲洗，冲洗油达到8级洁净度，采用比例阀、伺服阀的液压系统，达到5级洁净度。

冲洗合格，将管路、液压缸、蓄能器充满工作用液压油。

充油时打开液压缸、蓄能器的排气阀，排净管路、液压缸、蓄能器中的空气，防止空气残留诱发工作“气爆”，造成系统振动、液压油氧化。

管路的弯管、对接、焊接、酸洗、固定、涂装、标识等安装流程，严格按照相关标准规范施工。

8.5.3.3 蓄能器

蓄能器管道安装完成，向蓄能器充入氮气。

氮气压力为设计工作压力的70%，所有蓄能器保持压力一致更为重要，不平衡误差≤0.1MPa。

运行正常后，根据有杆腔实际加载压力再次调整蓄能器氮气压力。

8.5.3.4 加载调试

检查出厂试验报告。

检查管道、蓄能器是否破裂，接头、焊接部位是否渗漏，油缸是否串油，密封件是否渗油。

检查压力传感器等元器件是否失灵、损坏，检查阀台、阀门动作是否灵活、准确、可靠。

液压缸在使用中保持清洁无污染，保持拉杆干净，防止防尘套、密封圈损坏。

按设计压力反复升降磨辊。

检查记录加载落辊时间。从最高位到工作位不超过60s，所有磨辊同步一致，不同步率不超过10%，否则调整每路供油量，确保所有磨辊加载同步。

8.5.4 安装检测

在磨辊初步安装到位，润滑站、载站调试运行后，就要对磨辊的安装进行检测、调整安装误差、紧固焊接。

8.5.4.1 磨辊安装位置

磨辊安装位置四要素：①所有磨辊在正确的标高上；②所有磨辊轴指向磨盘圆心；③所有磨辊在同一半径上；④分度均匀。磨辊相对位置示意图如图8-25所示。

笔者在三十多年的立磨安装、验收、调试和运行管理中，总结出一个简单实用的测量方法：测量挡料圈和磨辊大端面之间的间隙，判定相关安装误差。首先检查调整挡料圈椭圆度和同轴度，在人孔附近安装两处测量点，开动辅传，测量记录挡料圈内侧与测量点的距离，确保挡料圈内侧椭圆度、同轴度误差＜1mm，这是进行磨辊安装误差检测的基础条件。

（1）标高检测

将精密水准仪架设在磨盘中心，测量摇臂轴承座压盖合缝处，确保实际标高与设计标高误差小于1mm，每个磨辊相对标高误差小于0.1mm。

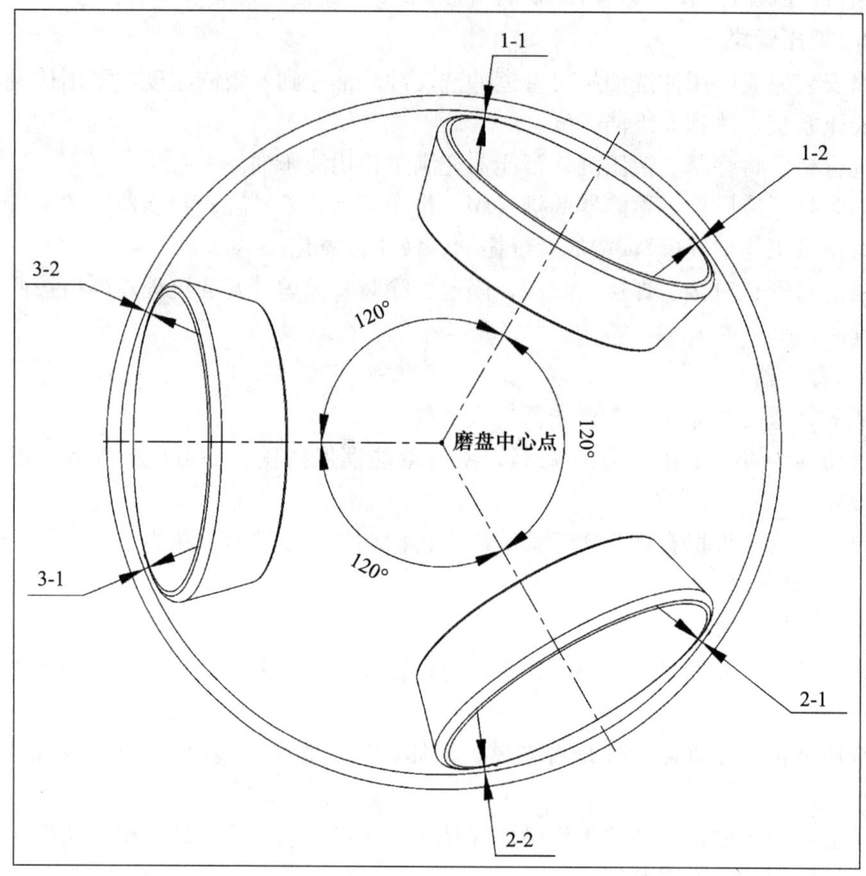

图 8-25　磨辊相对位置示意图

(2) 磨辊轴指向圆心检测

首先，将磨盘等分 4 份，画线标记。

将磨辊的机械限位、电子限位暂时退出，加载站泄压，磨辊自然落在磨盘上。

用辅传转动磨盘，每次转动 90°，测量每个磨辊大端两侧与挡料圈的间隙，记录数据 4 次。一个磨辊两侧间隙数据一致，证明该磨辊轴指向圆心。如果不一致，用千斤顶调整摇臂轴承座，直到保持间隙一致。

(3) 同轴度检测

测量确认所有磨辊大端面与挡料圈间隙一致（证明磨辊在一个半径上）。如果不一致，用千斤顶调整摇臂轴承座前后位置，直到间隙一致，保证所有磨辊在同一半径上。

也可用铺料测量轨迹法。在磨盘铺料，泄压落辊，开辅传以 10Hz 低频运转，测量磨辊轨迹是否重合一致。

(4) 分度检测

确定磨盘中心点，用经纬仪检测，或者测量摇臂轴承座距离。

8.5.4.2　磨辊与磨盘

磨辊与磨盘的相对位置极其重要，相对位置正确与否，是整台磨机是否平稳运行的关键因素，如图 8-26 所示。

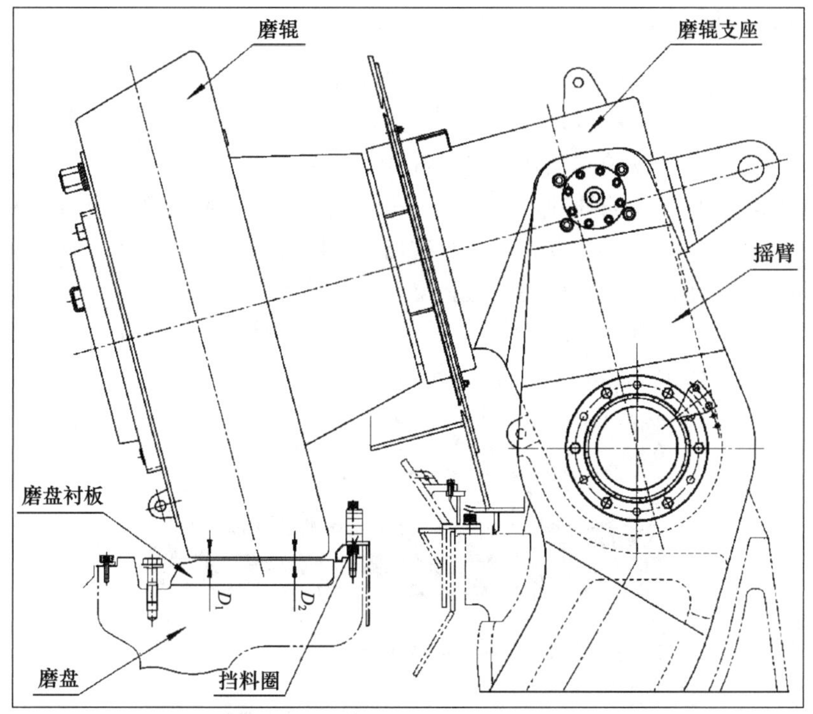

图 8-26 磨辊与磨盘相对位置示意图

磨辊与磨盘间隙在 10～20mm 之间，呈成平行状态，磨辊升起时，呈内大外小的楔形状态。

如果间隙在 10～20mm 之间不能保证平行，比如磨辊大头间隙大、小头间隙小，证明磨盘相对于摇臂轴承座偏低了；磨辊大头间隙小、小头间隙大，证明磨盘相对于摇臂轴承座偏高了。

如果摇臂轴承座偏低了，可以在轴承座上垫整体钢板解决；如果磨盘偏低了，只有采取堆焊磨盘的方式予以补救。

只要是有整体底板的磨机，安装时就不会发生类似问题。造价低廉、没有整体底板，磨机机架在混凝土基础上安装时，施工队伍技术水平不高、机架标高安装控制不严，就会出现类似问题，甚至出现更加严重的问题都是有可能的。

磨辊安装结束，固定辊缝 10mm。

升辊，每个磨辊下垫一张 10mm 厚钢板，泄压落辊，顶紧限位顶丝，锁紧固定装置。升辊，撤出辊缝专用钢板，留存备用。

磨辊检测、调整完毕，达到设计要求，恢复机械限位、电子限位，摇臂轴承座焊接固定在机架上。

8.6 选粉机

选粉机在磨机最顶部，静叶片和转子安装在上机体内，驱动部分安装在磨机上机体顶部。

8.6.1 安装静叶片

选择预组装整体笼式静叶片，避免现场单片安装。

在中机体安装验收完成后，吊装笼式静叶片，安装在上机体内，安装完毕，检测顶面的水平度，检测与磨盘的同轴度，误差符合设计标准。

如果是现场单片安装的静叶片，运行一段时间后，叶片固定部位磨蚀、断裂，静叶片倒向转子，造成选粉机运行事故，甚至碰伤转子叶片，转子失去动平衡，运行导致磨机整体晃动。再次建议钢渣磨采用预组装整体笼式静叶片。

图 8-27 是现场单片安装的静叶片，两端固定螺栓固定在上机体上，螺栓被冲刷磨蚀即将断裂，从磨机上机体取下来等待修复。

图 8-27　固定轴磨蚀断裂的静叶片

8.6.2 安装转子

检查转子顶面的椭圆度、平面度。

转子在制造厂整体装配，出厂前做动平衡试验合格后出厂，提供试验报告和合格证。

转子吊装就位，测量调整转子与磨机的同轴度，合格后固定，安装上机盖。

检测转子与静叶片的间隙，安装误差符合设计要求，一周保持检测一致。

检测转子顶面与上机盖底面的迷宫密封内外间隙、上间隙，安装误差符合设计要求，一周保持检测一致。转子与静叶片、上机盖设计安装误差如图 8-28 所示。

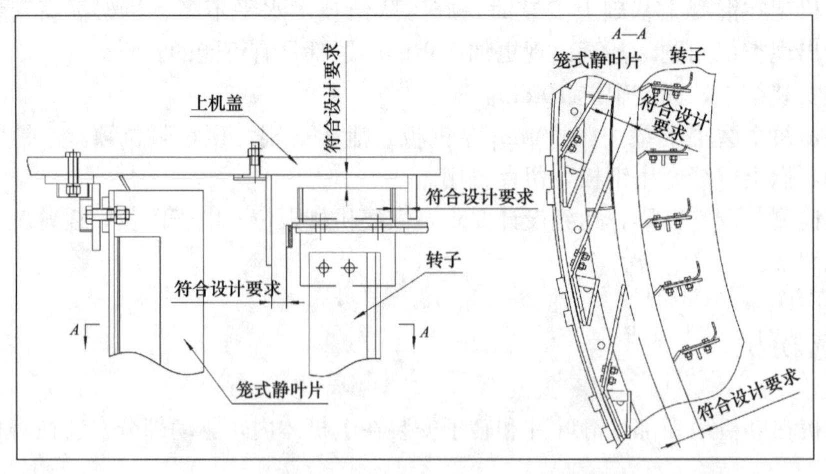

图 8-28　转子与静叶片、上机盖设计安装误差

8.6.3 安装驱动

目前，普遍采用变频电动机＋减速机驱动方式，减速机输出轴直接连接转子中心轴。减速机润滑油采用一体式过滤冷却装置，严禁采用内置水冷方式。

选粉机驱动的关键是减速机的速比设计合理，在钢渣粉比表面积为 450～500m^2/kg 时，电动机频率为 35～45Hz。

选粉机电动机和减速机安装在上机体顶部的安装平台上，平台双通道，设备四周空间不小于 1.6m，护栏牢固。

建议选用先进的液压电动机驱动选粉机，液压电动机体积小、特性硬，磨机顶部设备简单、维护方便。

8.6.4 干油润滑和温度检测

选粉机转子下轴承在磨内，工作环境温度高、粉料冲刷严重，配置温度检测设备。

轴承采用集中智能干油润滑，供油间隔和供油量设计合理。通常下轴承每 10min 供油一次，每次 2 泵以上。

干油管和温度检测线做好耐磨保护，避免短期磨穿。

8.6.5 调试

在 30Hz 低频试车后，50Hz 全频试车，避免因转子动平衡精度不高、高速旋转时引起机身晃动。这也是检验转子动平衡是否合格最直接、最有效的方法之一。

8.7 收粉器

收粉器是重要的工艺设备，全部钢渣粉成品经过收粉器收集。选择高效、低阻、低反吹压力、低排放型产品。

收粉器大量安装属高空作业，安全施工是首要工作。

由于收粉器整机体积大，制造商在工厂设计，下料后散件到达现场，现场拼装焊接集灰斗、箱体，然后吊装作业，安装阀门管道，安装袋笼滤袋，安装电气控制设备。

8.7.1 安装前的检查

检查到货散件与技术协议是否一致。

检查壳体钢板厚度是否符合要求。

检查滤袋孔板是否平整无拼接，开孔是否打磨光滑。

检查布袋材质、单位面积质量是否符合技术协议要求。

检查袋笼涂装是否为电镀或基体是否为不锈钢材质。

检查电磁阀是否是淹没式。

检查卸灰阀是否是三级串联单板阀。

8.7.2 注意事项

现场施工人员资质、实际操作水平过硬，焊缝平整光滑，无砂眼、无漏点。

顶部阀门、吹扫、提升等管路布设整齐规范。

反吹管路、提升气路，每路设置独立阀门，阀门与器身软连接。

收粉器与磨机出粉管法兰连接，严禁直接焊接，设置波纹补偿器。

磨机出粉管做内耐磨涂层＋外保温，安装压力取样管、耐磨护套温度传感器。

收粉器与进出管道法兰连接，严禁直接焊接，设置波纹补偿器，做外保温，安装压力取样管、温度检测传感器。

收粉器本体、集灰斗做外保温。

船形空气斜槽上安装音叉料位计、温度传感器，用于检测堵料和漏风。

三级锁风卸灰阀上安装手动插板阀，以备在线维护。

船形斜槽与插板阀、插板阀与三级单板卸灰阀，卸灰阀与溜管、溜管与空气斜槽，各部件之间全部法兰连接，法兰之间用橡胶板＋密封胶密封，严禁焊接直连。

为确保反吹时不影响压缩空气系统供气压力，设置独立的储气罐。

收粉器做整体封闭式防雨篷，高度不影响整体结构袋笼安装。在最高处安装 2t 单梁起重机，用于吊装滤袋、袋笼等备件。如图 8-29 所示，收粉器防雨篷顶部的单梁起重机正在吊装袋笼，大幅度降低了劳动强度、提高了工作效率。

图 8-29　收粉器防雨篷顶部单梁吊

上下收粉器设置双通道，其中保证一条斜梯。

安装完成，在投运前进行气密和荧光检测。

8.7.3 荧光检漏

8.7.3.1 准备工作

按照过滤面积 $10g/m^2$＋20％备用准备检漏专用荧光粉、检漏专用荧光灯、滤光眼镜和记号笔。

统计收粉器气室反吹一个轮换周期运行时间，计算荧光粉每 1min 加入量。

傍晚开展荧光检测工作，周围环境越暗越有利于荧光检测工作的有效进行，因此晚上做荧光检漏效果最好。

8.7.3.2 检测

开启主风机，以 15～20Hz 低频运行。

在收粉器进风口连续均匀加入荧光粉，不可间断。

所有气室反吹一遍，完成一个轮换。

荧光粉添加完成后，主风机运行 10min 停机；30min 后按顺序逐个打开气室盖。

戴好滤光眼镜，用荧光灯照射，仔细检测气室内壁四周与侧边接缝、布袋与孔板接口。

如果在气室某一位置发现有荧光亮点，则说明附近有漏点，查看荧光粉的位置分布、数量及走向，用记号笔做标记。

注：检测人员进收粉器前检查，身体不得沾染荧光粉，以免干扰判断。建议投粉人员和检漏人员由 2 组人员分别担任。

补焊、打磨处理漏点、更换漏点滤袋，做二次检漏，直到气室没有荧光亮点。

8.7.4 气密试验

8.7.4.1 准备工作

手持风速仪、记号笔。

开启主风机，以 45Hz 高频运行。

8.7.4.2 漏风检测

封闭收粉器防雨篷，在收粉器气室上部，用手持风速仪围绕气室盖四周逐个检测风速。

检查到漏风点时用记号笔标记。

打开全部卸灰阀与空气斜槽之间的溜管，调整三级卸灰阀配重，每级翻板均在打开与关闭临界点，微调配重使翻板处于关闭位置。

用手持风速仪在每个卸灰阀下检测风速。

对检测到漏风的气室盖，修正密封槽、更换整体密封胶条。

对漏风严重的卸灰阀，拆卸修正翻板和下料口接触面，确保接触处不漏风。

处理后再次检测，确保无漏点。

8.8 主风机

主风机在收粉器后，是整个制粉系统物流和气流的动力来源。

8.8.1 检查出厂资料

检查设备铭牌与技术协议是否一致。

检查出厂合格证、转子动平衡试验报告。

8.8.2 风机安装

超过 1000kW 的大型风机，为确保安装精度，通常设计一个整体底板，用于承载电动机和风机轴承座，在浇筑混凝土基础时预留地脚螺栓孔，提前安装底板。

风机安装前，检测底板水平度。

安装机壳下部分和轴承座。

拆开轴承座上压盖，清洗、擦拭。

检测确保轴承座水平度合格，收紧地脚螺栓，再次检测水平度。

安装轴承座冷却水系统。

安装风机转子。

检测确保风机轴的水平度合格，安装轴承压盖，收紧螺栓，注入规定品种、规格、数量的润滑油。

安装机壳上部分。

安装电动机。

安装联轴器，检测联轴器同轴度安装误差。

安装进口调节阀、出口消声器、进出口补偿器。

安装保温隔声棉和外保护罩。

安装检测传感器。

8.8.3 安装要点

风机轴的水平度和联轴器的同轴度是主风机安装的重点。

风机轴的水平度有关规范标准误差为≤0.05mm/m，为保持风机长期稳定运行，实际安装中通常要求达到≤0.02mm/m 甚至≤0.01mm/m。

静态下，主风机叶轮轴是向下弯曲的，曲率值只有设计制造商掌握，因此，风机转子必须在制造厂专业人员现场指导下安装、检测。

主风机联轴器一般采用双膜片联轴器，按弹性联轴器标准用百分表检测：

径向误差≤0.08mm，轴向误差 ϕ200≤0.08mm。

如果采用刚性联轴器，径向误差≤0.03mm，轴向误差 ϕ200≤0.02mm。

8.8.4 旋紧螺栓

当上述检测全部合格时旋紧螺栓。

提供连接螺栓的规格、等级扭力表，使用力矩扳手按标准扭力旋紧螺栓，特别是联轴器铰制孔螺栓，必须使用力矩扳手旋紧。

主风机联轴器跟主减速机联轴器有同样特点，如果不按标准扭力旋紧螺栓，单颗螺栓受力不正确、一组螺栓受力不均衡，运行中出现不明原因的振动、膜片断裂、器身断裂、螺栓断裂，螺栓未旋紧是原因之一，甚至是主要原因。

8.8.5　检测和保护

设置风机进口风量、风压、风温检测，主控显示。

设置风机轴承振动、温度参数，电动机轴承、绕组温度检测，主控显示、报警、保护停机，

8.8.6　试验

安装完成后，以 30Hz 低频试机 24h 后，以 50Hz 全频、全开风门、全负荷试验，连续运行 8h 以上，检测记录轴承振动、温度、电动机负荷。

8.9　润滑加载站

钢渣磨有主电动机润滑站、主减速机润滑站、磨辊润滑站、磨辊加载站、干油润滑站，集中布置，便于使用管理。其中主电动机润滑站、主减速机润滑站为低位油箱，安装在地坑，磨辊润滑站、加载站为高位油箱，与干油站安装在地面。

所有油站的油箱、油泵、阀台一体化设计，安装工作主要是进出油管的制作、安装和对接、冷却水管的制作、安装和对接。

电气自动化设备的线缆全部集中在端子箱，与控制柜接线。

8.9.1　安装准备

工程技术人员和施工人员熟悉润滑加载系统安装图、管道走向布置图，管件、辅件清单等，按如下工序编制施工流程图：

设备基础检查验收→设备开箱检查→阀门、管材、管件准备→设备安装→管道支架制作、安装→管道切割下料→管道丝接、卡接、焊接→管道安装→管道在线酸洗→系统压力试验→调整与试运转。

8.9.2　开箱检查

设备的开箱检查，要经过建设方、设备方、施工方三方现场监督，检查规格型号、数量、质量状况，并做好开箱检查记录，三方签字确认。

8.9.2.1　资料和设备

（1）检查出厂合格证、试车合格报告、随机清单。依据随机清单，对设备、备件逐项点验、确认。

（2）油箱：检查钢板厚度、材质，实测有效容积符合设计，附件齐全、表面完整，无磕碰、刮伤、变形。

（3）检查油泵、过滤器、冷却器完好。

（4）检查确保控制系统、阀台、管路、阀门齐全。

8.9.2.2　安装用管材检查

检查确保安装用管材材质、规格、型号、壁厚符合设计要求，有下列情况之一者不

准使用：

（1）管子的内外壁表面锈蚀、腐蚀或有显著变色。

（2）表面有明显的伤口、裂痕。

（3）表面凹入深度达到管子直径10%以上。

（4）弯曲部位的最小外壁表面不规则或有锯齿形。

（5）弯曲部位的椭圆度大于10%。

（6）扁平弯曲部位的最小外径为原管子外径的70%以下。

8.9.2.3 接头及软管检查

接头及软管有下列缺陷时不准使用：

（1）加工精度未达到规定的技术精度。

（2）螺纹有伤痕、毛刺、断扣、卡涩、松动现象。

（3）软管表面有伤皮或老化现象。

8.9.2.4 法兰检查

法兰有下列缺陷时不准使用：

（1）密封面有气孔、裂缝、毛刺。

（2）沟槽尺寸、加工精度不符合设计要求。

8.9.3 油箱安装

8.9.3.1 箱体就位

检查清理油站基础，检查预埋钢板标高和水平度，确保安装误差符合标准。

用油站的电动单梁起重机吊起油站，安装到位，检查每个方向尺寸、标高、水平度，调整合格后固定。

8.9.3.2 安装允许误差

位置偏差：油箱水平方向≤5mm，标高方向≤1mm。

水平度：油箱、过滤器、冷却器、蓄能器等安装误差≤1mm/m。

8.9.4 管道安装

管道制作安装是润滑加载站安装的主要工作。

8.9.4.1 技术要求

（1）布管设计和配管，先根据润滑加载原理图，对所需连接的接头法兰做通盘的考虑。

（2）管道的敷设排列和走向整齐一致，层次分明。尽量采用水平或垂直布管方式，水平管道的不平行度应≤2mm/1000mm；垂直管道的不垂直度应≤2mm/500mm。

（3）平行或交叉的管之间应有10mm以上的空隙。

（4）配管时必须使管道有一定的刚性和抗振动能力。配置管道支架和管夹，间隔≤2m设置一个。弯曲的管子应在起弯点附近设置支架或管夹。管道不得与支架或管夹直接焊接。

（5）管道的质量不得由阀门及其他元件承受。

（6）较长的管道必须采取有效措施，防止温度变化引起应力。

(7) 一条管路由多段管道与配套件组成时，依次逐段接管，完成一段组装后，再配置其后一段，以避免焊完产生累积误差。

(8) 为减小压力损失，管道各段避免断面的局部急剧扩大或缩小以及急剧弯曲。

(9) 与接头或法兰连接的管道，必须有≥2倍管径的一段直管，即这段管子的轴心线与管接头、法兰的轴心平行、重合。

(10) 管道与管道焊接采用对接焊，不可采用插入式的焊接形式。焊接前应将坡口及附近宽10～20mm处表面脏物、油迹、水分和锈斑等清除干净。管道采用对接焊法兰，不可采用插入式法兰。管道与管接头的连接采用对接焊，不可采用插入式。

(11) 对接焊缝的截面与管子中心线垂直，焊缝截面不允许在转角处，也应避免在管道的两个弯管之间。

(12) 在焊接全过程中，防止风、雨、雪的侵袭。管道焊接后，对壁厚小于5mm的焊缝，应在室温下自然冷却，不得用强风或淋水强迫冷却。

(13) 焊缝外表均匀平整。压力管道的焊缝按20%比例抽样探伤检查。

(14) 管道配管焊接以后，所有管道按所处位置预装一次。各接口自然贴合，对中，不能强扭连接。当松开管接头或法兰螺栓时，接合面不允许有较大的错位。

8.9.4.2 管子制弯

弯管作业视管子外径大小可采取不同的弯管方法，直径小于25mm的管子可用弯管器冷撼弯，直径25～50mm的管子可用手动或电动弯管机进行冷撼弯。弯曲的管段应达到以下几项要求：

(1) 高压钢管的弯曲半径大于管子外径的5倍，其他管子为3.5倍。工作压力高时，钢管的弯曲半径增大。钢管最小弯曲半径可参照表8-3。

表8-3 钢管最小弯曲半径 mm

钢管外径		14	18	22	28	34	42	50	63	76	89	102
最小弯曲半径	冷弯	70	100	135	150	200	250	300	360	450	540	700
	热弯	35	50	65	75	100	130	150	180	230	270	350

(2) 弯管的椭圆度不超过10%。为减小弯管的椭圆度，弯管时必须用合适的胎模，必要时在管内放置芯棒。

(3) 设计压力≤10MPa的弯管，管端中心偏差值不得超过1.5mm/m，当直管长度大于3m时，其偏差不得超过5mm。其他弯管管端中心偏差不得超过3mm/m，当直管长度大于3m时，其偏差不得超过10mm。

(4) 在进行弯管作业时，应考虑在卸去弯管的外力后，已弯成的角度会弹回3°～5°，因此要求弯管多弯几度，具体需多弯的度数可由实际作业测得。弯管示意图如图8-30所示。

8.9.4.3 管路敷设

管路敷设前，应认真熟悉配管图，明确各管路排列顺序、间距与走向，现场对照配管图，确定阀门、接头、法兰及管夹的位置并画线、定位。管夹一般固定在预埋件上，管夹之间距离应适当，过小会造成浪费，过大将发生振动。管路敷设一般应遵循以下主要原则：

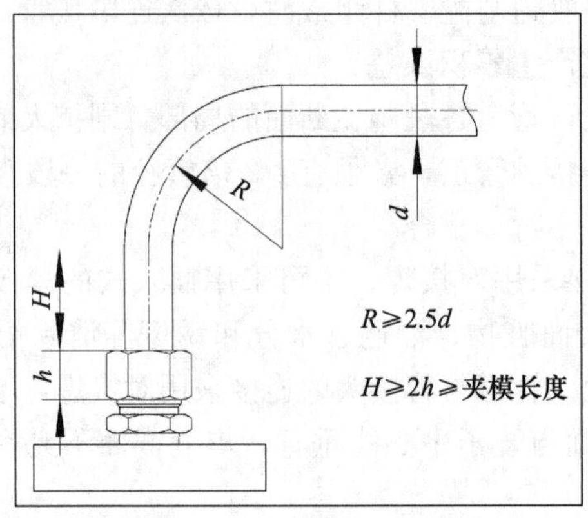

图 8-30　弯管示意图

(1) 大口径的管子或靠近配管支架里侧的管子，应考虑优先敷设。

(2) 管子尽量水平或垂直排列，整齐一致，避免交叉。

(3) 管路敷设位置或管件安装位置应便于管子的连接和检修。

(4) 敷设一组管线时，在转弯处一般采用 90°及 45°两种方式。

(5) 两条平行或交叉管的管壁之间，必须保持一定距离。当管径≤42mm 时最小管距离≥35mm，当管径≤75mm 时最小管距离≥45mm，当管径≤127mm 时最小管距离≥55mm。

(6) 整个管线要求尽量短，转弯少，平滑过渡，减少上下弯曲，保证管线的伸缩变形在合理范围内，管路的长度应能保证接头及附件的自由拆卸，又不影响其他管线。

(7) 有弧度部分不允许内连接或安装法兰。法兰及接头焊接时，与管子中心线垂直。

部分硬管对接正确与错误施工方法见表 8-4。

表 8-4　部分硬管对接正确与错误施工方法

正确	错误

8.9.4.4　软管安装

软管安装正确与错误施工方法见表 8-5。

表 8-5　软管安装正确与错误施工方法

正确	错误
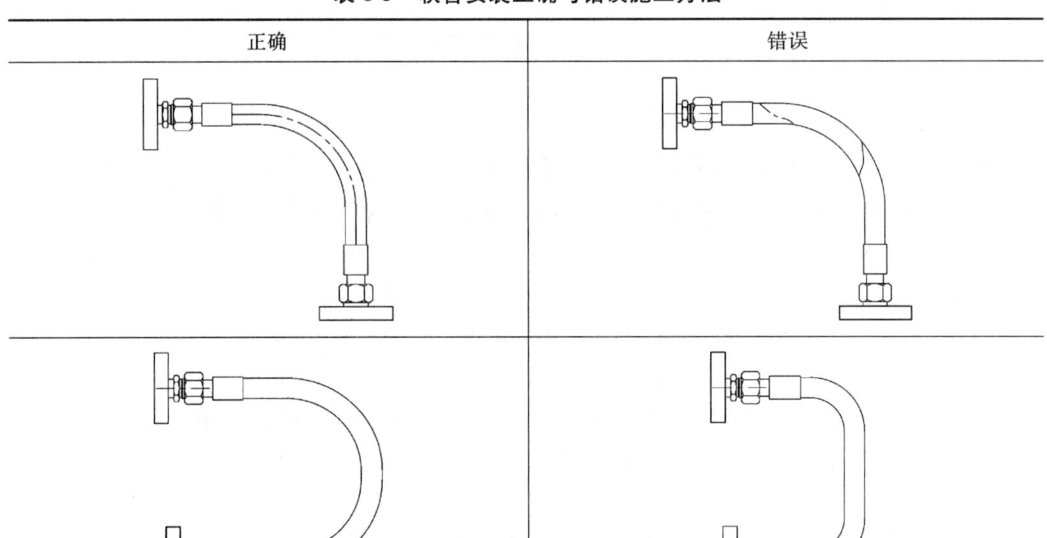	

（1）软管在接入系统前，将管内和接头清洗干净。

（2）安装时不得使其弯曲半径过小，避免管内钢丝受折。

（3）留出适当长度，以弥补软管承受液体压力后因直径胀大而造成的长度缩短。

（4）不得使软管和接头造成附加的受力、扭角、急剧转弯、摩擦等情况。

（5）不得接触高温设备和受环境高温的影响，防止加速橡胶老化。

8.9.4.5　管道焊接

（1）焊接方法：全系统管道采用氩弧焊接。

（2）焊缝位置：

直管段两对接接口间的距离不应小于 150mm，当公称直径小于 150mm 时，不应小于管子外径。

焊缝距弯管（不含定型弯头）起弯点不得小于 100mm，且不得小于管子外径。

环焊缝距支、吊架净距不应小于 50mm。

不宜在焊缝及边缘上开孔。

（3）坡口组对

管道组对时，对坡口及其内外表面应进行清理，清理范围≥10mm，清除油漆、锈蚀、毛刺等污物。

管道对接时应做到内壁平齐，内壁错边量不超过壁厚的 10%，且不大于 2mm。

8.9.5　管路冲洗

8.9.5.1　管路酸洗

管路焊接完成后进行酸洗。

酸洗有槽式酸洗、循环酸洗和灌注酸洗三种方法，钢渣磨润滑加载管道采用循环酸洗法。

酸洗工艺流程如下：

水试漏→连接循环回路→脱脂→水冲洗→酸洗→中和→钝化→水冲洗→干燥→恢复。

8.9.5.2 循环冲洗

经酸洗后的管道必须经过循环冲洗，清除各种固体污物，检验冲洗油洁净度：润滑站 9 级，加载站 8 级；使用伺服阀、比例阀的加载站，洁净度达到 5 级。置换注入工作用油后才可投入正式工作。

(1) 冲洗介质

冲洗用油一般选运动黏度较低的 10 号机械油。

(2) 冲洗油站

用独立的冲洗油站，不允许用工作油站，以免对油泵、阀台造成不可逆转的损伤。冲洗润滑管路使用 25μm 滤芯，冲洗加载、高压管路使用 10μm 滤芯。

(3) 冲洗方式

采用循环线内冲洗法。线内冲洗法是将已安装到位的管道连接成冲洗回路，利用冲洗油站冲洗，过程中换向，以加强冲洗效果。

(4) 冲洗参数

冲洗流速：冲洗流速一般应达到 3m/s 以上。冲洗流速必须使管内冲洗介质达到紊流状态，以增加对附着于壁上污染物的冲刷力，并由紊流介质携带污染物至过滤装置。

冲洗流量：冲洗油站的流量应高于额定流量。

压力：冲洗压力一般初始为 0.3MPa，每间隔 2h 升压一次，升至 1.6MPa 运行 30min，再回复到低压冲洗状态，反复调节。

振动：为彻底清除黏附在管壁上的氧化铁皮、焊渣和杂质，每隔 3～4h 用木槌、铜锤、橡胶槌或使用振动器沿管线敲打振动。重点敲打焊口、法兰、变径、弯头及三通等部位。敲打时要环绕四周均匀敲打，不得伤害管子外表面。

洁净度：检验冲洗油洁净度，合格后停止冲洗。

(5) 注意事项

冲洗工作应在管路酸洗后 1 周内尽快进行，防止管内造成新的锈蚀，影响施工质量。

设计并连接冲洗回路时，所用的临时钢管和胶管等在使用前应清洗干净。

循环冲洗连续进行，三班连续作业，无特殊原因不得停止。

冲洗管路的油液在回油箱之前需过滤，大规格管路式回油过滤器的滤芯精度可在不同冲洗阶段根据油液清洁情况进行更换，可在 100μm、50μm、25μm、10μm 等滤芯中依次选择。

定时检查滤油装置，清除被滤出的污染物，并及时取样检查油的清洁度。

冲洗取样应在回油滤油器的上游取样检查。取样时间：冲洗开始阶段杂质较多，可 24h 取样一次；当油的清洁度等级接近要求时可每 8h 取样一次。

冲洗合格后排尽冲洗油液，恢复管道安装。

及时加入工作油液。加注工作用油采用过滤油泵，润滑油滤芯精度为 25μm，液压油滤芯精度为 10μm，不可用无过滤油泵直接加注。

8.9.6 压力试验

所有油站注油完成，在投入运行前，全系统进行过压试验。

8.9.6.1 压力标准

低压润滑油压力≤1.6MPa时，试验压力为工作压力的1.5倍并不小于1.6MPa。

减速机润滑站推力瓦高压、磨辊加载站，试验压力为工作压力的1.5倍，比如磨辊最大加载压力设计为12MPa，试验压力为18MPa。

试压时，压力缓慢升高，达到试验压力后稳压60min，无压降、无渗漏为合格。

8.9.6.2 注意事项

编制试压方案，向操作人员交底。

系统中的液压站、压力传感器、管路、液压缸以及蓄能器等同步参与试验。

试压前应再次确认管路系统连接无误，并全面检查紧固一次。

压力试验中认真检查，发现问题及时停机泄压，处理故障前应再次确认泄压。处理后再次试验，直到合格。

压力试验完毕后，不得在管道上进行焊接、紧固等操作。

8.9.7 管道涂装

按有关标准和建设方统一色系，分类涂装，标注流向。

8.10 电气系统

8.10.1 接地系统

在土建基础开挖时，分别将接地极按设计要求埋设，以免遗漏，避免二次开挖。

工作接地、保护接地、防静电接地、防雷接地、自动化控制系统接地等，分别设置接地极，各自成系统，各种接地系统分别设置接地极，各系统的接地极之间的距离必须大于5m。

其中PLC总接地在主控楼系统，采用独立铜板作为接地极，与其他电气接地系统分开，接地电阻不大于1Ω。其他各子站PLC接地与主控楼PLC接地要求等电位。各接地系统在合适的地方安装接地测试盒，经过测试盒引入室内，电气和仪表接地点不少于两处。测试盒材质为304不锈钢。

接地干线明敷，应用扁钢制作固定卡子，卡子用膨胀螺栓固定在墙上，镀锌扁钢调直后点焊于固定卡子上。接地线穿过墙壁、楼板和地坪处穿钢管保护。

敷设接地干线和地下接地干线之间应备有测接地电阻用的断接点。接地干线通过建筑物的伸缩缝处必须做补偿弯。

每台设备必须用单独的接零支线接到干线，但母线支架、穿墙隔板、电缆支架、电缆保护管可以多个共用一根接零支线。

接地装置采用热镀锌型材，连接线采用40mm×4mm扁钢，搭接长度为扁钢宽度的4倍，焊接处应涂沥青防腐，接地极顶端离地面1m。

利用柜壁、井筒壁作为接地引下线，遇法兰连接或一般螺栓连接时，采用截面面积为 $50mm^2$ 软铜线进行跨接，另外设 3 根 $\phi 12mm$ 下引下线，分别在距地 0.5m 处设置断接卡，露出地面部分加角钢保护。

接地系统总接地电阻值不大于 4Ω，如不能满足要求，所有金属部件之间均应连成电气通路，正常不带电的金属外壳如水管、钢轨、金属框架均应就近连接在接地干线上，保证可靠接地。

由接地干线组成的接地干线网、接地极及其连接线的埋深不小于 1000mm。接地极埋设位置的气柜外壳与其连接线的距离不小于 3mm。

8.10.2 桥架支架制安

支架采用角钢或槽钢制作。

支架的加工制作按设计型号尺寸下料制作，严禁气焊切割；型钢支架的揻弯使用台虎钳用榔头打制或油压揻弯器用模具顶制；支架上钻孔应用台钻或手电钻，不得用气焊割孔，孔径不得大于固定螺栓直径 2mm。

每个支架的固定螺栓不少于两条。桥架的拐弯处以及与箱（盘）连接处必须加支架，安装牢固；一个吊架用两根吊杆固定，吊架用双螺母夹紧；支架焊接处刷防腐油漆，均匀严实，不污染建筑物和附近的设备。

8.10.3 电气配管穿线

保护钢管使用液压弯管器冷弯，小口径的钢管也可使用手工操作的弯管器。

所配钢管不应有折边和裂缝，管内无铁屑及毛刺，管子切断使用切割机或手工锯，切断口应锉平，管口应刮光。

管子的弯曲处不得有明显的褶皱和凹裂，弯扁度不得超过管径的 10%。

明配管采用丝扣连接，做好跨接线，严禁管口对焊；钢管进入接线盒用锁紧固定螺母，接地线可靠连接；整排配管时，管间距相等，排列整齐。

钢管在敷设完毕后对配管进行检查，在确认符合设计及规范要求之后，穿入钢丝或镀锌铁丝代线，为穿线做好准备。穿线前，每个管口应套上护口，以防穿线时拉伤电缆或导线绝缘保护层。

按规范要求的敷设长度及转弯个数加设分线箱（盒），进入控制箱（盒）及分线箱（盒）处应加设锁母，接地线连接牢固；钢管应按规范要求刷漆，要求刷漆均匀无遗漏；管线与设备连接时，应通过金属软管过渡。

穿于管内导线总截面面积（包括绝缘护层在内）不超过管内径截面面积的 40%。

动力配电箱安装，外壳用开孔器开孔，进入配电箱的管必须套丝且用锁母固定在箱子上。

8.10.4 桥架安装

电缆桥架在敷设安装前核对型号、规格、数量，检查附件是否齐全。检查结果符合施工图设计要求。电缆桥架按施工图设计的型号、规格、走向、标高、敷设方式进行敷设。

电缆桥架固定支撑点的距离符合设计要求，如设计无要求，各固定支撑点间距根据电缆桥架的规格型号，以及敷设电缆的多少确定，一般情况下控制在15～30m之间。

电缆桥架的固定支架形式应根据其敷设方式确定。设计选定固定支架形式的按设计要求，设计上没有选定的应现场制作。

电缆桥架与工艺管道共架时，电缆桥架应布置在管架的一侧，尽量避免上下敷设。

电缆桥架与各种管道平行或交叉敷设时，净距离不小于500mm。

电缆桥架过伸缩和沉降缝时应断开，断开距离以10mm为宜。

电缆桥架不得作为行人通道使用。

电缆桥架可靠接地，保证所有连接点具有良好的电气通路，在各连接处加接跨接线。

8.10.5 电缆敷设

施工程序：施工准备→放线支架制安→电缆绝缘检查→电缆敷设→电缆绝缘检查→电缆头制作→接线→检查。

施工前对电缆进行详细检查：规格、型号、截面、电压等级均符合设计要求，外观无扭曲、损坏现象。

敷设电缆前检查电缆型号、电压等级是否与设计相符；进行外观检查和绝缘测定。按实际路径计算每根电缆的长度，合理使用每盘电缆，编制电缆敷设表，排好电缆先后顺序，严禁电缆有接头。

敷设前应按设计和实际路径计算每根电缆的长度，合理安排每盘电缆。电缆敷设前应编制电缆敷设表，安排好电缆敷设先后顺序以免交叉。

敷设电缆盘应置于放线架上，放线架应放置稳妥，钢轴的长度和强度应与电缆盘的质量和宽度相适应。电缆敷设时，必须注意绑扎点受力状况，不得损伤电缆的绝缘层和芯线截面。

电力电缆在终端头与接头附近留有备用长度；在易受到机械损伤的地方加保护管。保护管埋入非混凝土地面的深度不小于100mm，伸出建筑物散水坡的长度不小于250mm。

电缆在转弯处应用电缆扎带固定；敷设时，不允许发生交叉情况；弯曲半径符合规范要求。

电缆敷设全程打码，两端、转弯处挂电缆标志牌。电缆标志牌的内容包括电缆线路编号、电缆规格型号、起点、终端，挂装牢固。

敷设电缆时，注意电缆允许敷设最低温度不得低于规范要求，电缆盘置于放线架上，放线架放置稳妥。

电缆弯曲半径不应小于电缆外径10倍。

送电运行：按规范要求做各项试验，试验合格，送电空载运行24h。

8.10.6 盘柜安装

施工检查：各种盘、柜、箱安装前检查型号、规格等与设计是否相符，器件有无损坏，附件是否齐全，技术资料是否完整。

施工人员熟悉设计图纸及随机文件，掌握设备技术性能参数及安装要求。

按照标准图册用槽钢制作底座，槽钢截断应使用锯、切割机，钻孔采用电钻，不得使用气焊切割。

在平板胎具上焊接，焊接平整牢固，焊后无变形。

底座加工好后除锈防腐、安装牢固、接地可靠，水平度误差≤1/1000。

设备运输搬运过程中做好保护措施，以防擦伤影响安装质量。

成套高低压柜安装柜底与型钢底座连接采用镀锌螺栓固定，接地牢靠。柜子安装水平度、垂直度误差≤1/1000。

引入柜内的电缆和导线排列整齐、避免交叉、固定牢靠，电缆端头悬挂标志，标明电缆规格型号、始终位置、电缆芯线种类，导线端部标明编号并与图纸一致，字迹清晰不易褪色。

柜内电气元件整齐完好、固定牢靠，操作部分运作灵活准确。

安装完成后根据产品技术要求进行试验，并做好试验记录。

由盘、柜、箱引入引出电缆，保护钢管处使用锁紧螺母固定，做可靠接地。

8.10.7 设备加电

8.10.7.1 准备工作

（1）每台用电设备指定一名负责人，组织加电前准备工作。

（2）加电人员仔细阅读电气原理图，熟练掌握设备操作。

（3）检查控制柜内元器件是否完好。

（4）再次测量一次回路电缆、各主回路电缆的绝缘值是否达标。

（5）接线完毕后，对照接线图认真校线，排除接线故障。

（6）用警示带将需加电设备围起，设立加电区域，非加电试验人员未经许可不得进入该区域。

（7）在负责人确认具备加电条件后方可进入加电阶段。

8.10.7.2 加电阶段

（1）所有人员听从负责人指挥，确认设备及人员的安全。

（2）严格按照原理图分级加电，上一级保证无误后下一级方可加电。

8.10.8 电动机检查和接线

按规范要求，对高低压交流电动机进行检查和试验。

电动机接线前应了解设计图纸的接线电路图，接线时可按电动机接线盒内的接线图连接。电动机应该有可靠的接地（或保护接零），接地线一般借助配线用的钢管用软电线或裸电线来实现，也可以由接地母线单独引入接在电动机的金属底座上。

8.10.9 电动机试运转

电动机安装和接线完毕后，试运转前进行下列检查：

（1）拆开电动机与驱动设备，如减速机的联轴器。

（2）电动机单体安装、检查结束。

（3）电动机控制回路等二次电路的调试完毕、工作正常。

（4）盘动电动机转子时转动灵活，无碰卡现象。

（5）电动机主回路系统的全部连接线固定牢固，无任何松动。

电动机的试运转在空载情况下进行，运行时间为 2h。在试运转时，监视电动机的空载电流是否正确、平稳，相序是否平衡，并做记录。还应检查下列项目：

（1）电动机的旋转方向是否正确。若不正确则调向解决。

（2）电动机运行的声音符合要求，即无摩擦声、尖叫声、卡碰声及其他不正常的声音，否则应停机检查。

（3）电动机轴承绕组温度是否正常。

8.10.10　试验

电气系统安装完成，请有资质的专业试验机构进行高压试验，出具试验合格报告，高压送电。高低压开关柜控制电源送电，空载动作调试合格。

8.11　热风系统

热风系统主要包括热风炉、混风室、热风管道、磨机本体、出粉管道、收粉器、净风管道、主风机、循环风管道、烟囱。

燃气热风炉安装结束，尽快组织烘炉和试车，为系统试车做好准备。

8.11.1　热风炉

目前，燃气热风炉在制造厂砌筑内保温耐火砖，配好燃烧器、助燃风机、电气控制设备等，随主机以整机方式出厂发货。软件程序根据现场实际情况编写调整后，热风炉制造商工程师调试前现场安装。

8.11.1.1　安装

安装前的检测：

检查热风炉规格型号是否与设计一致。

检查烧嘴类型是否与燃气热值、供气压力匹配。

检查炉膛是否为双层耐火材料结构（内层为高铝耐火砖，外层为轻质绝热砖或灌注料）。

检查旋风预热通道是否顺畅。

检查混凝土底座预埋板标高、水平度。

吊装热风炉，安装就位，底座焊接牢固。

安装燃烧器、助燃风机。

电器接线，所有接线端子、线路保护均为防爆设计。

对接燃气管道，安装燃气阀台。

燃气阀台包括密封阀、隔断阀（盲板阀）、防爆排水器、快切阀、流量阀、流量计等。安装完成后做耐压试验，吹扫管道阀门。

安装燃气安全检测，做有效性试验。

安装防雨篷，防雨篷遮盖阀台、热风炉本体、混风室。

8.11.1.2 烘炉

热风炉安装完成，热风管道连通，在系统主机设备调试前及时烘炉，防止耐火砖长期受潮膨胀变形。烘炉目的：一是除去热风炉内保温砌体水分，以合理的升温速度达到工作温度，保证热风炉耐火材料长期使用，保证热风炉安全运行；二是为钢渣磨系统试车做准备。

（1）准备工作

技术指导：热风炉制造商的专业人员到达现场。

人员配备：每班不少于 2 人，由施工方和建设方共同组成。

工具准备：记录本、对讲机、测温枪、电工机修工具。

消防急救：现场配备灭火器和必需的急救防护用品。

（2）烘炉

烘炉热量有限，热风可不通过磨机、收粉器和主风机，临时用循环风管道，从热风炉出口反向流进烟囱，调节循环风阀门或热风炉尾端的人孔控制火势、温升速度和炉膛温度。

打开热风炉尾端人孔，在炉膛内堆积木柴，点燃蘸柴油的木杆拖把，形成稳定火焰后引燃木柴。按照温升计划表，实时测量和记录炉膛温度，添加木柴，控制温度。

编制烘炉温升计划，见表 8-6。

表 8-6 热风炉烘炉温升计划

温度范围	所需时间/h	恒温时间/h	升温速度℃/h
0～<150℃	48		10
150℃		24	
>150～<600℃	48		20
600℃		24	

烘炉过程中严格按照温升曲线逐步升温，提前做好记录表，按时记录炉温。

按烘炉温升曲线（图 8-31）执行烘炉计划。

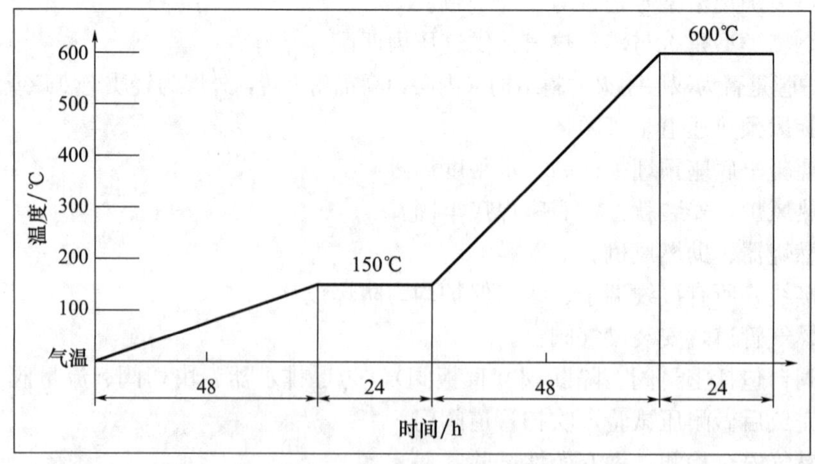

图 8-31 烘炉温升曲线（6d）

烘炉升温过快导致砌体结构中水分来不及逸出，体积膨胀产生变形和损坏。烘炉过程中，发现升温过快等问题及时予以整改，严格按烘炉计划和烘炉曲线实施。

烘炉停止后关闭炉门，炉温缓慢下降至自然气温，进入炉内检查炉壁耐火材料情况，如出现开裂、耐火砖或浇铸料脱落现象，用高等级浇铸料及时填补修复。

为确保烘炉温升曲线，建议采用木材烘炉，需木材 6～8t。

钢渣粉立磨生产线在设备安装过程中，设备包装的底托、框架大部分为木质结构，拆卸时及时收集，堆放在热风炉附近防雨保存，基本上满足烘炉所需。

8.11.1.3 调试

烘炉后检查处理热风炉存在的问题，进行点火调试。

点火用低燃点气体燃料，通过自动点火系统引燃燃烧器主燃气。

热风炉燃气管道基本配置为①防爆排水器、②气动快切阀、③电动密封阀、④电动隔断阀（盲板阀）、⑤燃气流量调节阀、⑥流量计、⑦放散阀等，如图 8-32 所示。

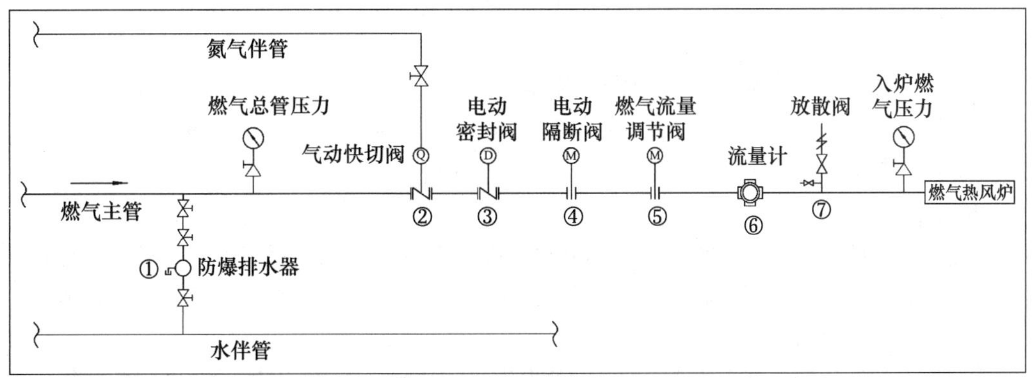

图 8-32 燃气控制流程

当燃气管道安装吹扫结束，管道气体介质置换、燃气通气完成，检测所有阀门动作是否正常，检测电气控制是否正常，发现问题及时处理，问题处理完后方可点火操作。

（1）点火启动

启动助燃风机。由于风机为变频控制，进口调节阀开度 100%，全频吹扫炉膛 3min。

将助燃风机降频，控制炉膛负压在－100～－50Pa 之间，之后进行点火操作。

燃气流量调节阀位于“0%”位，打开隔断阀门组，压力表显示现场燃气压力在正常范围内则可启动点火操作。

手动打开点火燃气阀门，按下点火启动按钮，高压点火器点火，控制柜内的延时继电器开始计时，计时时间为 20s（时间可调），同时点火器内的火焰检测探头检测火焰，如果在 20s 内未检测到火焰，则点火不成功，查明原因并处理后，重新启动点火程序。

如果在 20s 内检测到火焰，则徐徐打开燃气调节阀，同时调节助燃风机频率，使炉膛内温度稳定缓慢升高。

热风炉正常工作后，根据出口烟气温度调节燃气阀开度，温度低时，开大调节阀，温度高时，关小调节阀，根据空燃比调节助燃风机频率，使燃气在燃烧器内充分燃烧。

停车情况下关闭气动切断阀，联锁关闭点火切断阀，再关停相关设备。

（2）熄火停炉

8h以内短期停炉，先停止电动密封阀和燃气流量调节阀，停止点火燃气管道上的切断阀；随后进行停机操作，最后开启助燃风机吹扫炉膛余气。

8h以上长期停炉，先停止电动密封阀和燃气流量调节阀，停止点火燃气管道上的切断阀；随后进行停机操作，开启助燃风机对炉膛余气吹扫；最后关闭隔断阀门组。

若人员进入炉内检修，关闭所有阀门，用助燃风机吹扫10min，切断电源，挂牌锁定，办理有限空间作业票，检测确认炉内有害气体合格，必须两人在携带CO检测仪、有监护人的情况下方可进入。

（3）应急处理

①突然停电

立即关闭所有设备的电源开关，防止来电后自动合闸。

立即汇报主控，通知电工查找停电原因。

为防止长时间停电造成灭炉，通过探视孔观察炉内情况。

②突然停气

立即汇报主控，通知人员查找停气原因。

关闭密封阀，迅速将燃气流量调节阀调到“0%”位。然后做停炉处理。

8.11.1.4 操作规程

特别警告：

无论使用哪种类型的燃气，燃气热风炉所有操作必须两人或两人以上，携带气体检测报警仪，现场安装固定检测报警器、备有急救呼吸器、干粉灭火器，方可允许点火操作。

（1）点火前的检查

目前，大部分新建燃气热风炉具备智能化一键启动、自动点火、自动运行功能，早期的燃气热风炉可以进行智能化改造，因此，启动前的检查更加重要。热风炉点火前应对热风炉本体、附件、仪表和设备进行检查。

热风炉炉体及内部装置齐全、完好，污垢清理干净，无异物遗留在炉膛内，管路、法兰、接口和螺栓无松动，跨接导线无脱落、松动、缺失。

热风炉、附件和仪表：压力表、安全阀、超温报警器、超压报警器符合有关规定，温度、流量及测量仪表准确、可靠。

燃烧器、助燃风机等热风炉设备正常工作，燃气管道、进出管道及各种阀门按有关规定调整符合要求。

确认氮气压力在0.6～0.8MPa之间，确认燃气压力在正常范围（不同地区、不同种类有不同的压力范围。仅转炉煤气，不同钢铁企业有不同压力范围，分别有6kPa、12kPa、16kPa等，相对来说高压系统燃烧稳定）。

确认电动密封阀关闭状态，燃气流量调节阀在“0%”位。

打开隔断阀。

电动隔断阀的操作必须一人监护、一人操作。

打开放散阀，启动助燃风机吹扫炉膛。

打开电动密封阀，打开气动快切阀。

打开引火气源气瓶手动阀门。

（2）启动热风炉

在主控电脑点热风炉区域，弹出热风炉操作界面，点一键启动。

热风炉首先启动引火系统，当燃烧稳定后启动燃烧系统。

火焰检测器检测燃烧器火焰稳定，炉膛温度升到 800℃以上，引火系统自动关闭，现场操作员关闭引火气瓶手动阀门。

热风炉点火后必须密切观察炉膛温度、燃烧器运行情况。

燃烧正常，关闭放散阀。

确认热风炉与磨机运行联锁状态，热风炉由系统智能控制，自动运行。

（3）关闭热风炉

①正常关闭

在主控电脑点开关闭热风炉按钮，点击确认。

热风炉进入自动关闭程序，依次关闭：

燃气流量调节阀调至“0％”位，燃烧器熄火，打开放散阀，关闭密封阀，关隔断阀。

助燃风机降频运行，冷却炉体，降低到设置温度，自动停机。

②紧急关闭

燃气输送和控制设备损坏漏气，危及人员安全，造成事故隐患，立即关闭热风炉，关闭上一级隔断阀。

热风炉在运行中，遇到表 8-7 所列情况之一时应紧急停炉。

表 8-7　热风炉主要报警停机设定值

序号	位置	报警	停机	单位	备注
1	燃气总管压力	＜4	＜2	kPa	燃气快切阀关闭
2	氮气总管压力	＜0.4	＜0.2	MPa	热风炉停机
3	热风炉炉膛温度	＞1100	＞1250	℃	热风炉自动降温
4	热风炉炉膛压力	＞－50	＞0，10s	Pa	燃气快切阀关闭

燃气总管压力太低，为避免回火、其他高压力气体串入，设置低压报警和低压切断保护。

氮气是系统保护、吹扫置换、气动阀门的动力来源，当氮气失压时，快切阀自动关闭。

炉膛温度过高，耐火材料热熔脱落，造成热风炉本体严重损伤，因此设置高温保护。

为避免高温热风向炉体外喷射，预防事故发生，热风炉严禁正压运行，一旦炉膛出现正压，立即停机。热风炉紧急关闭后首先排查故障。

燃气区域发生设备故障，关闭隔断阀后，只允许经过培训合格的专业人员戴空气呼吸器，带便携式气体检测仪进入作业现场，使用防静电专用工具，首先用氮气吹扫置换，经燃气检测仪检测可燃气体含量降到安全标准，开始检查、处理故障，恢复设备功能。

整个钢渣磨系统存在重大安全隐患的区域是热风炉，热风炉的操作事关生命安全，应严格执行操作规程，杜绝违章指挥、违章操作，避免发生人身伤害事故。

8.11.1.5 危险源辨识与控制方法（表 8-8）

表 8-8 危险源辨识与控制方法

重要环境因素和主要危险源	影响	控制方法
主要危险源：燃气中毒	对人伤害	按规定穿戴劳保用品，消除泄漏
主要危险源：高温	对人伤害	按规定穿戴劳保用品
主要危险源：高空	对人伤害	执行安全操作规程
主要危险源：灼伤	人身伤害	严格按规定穿戴劳保用品
重要环境因素：烟气排放	影响人身健康、污染空气	严格执行操作规程和安全规程，穿戴劳保用品
主要危险源：风机机械损伤	对人伤害	执行安全操作规程
主要危险源：氮气窒息	对人伤害	执行安全操作规程
主要危险源：触电	对人伤害	执行安全操作规程

8.11.2 混风室

混风室尽可能设在炉膛出口，与热风炉为一体式结构，或炉膛出口高温热风直接进入混风室，炉膛出口高温热风与循环风混合后，工作热风出混风室。

混风室包括热风进口、循环风进口、应急冷风阀及工作热风出口。

应急放散阀是高温阀，耐温≥600℃，开口向上，有防雨帽，高于热风炉本体，放散阀可安装于混风室，也可安装于炉尾，根据现场情况确定。

应急冷风阀开口向下，也可用助燃风替代，根据现场情况确定。

正常工作时应急放散阀和应急冷风阀均为常闭状态，停机或故障保护停机时，两个阀门迅速自动打开。

8.11.3 热风管道

热风管道包括热风炉到混风室 1000℃的超高温管道、混风室到入磨口 350℃的高温管道、磨机本体、出粉管、收粉器、洁净风管、循环风管、烟囱。

按设计最大系统风量，所有热风管路设计风速≤15m/s（出粉管＞15m/s），以此计算有效通风面积。管道通风面积是指扣除内保温层后的有效面积。在设计时充分考虑保温层厚度，在非标制作前再次审图、核算，如有失误立即修改，避免返工。

管道钢板厚度和加强圈足够，确保管道不变形。所有开口、分叉处均设计补强圈和拉结筋。如图 8-33 所示，正在制作的非标热风管道，开口缺失补强圈，开口两侧缺失加强圈，主管与支管对接处缺失拉结筋，高温管道在使用中冷热变形、开口处受压力、拉力及剪切力变形，管道开口处在短时间就会损坏，负压管道漏风造成热量损失，正压管道向大气喷射高温气流，浪费热量，造成安全隐患，甚至发生人身伤害事故。

热风炉出口管道温度差大，热胀冷缩变形量大，为避免管道、补偿器伸缩损坏，设置管托＋滚动支座，其余管道支撑均为管托＋滑动支座。关于管道与管托、管托与支座之间的关系，一定要明确管道与管托之间焊接固定，管托与支座之间滑动或滚动连接。

当前，仍有设计人员对管道支撑认识不足，设计标注不清或标注错误，现场施工错误现象比比皆是，经常发现管托与支座焊接，管托与管道滑动，运行中造成管道保温层因拉伸收缩而损坏脱落，如图 8-34 所示。

图 8-33 缺失补强圈和拉结筋

图 8-34 管道与管托滑动的错误施工

安装前检查补偿器材质和波节数量，材质均为不锈钢材质，热风炉出口、磨机进口不少于 5 个完整波节，其他不少于 3 个完整波节。避免使用容易损坏的滑动式补偿器（图 8-35）。

8.11.4 保温和耐磨

8.11.4.1 热风炉

热风炉本体隔热保温，按技术协议要求采用双层绝热保温，制造厂在出厂前完成施工，到达现场和安装前检测确认。

图 8-35 损坏的廉价滑动式补偿器

8.11.4.2 高温管道

热风炉出口到混风的高温管道，最高工作温度可达 1000℃以上。

内保温采用硅钙绝热板，厚度≥50mm＋喷涂 100mm。

硅钙板铺设严密、固定牢固，避免出现缝隙和松动；锚固钩、支护网均为不锈钢材质，焊接牢固、全面覆盖，避免使用碳钢材质，避免间断式挂网，在高温环境里软化变形，造成喷涂脱落、烧蚀剥离。

确保喷涂或涂抹层厚度≥100mm。内保温施工前，在管道按 $1m^2$ 均匀点焊 $h=150mm$ 钢筋，喷涂后未见钢筋外露。

内保温设计不正确、施工不规范，调试完成后使用不到 3 个月，热风炉到混风室的管道因保温层脱落已经彻底烧毁，如图 8-36 所示。热风管道被烧毁的现象，在运行现场经常出现，尤其是热风炉到混风室超过 5m 的热风管道。因此混风室设置在炉膛出口与炉膛设计为一体结构，是十分必要的。

图 8-36 烧毁的热风管道

8.11.4.3 混风室

来自炉膛的高温热风最高温度达1000℃以上，循环风进入混风室与热风炉高温热风混合，增大风量的同时，风温降到350℃以下，成为工作用风。混风室有部分高温工作面，因此全部按高温管道采取内保温措施：

内保温采用硅钙绝热板，厚度≥50mm+喷涂100mm。硅钙板铺设严密、固定牢固，避免出现缝隙和松动；锚固钩、支护网均为不锈钢材质，焊接牢固、全面覆盖，避免使用碳钢材质，避免间断式挂网，在高温环境里软化变形，造成喷涂脱落、烧蚀剥离。

混风室与热风炉一体设计，无须采取保温措施。

8.11.4.4 入磨及循环风管道

（1）混风室到磨机入口热风管道工作温度在200～350℃，做内喷涂或涂抹保温施工，涂层厚度≥100mm，锚固钩焊接牢固、支护网全面覆盖，外保温。

（2）循环风管道。循环风温度保持在90℃左右，做有效外保温。

8.11.4.5 磨机本体

燃料价格不断上升，导致制粉行业热耗费用占比升高，为降低热耗，已经有磨机制造商采取整机内耐磨保温涂层施工措施，施工后的下机体、中机体、上机体内壁光滑整齐，保温和耐磨效果较以往局部焊接钢制耐磨板方式有显著改善，如图8-37所示。

图8-37 磨机本体做整机内耐磨保温涂层

磨机本体是散热面积最大的单体设备，当前，燃料成本已经上升为制粉行业生产费用的主要部分，远高于电耗费用、机物耗费用和人工费用，减少热量散发、降低热损失已是制粉行业的当务之急。大部分磨机制造商仅做局部耐磨处理，鉴于热耗成本升高的客观现实，建议如下：

从入磨风口到下机体底板、侧板、中机体、上机体、出粉管到收粉器进口，全系统做内耐磨保温涂层。一是减少设备本体冲刷磨蚀，延长设备使用寿命，二是降低热耗、节能减碳、增加效益。

做磨机本体耐磨保温涂层，锚固钩焊接牢固，支护网固定稳固，涂层材料兼顾保温与耐磨，选择优质产品。否则，由于磨机振动较大，涂层易脱落。

8.11.4.6 磨内部分

螺旋铰刀磨内部分，机体外壳一定要做好耐磨处理。

耐磨材料质量不好、措施设计施工不当、涂抹不密实，耐磨涂层短期被冲刷磨蚀，外壳很容易短期被磨穿，如图 8-38 所示。

图 8-38 磨穿的螺旋铰刀外壳

8.12 成品系统

8.12.1 提升输送

8.12.1.1 空气斜槽输送机

避免低价采购、散件进场的空气斜槽输送机，透气布的密封性能在很大程度上决定了设备是否好用、耐用。

空气斜槽输送机为分段预装配到场，在收粉器下、输送通廊和成品仓库顶部现场组装。安装时应特别注意以下几点：

（1）与进出法兰连接施工时，如果动用电气焊，切记保护好透气布。一旦透气布被烧，投入运行后，从透气布向气道漏粉，很快就会堵塞整个输送线。

（2）分段对接时，使用专用成套密封橡胶垫，禁止用橡胶条拼接，密封垫两面涂好密封胶，对接螺栓一次紧固到位，不得再次调整。

（3）气道的每个进气口安装手动阀门，初始处于全开位置，根据实际运行情况适当调节阀门开度，确保整机物料输送流畅，无局部流动缓慢甚至滞留现象。

8.12.1.2 成品斗式提升机

成品斗式提升机采用钢丝胶带式。

用提升楼的单梁起重机吊装部件，机体初步安装完成，检测整机垂直度、驱动滚筒和改善滚筒水平度。如果安装误差超限，应调整固定。

合格后安装钢丝胶带，安装料斗，注意料斗锚爪螺栓、碗形垫圈和螺栓的正确配置，全部双螺母固定。

试运行后，料斗螺栓全部再次紧固，点焊固定。

8.12.2 成品仓

成品仓由混凝土底座、钢结构筒体、仓内减压锥、仓底斜坡、流化充气板，以及仓顶安全检测设备组成。

注意仓顶的单向释压门开门方向，单向外开。

雷达料位计按实际测量有效高度设置参数，以免显示仓位与实际仓位不符，配置吹扫装置、气源和电磁阀，定时吹扫和检查维护时手动吹扫。

音叉料位开关作为仓满报警设备，关系到成品仓运行安全，安装后应工作可靠。

仓内施工结束，彻底清理是一项重要工作。

所有安装剩余材料、工具，建筑模板、模板支撑固定件、剩余建筑材料，必须彻底清理干净，经反复检查、确认，没有遗留，方可封闭仓下位置的人孔。

成品仓一旦封闭人孔，即便清空，也应尽量避免打开，更要严禁进入仓内作业，有资质的专业清仓队伍除外。

如果清理、检查不彻底，投入运行后，一旦发生遗留脱落，维修处理十分困难且危险，如图 8-39 所示。

图 8-39 脱落的模板落入装车设备

8.12.3 装车设备

装车设备在成品仓底，密封、安全放在首位。施工时，各处法兰连接密封性能良好，严禁跑冒滴漏及扬尘污染。

实现一键自动化装车，或者更先进的智能化无人装车。

客户信息、车辆信息、装车计量等数据，与公司财务、销售、门禁等部门实施实时传输、在线通信、有效管理和控制。

8.13 单机试车

单机试车由施工方组织，施工方和设备制造商实施，建设方跟踪监督和学习。

8.13.1 试车条件

机械电气设备安装完成，具备开机条件时可组织单机试车。

装机负荷较小的设备，可以使用临时电源试车；装机负荷较大的设备，必须等电气设备试验合格、投入运行、系统供电后进行单机试车。

机械设备固定、连接螺栓旋紧，联轴器同轴度检测合格，润滑油、润滑脂已加注，检查加注记录，检查确认品种、规格、油位正确。

电气设备检测接地、绝缘合格，接线端子两端码号与设计相符、压线紧固，动力电缆规格等级正确、相序正确、压接螺栓紧固。

最容易疏忽的是主电动机转子接线，是否使用高压电缆。

保护开关、急停开关经无负荷试验安全可靠。

安全防护设施符合标准，护栏、护罩齐全牢固。

检测、报警设施齐全、安全可靠。

8.13.2 单机试车

电气系统调试完成，高低压送电，现场操作箱转换至“本地”，在本地启停控制。

按工艺线，编制设备清单，依次试车。

单机设备调试清单见表 8-9。

表 8-9 单机设备调试清单

序号	设备名称	安装位置	开机时间	停机时间	故障情况	备注
1	振动电动机	尾渣仓底				
2	皮带秤	尾渣仓底				
3	胶带输送机	输送通廊				
4	电磁除铁器	输送通廊				
5	螺旋输送机	喂料楼				
6	返料提升机	喂料楼				
7	组合除铁器	喂料楼				

续表

序号	设备名称	安装位置	开机时间	停机时间	故障情况	备注
8	回转锁风给料机	喂料楼				
9	主电动机润滑站	油站				
10	主减速机润滑站	油站				
11	磨辊润滑站	油站				
12	磨辊加载站	油站				
13	干油润滑站	油站				
14	辅传系统	磨机房				
15	主电动机及传动	磨机房				
16	密封风机	磨机房				
17	选粉机	磨机房				
18	助燃风机	热风炉一侧				
19	气动快切阀	热风炉一侧				
20	燃气流量调节阀	热风炉一侧				
21	放散阀	热风炉一侧				
22	冷风阀	混风室				
23	循环风阀	循环风管道				
24	排放阀	排放管道				
25	喷水系统	磨机前				
26	收粉器	收粉器主楼				
27	主风机	收粉器后				
28	空气斜槽	收粉器主楼 成品通廊 成品仓顶				
29	成品斗式提升机	成品仓前				
30	装车系统	成品仓第				
31	其他					

依次开机，每台设备开机后保持连续运行 24h。中途出现故障，排除后重新启机，重新记录连续试机时间。

每台设备机旁全程有人值守，出现异常立即停机。

8.13.3 问题整改

对试车中发生、发现和存在的问题一一整改。

8.14 分组试车

分组试车由施工方组织，施工方和设备制造商实施，建设方跟踪监督和学习。

分组试车在主控电脑操作，现场监护。

PLC、主控操作程序安装，完成打点调试，子系统划分清楚，设备编组确定，完成主控自动化程序试运行，进行分组试车。

8.14.1 编制调试清单和启停机顺序

按组系统，编制组系统设备调试清单（表 8-10）和启停机顺序。

表 8-10 编制组系统设备调试清单

组名称	序号	设备名称	安装位置	开机时间	停机时间	备注
原料组	1	振动电动机	尾渣仓底			
	2	皮带秤	尾渣仓底			
	3	胶带输送机	输送通廊			
	4	电磁除铁器	输送通廊			
	5	螺旋输送机	喂料楼			
返料组	1	返料提升机	喂料楼			
	2	组合除铁器	喂料楼			
	3	回转锁风给料机	喂料楼			
润滑加载组	1	主电动机润滑站	油站			
	2	主减速机润滑站	油站			
	3	磨辊润滑站	油站			
	4	磨辊加载站	油站			
	5	干油润滑站	油站			
磨机组	1	辅传系统	磨机房			
	2	主电动机及传动	磨机房			
	3	密封风机	磨机房			
	4	选粉机	磨机房			
	5	喷水系统	磨机前			
热风组	1	助燃风机	热风炉一侧			
	2	气动快切阀	热风炉一侧			
	3	燃气流量调节阀	热风炉一侧			
	4	放散阀	热风炉一侧			
	5	冷风阀	混风室			
	6	循环风阀	收粉器主楼侧			
	7	排放阀	收粉器主楼后			
成品组	1	收粉器	收粉器主楼			
	2	主风机	收粉器主楼后			
	3	空气斜槽	收粉器主楼 成品通廊 成品仓顶			
	4	成品斗式提升机	成品仓前			
	5	装车系统	成品仓底			
	6	其他				

8.14.2 系统组试车

单机试车后，存在的问题处理完成，现场清理干净。

检查组设备周边安全设施齐全，专人现场监护。

现场操作箱转换至“远程”，对讲机通知主控。

主控在主控电脑点开“组起界面”，检查组系统“备妥”全部到位，所有报警复位消除。

点击启机告警，告警结束，点组起。

每台设备现场全程有人值守，出现异常立即报告，主控系统“组停”。

发现问题及时处理，处理完成继续组试车，直到每组无故障，保持连续运行 24h 后主动停机。

8.15 联动试车

联动试车的目的：为负荷试车、生产运行做准备。

机械电气设备安装工作全部完成，经过单机试车，出现的问题已经处理，所有设备连续稳定运行 24h。

经过组系统试车，系统组启、组停正常，联锁控制稳定可靠，启停顺序、延时时间合适，延时方案正确，可以进行联动试车。

联动试车不投料，空负荷试机运行。

8.15.1 组织方案

联动试车由建设方组织实施，施工方和设备制造商提供试车方案、现场指导。

建立组织机构。各负其责、责任明确、坚强有力的组织机构是保证联动试车顺利进行的关键措施。

8.15.1.1 组织机构

项目总指挥：建设单位负责人。

现场总指挥：建设方生产线负责人。

工艺负责人：建设方和施工方工艺工程师。

设备负责人：建设方和施工方设备工程师。

电气负责人：建设方和施工方电气工程师。

安全负责人：建设方和施工方专职安全员。

岗位员工：经过三级培训和岗位技能培训的合格员工。

其他：后勤服务等人员。

8.15.1.2 参加单位

工程总包方，施工方，建设方采购部、工程部、设备部、安环部等部门，运行业主和其他辅助部门。

8.15.2 系统划分

钢渣粉生产线主要包括 8 个子系统，系统划分和每个系统设备情况如下：

（1）上料系统

尾渣仓出料锥、仓壁振动、棒条阀、皮带秤、上料皮带、电磁除铁器等。

（2）返料系统

返料斗式提升机、三通、双级组合除铁器、锁风给料机、铁粒仓＋废渣仓等。

（3）磨机系统

入磨螺旋铰刀、辅传系统、密封风机、主电动机、主减速机、磨盘磨辊、选粉机、喷水系统等。

（4）润滑加载系统

主电动机润滑站、主减速机润滑站、磨辊润滑站、磨辊加载站、干油站等。

（5）成品系统

收粉器、空气斜槽输送机、取样器一用一备、成品斗式提升机一用一备、仓顶空气斜槽、仓顶除尘器、卸料阀、料位计、料位开关，仓底流化、一键自动装车系统等。

（6）热风系统

主风机、热风炉、管道阀门等。

（7）电气自动化系统

高压系统，含进线柜、开关柜、变频柜、启动柜、补偿柜、变压器等。

低压系统，含直流屏、进线柜、开关柜、补偿柜、现场操作箱。

自动化系统：PLC 系统、主控电脑操作系统。

照明系统、网络、通信、监控系统。

（8）公辅系统

循环水系统、压缩空气系统、化验和办公设施。

8.15.3 联锁清单

联锁清单的编制，依据工艺设计参数、设备说明书和自动化程序设计，按照工艺线流程，本着后一级设备出现问题保护前一级设备、次要设备出现问题保护主要设备的原则，编制后经工艺工程师审核确认，自动化工程师输入控制程序。

表 8-11 联锁清单

序号	名称	工艺点	报警保护停机参数	保护停机设备
1	空压站	压缩空气压力	≤0.5MPa 报警启备，≤0.3MPa 停机	停主风机，停收粉器，停主电动机，升辊，停上料系统
2	减速机润滑站	低压供油压力	＜0.12MPa 报警启备，＜0.1MPa 停机	停主电动机，升辊，停上料系统，返料外排
3		高压供油压力	一路≤3MPa 或≥12MPa，相邻压力差≥3MPa	停主电动机，升辊，停上料系统，返料外排
4		油箱油位	≤300mm 报警，≤200mm 保护停机	停主电动机，升辊，停上料系统，返料外排
5	主电动机润滑站	供油压力	＜0.12MPa 报警启备，＜0.1MPa 停机	停主电动机，升辊，停上料系统，返料外排
6		油箱油位	≤300mm 报警，≤200mm 保护停机	停主电动机，升辊，停上料系统，返料外排

续表

序号	名称	工艺点	报警保护停机参数	保护停机设备
7	主电动机	绕组温度	＞110℃报警， ＞120℃停机	停主电动机，升辊，停上料系统，返料外排
8		轴承温度	＞65℃报警， ＞75℃停机	停主电动机，升辊，停上料系统，返料外排
9	主减速机	推力瓦温度	＞60℃报警， ＞70℃停机	停主电动机，升辊，停上料系统，返料外排
10		高速轴承温度	＞75℃报警， ＞85℃停机	停主电动机，升辊，停上料系统，返料外排
11		振动检测	≥2.5mm/s报警， ≥5.0mm/s停机	停主电动机，升辊，停上料系统，返料外排
12	选粉机电动机	绕组温度	＞110℃报警， ＞120℃停机	停选粉机，停主电动机，升辊，停上料系统，返料外排
13		轴承温度	＞75℃报警， ＞85℃停机	停选粉机，停主电动机，升辊、停上料系统，返料外排
14	选粉机	上轴承	＞75℃报警， ＞85℃停机	停选粉机，停主电动机，升辊、停上料系统，返料外排
15		下轴承	＞100℃报警， ＞110℃停机	停选粉机，停主电动机，升辊、停上料系统，返料外排
16	主风机电动机	绕组温度	110℃报警， 120℃停机	停主风机，停主电动机，升辊，停上料系统，返料外排
17		轴承温度	75℃报警， 85℃停机	停主风机，停主电动机，升辊，停上料系统，返料外排
18	主风机	振动检测	≥2.5mm/s报警， ≥5.0mm/s停机	停主风机，停主电动机，升辊，停上料系统，返料外排
19	热风炉	氮气压力	＜0.3MPa 连续1min停机	停热风炉，主风机降频，停主电动机，升辊，停上料系统
20		炉膛压力	＞－50Pa报警， ＞0Pa连续10s停机	停热风炉，主风机降频，停主电动机，升辊，停上料系统
21	热风系统	出磨风温	＞110℃报警， ＞120℃停机	停主风机，停收粉器，停主电动机，升辊，停上料系统
22	成品系统	仓顶斜槽	故障停机，堵料	全系统停机
23		输送斜槽	故障停机，堵料	停主风机，停收粉器，停主电动机，升辊，停上料系统
24	收粉器	控制系统	故障停机	停主风机，停收粉器，停主电动机，升辊，停上料系统

注：联锁清单的内容和参数，在联动试车和生产运行初期，根据实际情况补充和调整。

8.15.4 启机条件

后一级设备启动，需要前一级设备启机或其他工艺参数正常作为必备条件，当前一级设备运行正常，达到工艺参数标准，发出备妥信号，允许后一级设备启机。

主要设备启机需要润滑冷却设备运行正常，备妥信号到达。

启机条件见表 8-12。

表 8-12 启机条件

序号	启机设备	备妥条件
1	循环水泵	蓄水池水位正常，水温＜30℃
2	润滑加载站	冷却循环水运行正常、水压正常，油箱油温正常、油位正常
3	主电动机	主电动机润滑站、主减速机润滑站启动运行正常，供油温度、压力、流量正常，磨辊全部高限位，辅传脱开限位，返料系统运行正常
4	磨辊加载	磨辊润滑站启动运行正常，供油温度、压力、流量正常，加载站启动运行正常，原料落入磨盘
5	收粉器	成品输送系统启机并运行正常，压缩空气压力正常
6	主风机	收粉器、密封风机、选粉机启机运行正常，冷却循环水运行正常、水压正常
7	热风炉	主风机启机并运行正常，氮气管道压力正常，燃气主管压力正常，炉膛负压保持在−200～−50Pa

注：启机备妥条件，在联动试车和生产运行初期，根据实际情况补充和调整。

8.15.5 启机顺序

启机顺序（表 8-13）方案编制正确，避免启动顺序混乱。

首先启动公辅系统、润滑加载系统，然后按照工艺线从后向前编制。

表 8-13 启机顺序

序号	组系统	启机顺序及设备名称	启机说明
1	公辅系统	冷却循环水泵	一用一备，随机调换
2		空压机	一用一备，随机调换
3	润滑加载系统	主电动机润滑站	油泵一用一备，随机调换
4		主减速机润滑	低压泵一用一备，随机调换，低压泵运行正常后高压泵依次开启
5		磨辊润滑站	油泵一用一备，随机调换
6		磨辊加载站	液压泵一用一备，随机调换
7		干油站	—
8	成品系统	仓顶除尘器	—
9		仓顶空气斜槽输送机	—
10		成品斗式提升机	一用一备，随机调换
11		取样器	一用一备，随机调换

续表

序号	组系统	启机顺序及设备名称	启机说明
12	成品系统	成品空气斜槽输送机	—
13		收粉器	—
14	磨机系统	密封风机	—
15		选粉机	低频15Hz运行
16	热风系统	主风机	低频10～15Hz运行
17		热风炉	调整阀门，使热风炉炉膛负压保持在－100～－50Pa
18	返料系统	回转锁风给料机	—
19		组合除铁器	—
20		三通切外排	—
21		返料斗式提升机	—
22	上料系统	除铁器	随上料皮带自动启停
23		上料皮带	—
24		皮带秤	出磨温度达到110℃
25	磨机系统	主电动机	原料入磨
26		磨辊加载	磨盘铺料

注：启机顺序在联动试车和生产运行初期，根据实际情况做局部调整。

8.15.6 试车准备

（1）检查确认每台设备的滑动和旋转部位没有障碍物。

（2）检查确认设备内无螺栓、螺帽、工具等遗留物。

（3）检查确认每个需要加油的部件都已按照标准加注且润滑良好。

（4）现场操作人员与主控室操作人员通信畅通。

（5）现场工作人员退出危险区域，并确保周围环境的安全性。

（6）设备的联锁联动、顺序启停及延时等功能已具备。

（7）润滑加载系统、压力温度检测等已设置完成。

（8）高低压开关柜只加载控制电，不加载动力电，输入输出正确，控制准确可靠，允许联动试车。

（9）启机告警有效。

电气自动化工程师对磨机系统参数的初始设定进行反复检查、确认。

8.15.7 联动试车

做到数字化、智能化、一键制粉，全系统一键启机。

上述准备工作全部完成，各系统现场员工汇报检查完毕，电气自动化工程师确认系统程序工作正常，系统联锁正常，工艺工程师检查工艺参数无误，汇报现场总指挥确认后可以开机。

现场总指挥下达开机指令。

主控操作员在主控电脑运行界面点未启机告警，告警结束，备妥信号全部到达。

8.15.7.1　系统启机

主控操作员在主控电脑点击系统启机。

生产线按照系统程序和开机顺序依次启机。

8.15.7.2　学习培训

利用联动试车的机会，由施工方技术人员在主控室指挥，由业主方主控操作员轮换实际操作，全面掌握钢渣磨的操作、调节和控制。

启停机计划：

联动试车期间，确保每一位主控操作员都能熟练掌握钢渣磨系统启停、工艺参数调整操作，控制工况稳定。

计划每个班次启停机 2 次，24h 启停机 6 次，根据试车情况，随机安排启停机时间、增加启停机次数。

8.15.7.3　故障或保护停机

试车过程中，当发生表 8-11 中的故障或参数超限，达到停机保护值，系统在报警之后会停机保护，只要是引发主电动机保护性停机，就按照如下顺序操作：

主风机降频到最低值，燃气调节阀、助燃风机最低位“保火”，应急放散阀打开，循环风、冷风机阀调大，保持热风炉微负压－100～－50Pa。

严格控制磨机出口温度＜120℃，以免烧毁布袋或造成布袋硬化，缩短使用寿命。

8.15.7.4　紧急停机

当发生意外事故，主控接通知紧急停机时，直接点开主控电脑紧急停机按钮，点再次确认停机，生产线全系统停机。

停机后，热风炉熄火，关闭燃气封闭阀、切断阀。

8.15.8　故障处理

联动试车的主要目的是检验工艺参数、运行程序、联锁保护是否正确；暴露设计、设备安装存在的问题，会发生各种各样意想不到的故障，要求每一位参与联动试车的人员理性对待，正确处理。

（1）一般故障

在保证安全的前提下，一般故障采取现场处理的办法，尽可能保持主电机、主风机不停机，保持系统工况，故障处理后恢复系统运行。

（2）较大故障

较大问题需要停机处理时，经现场总指挥同意，按正常停机顺序停机，组织施工人员处理故障，确认故障处理完成后重新启机。

（3）严重故障

发生严重故障，做紧急停机处理，停机后查找故障原因，组织施工人员处理故障，确认故障处理完成后重新启机。

8.15.9　试机总结

联动试车结束后总结存在的问题，划分问题类型，制订整改计划，按期完工。

对业主方主控操作员工进行理论和实际操作能力考试，按水平高低对应编排班组，确保主控操作员熟悉钢渣磨控制操作，保证安全稳定、高效运行。

制订负荷试车计划。

8.16 负荷试车

8.16.1 试车目的

负荷试车就是投料试生产，目的是验证联动试车后，对发生的问题进行整改，为正式生产做好充分准备。

负荷试车由建设方组织实施，施工方和设备制造商提供试车方案、现场指导。

8.16.2 试车条件

联动试车完成，所有设备连续运行 24h，主动启停机视同连续运行。

任何一台设备因故障停机或者因联锁保护停机，运行时间归零。自排除故障开始，再次开机重新统计连续运行时间。

原料准备充足，确保连续运行 72h 的用量。

化验室建设完成、检验设备安装调试、耗品配备齐全，具备《用于水泥和混凝土中的钢渣粉》（GB/T 20491—2017）中各项指标检验能力。

主控运行记录按照工艺流程和设备配置要求打印。

8.16.3 投料试生产

按联动试车过程，在主控电脑点击一键启机。

热风炉点火后缓慢升温，保持出磨温度每 1h 温升不超过 60℃，当出磨温度达到 110℃时，启动主电动机，启动上料皮带，启动皮带秤，给料量为设计产能的 50%～60%。

原料入磨，开启喷水，加载降辊。

初始加载压力为设计工作压力的 60%～70%。

投料后，出磨温度迅速下降。

根据磨机工况变化，及时升高主风机频率、升高选粉机频率，加大热风炉供热量，调节循环风阀门，保持炉膛负压在－600～－200Pa，恢复出磨温度到 100～105℃。

根据磨机压差和出磨温度，适时调整投料量，保持磨机运行稳定，不因工况变化、调整措施不当造成磨机振动，甚至导致保护停机。

在投料运行初期，即便出现因控制操作不当造成保护停机也是难免的。整个负荷试车过程，至少经过一周的摸索调整，才能找出适应本台磨机的工艺参数和工况标准，重新编制、输入和固定工艺参数，保持磨机长期稳定运行。

运行期间，主控操作员记录运行情况和发生的问题。

8.16.4 产品质量的控制

提前将钢渣粉密度记录在案，以此计算比表面积仪量筒填装量。

首批产品出磨，及时取样，立即检验产品比表面积。

为确保入仓产品合格，生产过程比表面积控制在 450～480m^2/kg。

称量 25g，用 45μm 方孔筛在负压筛析仪做细度检验、筛余称量，经计算确保筛余<1%。如果超过 2%，证明选粉机安装存在问题，需要调整转子与上机体的位置关系，在保证比表面积合格的情况下，确保细度筛余<1%。

做水分检验，烘干前后经称量计算，确保水分<0.5%。

常规出磨产品每小时做一个比表面积和筛余检验，必要时随时检验。

按《用于水泥和混凝土中的钢渣粉》（GB/T 20491—2017）标准规定的项目，做游离氧化钙、三氧化硫、氯离子含量检验，以及活性检验和安定检验。

8.16.5 问题处理

在试生产过程中，会发生磨机振动保护停机、原料计量输送断料、成品收集输送系统堵料、热风炉保护熄火等各种各样的问题。

往往一处很小的问题，有可能导致全线停机，问题处理方案参考联动试车，所不同的是工作量增加很多。尤其是成品输送系统发生故障，往往有大量钢渣粉堵在空气斜槽或成品斗式提升机里，需要人工清理。因此试生产需要施工方和建设方积极配合，全力组织双方人员共同处理问题，及时恢复设备运行，继续试生产。

投料试生产，生产线全线无故障停机、无联锁保护停机，连续运行 24h，完成负荷试车、主控一键停机。

试生产也是暴露问题、解决问题和学习提升的重要过程，只有亲身经历、深入一线，才能掌握一手资料，才能找准问题症结、解决瓶颈问题，加强薄弱环节中的施工管理，不断优化工艺方案、优化设备配置、优化工艺参数、优化运行管理。

8.16.6 整改

负荷试车完成，根据试车过程中存在和发生的问题、制约达产达标的因素，以及设计、施工和运行中存在的缺陷，制订整改方案，开始整改工作。

8.16.7 功能考核

整改完成，钢渣粉生产线进入正式生产阶段。

稳定运行一周后可以组织功能考核与验收。

9 运行管理

试车结束，钢渣粉立磨生产线进入正常生产运行阶段，建设方全面负责生产指挥、运行管理工作。

生产线管理者、运行操作者经过试车培训，系统掌握钢渣立磨的全面知识，对工艺、设备有一定程度的了解：

钢渣立磨是一台集粉磨、烘干、选粉于一体的现代化制粉设备。

9.1 工作原理

9.1.1 原料计量

原料钢渣尾渣存于尾渣仓，经仓下出料斗、棒闸阀、调节溜子、皮带秤计量后，由上料皮带送至入磨装置。

为保证磨机运行安全，在上料皮带上安装两级自卸式电磁除铁器，试车过程中调节磁场强度，将尾渣中的铁件在入磨前排出，避免带走过多尾渣，选出的渣铁落入暂存仓，避免直接落地造成二次污染。

9.1.2 原料入磨

原料经计量、输送、除铁，落进入研磨系统。

钢渣磨通常采用螺旋铰刀将原料水平推送入磨。

螺旋铰刀具有输送物料、有效锁风的作用，同时具有运行稳定、工作可靠、故障率低、寿命长等优点。

9.1.3 研磨系统

钢渣尾渣通过螺旋铰刀，穿过磨机中机体、选粉机返料集料锥，至磨机中心，经下料管落在磨盘中心，在刮料板和离心力的作用下，被甩入研磨区，经磨辊与磨盘的碾压（图 9-1），粉磨后的物料越过挡料圈进入风环。

进入风环的物料分为如下几部分：

大部分物料被吹起后再次落回磨盘，被反复碾压研磨。经过研究分析和试验总结，一粒直径为 5mm 的钢渣尾渣，变成＜45μm 的钢渣粉，至少经过 7 次碾压研磨，因此，磨内循环负荷是投料量的 7 倍以上，粉尘浓度高，压力损失大，钢渣磨磨机压差通常＞4000Pa。

较细的物料被热风吹起，在升起的过程中被热风烘干，穿过选粉机静叶片形成一定角度的高速气流。经选粉机转子叶片切削，合格的细粉通过转子叶片缝隙，经出粉管出磨。

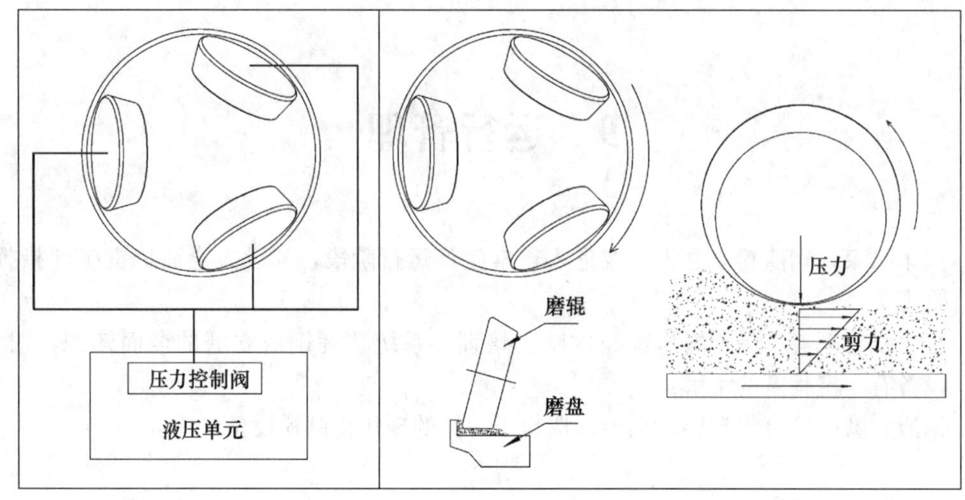

图 9-1　磨辊磨盘研磨示意图

钢渣尾渣中的大颗粒过烧 f-CaO 和 f-MgO 在常温下水化缓慢，研磨成细粉的过烧 f-CaO 和 f-MgO，在研磨和上升的过程中，在磨内高温高湿的环境里得以快速水化，生成高活性的 $Ca(OH)_2$ 和 $Mg(OH)_2$，有效地解决了安定性问题，在一定程度上提高了钢渣粉的活性。

这是钢渣制粉选择立磨工艺的独有优势。

经选粉机转子叶片切削后，较大颗粒的物料不能通过叶片间隙，在重力作用下经选粉机返料集料锥收集后落入磨盘，被重新碾压研磨。

为稳定料层，当入磨钢渣尾渣水分较低时（通常以 8%为临界点），需要向磨内喷水。

当出磨风温快速上升超过 115℃时，也要向磨内喷水快速降低出磨温度，以免烧伤收粉器滤袋。

9.1.4　成品系统

经过选粉机转子叶片间隙出磨后的成品，通过管道进入收粉器，收粉器就是布袋除尘器。经收粉器过滤后产品被收集。

收集起来的成品通过收粉器下集灰斗、船形斜槽、三级锁风卸灰阀、空气斜槽、成品斗式提升机、仓顶输送设备，进入成品仓。

仓顶的雷达料位计测量显示料位，依据料位自动或者手动切换卸料阀，分别入仓。

为确保产品不溢仓，确保成品仓运行安全，在仓顶安装音叉料位开关用于满仓报警。

成品在输送的过程中需要取样化验，通常每小时一次，分析比表面积和水分是否合格或者超过标准过多，结果通知主控室及时调整。

在线激光粒度分析仪实时分析粒度分布，为实现智能一键制粉奠定基础。

9.1.5　返料系统

钢渣尾渣经过磨辊磨盘研磨后，越过挡料圈进入风环的物料，5%以下更大颗粒、含有铁质密度较大的物料不能被热风吹起，通过风环落入下机体，被刮料板刮出磨外，经溜槽出磨，称为返料。

排出的返料经过密闭式溜管、斗式提升机、三通、组合式二级除铁器，除铁后的返料经过锁风喂料机再次进入磨内重新研磨。

钢渣尾渣一般含有总量1%的铁质，经过碾压粉磨，铁质与尾渣分离，铁质部分需要从中选出。

选出的铁粒一方面增加经济效益，另一方面减少磨辊磨盘磨蚀，延长设备使用寿命。

钢渣磨与其他用途的立磨，运行中的很大不同就是返料量大。合理控制、尽量降低返料量，保证除铁干净的同时，更要稳定工况，避免返料量过大造成磨机循环负荷增大、压差升高、工况变差。

9.1.6 热风系统

9.1.6.1 热风的作用

进入磨内的物料一般含有8%左右的水分，物料在粉磨和流动的过程中，水分被进入磨内的热风烘干，合格的产品通过选粉机转子出磨，成品被收粉器收集后输送至成品仓时，国家标准《用于水泥和混凝土中的钢渣粉》（GB/T 20491—2017）要求产品水分≤1%。

热风由热风炉制造，热风炉有燃煤沸腾炉、燃气烟气炉，目前大部分钢渣粉生产线由钢铁公司建设，一般使用高炉煤气或转炉煤气作为气源，选择燃气炉来制造热风。

目前，环保标准越来越严，热风炉的关键技术是对燃气热值和压力波动适应性广、燃烧稳定、燃烧充分、低氮氧化物排放、保温效果好、热量损失低。

9.1.6.2 循环风

当前，热耗已成为制粉行业除原料之外的最高成本。

对钢渣制粉，由于钢渣尾渣价值低廉，在钢渣制粉行业中热耗是最高成本，远高于电耗和人工费用以及原料中的任何一个单项费用。因此，应充分利用热能，在正常运行时，避免在热风炉前后、热风管道任何位置兑加自然风。

热风炉制造的热风虽然温度高，但是风量少，不到系统风量的30%，70%以上的系统风量需要循环风。

系统气流由安装在收粉器后边的主风机带动，经收粉器过滤后，干净的气流被风机吸入，经风机叶片排出。正常情况下，风机出口风温在85℃以上，为节约能耗，70%以上经循环风管道、调节阀门、混风室再次入磨。

9.1.6.3 风量调节

（1）系统风量调节

根据系统工况中磨机压差、磨机负荷、投料增减、产品质量高低等变化，及时调整系统风量。

调整措施：升高或降低主风机运行频率。

调整方法：根据磨机工况主要工艺参数的变化，智能系统自动调整，或由主控操作员人工干预调整。

（2）循环风量调节

热风炉炉膛负压、入磨负压等工艺参数的调整，依靠循环风量的调节实现。

主风机出口是正压，循环风在向混风室流动的过程中，由正压变为负压，在“0”压区附近设置调节阀，阀门挡板受力较小，容易调整。

调整措施：循环风调节阀门开度。

调整方法：根据热风炉炉膛负压和入磨负压变化，智能系统自动调整，或由主控操作员人工干预调整。

避免循环风量不足、兑加自然风弥补造成热能损失，向大气排放的烟囱管道加装阻风阀门。

9.2 作业指导

9.2.1 开机前的检查

每次开机前，岗位工和巡检工对全系统设备逐一检查，确认设备状态良好后开机。重点检查以下项目：

9.2.1.1 公辅系统

冷却水温度、流量、压力、压缩空气或氮气压力是否在正常范围内。

9.2.1.2 润滑加载系统

（1）油箱油位

开机前，润滑加载站的油位在临界高位。

开机后，油位不低于油尺最低位，模拟量油位传感器不报警。

（2）油品颜色和黏度

油品颜色无明显变深，肉眼观察无污染物。

黏度正常，无乳化现象。

发现异常时及时取样检验，避免造成事故。

（3）蓄能器氮气压力

检测有杆腔、无杆腔、加载站蓄能器充氮压力。

$$P_1=0.7\times P$$

式中 P——油缸或实际工作压力。

如果出现氮气压力偏低或每组不一致，应补充和调整，每组压力一致比百分比大小更重要。

9.2.1.3 磨辊

检查磨辊机械限位。

清理干净磨盘，开启加载站，按照最大工作压力加载磨辊，测量磨辊与磨盘间隙，保持5～10mm，且所有辊缝一致。如果不一致，升辊后重新调整。

确保磨辊与磨盘有5～10mm间隙，这是磨机运行平稳的关键工艺参数。当料层不稳、上料和入磨设备突发故障，造成断料等情况，如果没有辊缝，磨辊与磨盘直接接触，磨机会剧烈振动，甚至造成磨辊耐磨层、磨辊轴承、减速机齿轮副的损伤。

9.2.1.4 高压系统绝缘检测

确认隔离开关处于分开状态、高压柜小车摇出状态。

测量高压柜输出线路、高压电动机相间和对地绝缘，确认符合绝缘标准。

雨期、空气湿度较高的地区，每次启机前必须检测。

9.2.2　启停机顺序

9.2.2.1　开机顺序

高低压依次送电。

开启主控电脑，打开运行程序。

在主界面点开一键启机按钮，点确认。

智能控制系统按工艺顺序，由后向前依次开启。主控操作员注意观察主控界面，出现异常时及时处理。

开启冷却循环水、空压站。

开启电动机润滑油站、减速机润滑油站、磨辊润滑油站、干油站。

开启加载站，给定60%工作压力反复升辊、降辊三次以上，排出管道液压缸残存气体，稳定工作状态，升辊到高限位，发出备妥信号。

开启仓顶除尘器、入仓斜槽，检查卸料阀开启在低仓位，或手动干预。

开启成品斗式提升机、成品斜槽、收粉器。

开启密封风机、选粉机，缓慢升至正常运行频率。切记：不得在低频状态投料运行，否则产品跑粗，造成废品。

开启主风机，以15～20Hz运行，调节循环风阀门，保持热风炉炉膛负压－100Pa左右。

开启热风炉，调节阀门，系统升温。

48h以上的长时间停机，开机升温速度＜60℃/h，48h以内的频繁启停机，可快速升温，稳定出磨风温在90～100℃。

开启上料入磨系统：螺旋铰刀、上料皮带、除铁器。

开启返料系统：回转锁风阀、除铁器、返料斗式提升机。

系统备妥信号全部到达，开启主电动机。

系统工况达到投料标准，出磨温度高于105℃且低于115℃，启动皮带秤，初期给料量设定为正常生产的60%以下。

打开喷水系统快切阀，做好喷水准备。

原料入磨，有少量返料出磨，加压落辊。

主控操作员及时正确调整系统工艺参数，加大主风机运行频率，加大热风炉制热量，迅速恢复、稳定系统工况，保证投料成功、正常生产。

9.2.2.2　停机顺序

按工艺流程从前向后依次停机。

在主控电脑运行界面点击一键停机按钮，点确认。

智能控制系统自动开启停机程序，主控操作员注意观察，防止误动作。

降低热风炉热量供应。

停皮带秤、停上料皮带、停热风炉。

降低加载压力，使电动机负荷接近空载，无返料后升辊，停加载站。

停主电动机。

停返料系统：斗式提升机、除铁器、锁风阀。

主风机降频至10Hz，5min后停机。

选粉机缓慢降频至10Hz，5min后停机。

停密封风机。

停成品系统：间隔10min，依次停收粉器、成品斜槽、成品斗式提升机、入仓斜槽、仓顶除尘器。装车系统运行时，仓顶除尘器保持运行。

10min后停润滑油站。

最后停空压站、冷却循环水。

长期停机、入磨作业，切断高低压柜隔离开关，摇出小车，挂牌锁定。

9.2.2.3 紧急停机

突发紧急情况，如发生重大设备事故、人身伤害，主控操作员接到指令，快速点击急停按钮，点确认，全线紧急停机。

停机后首先处理突发事故，然后处理系统积料，清理生产现场，做好开机准备。

9.2.3 工艺参数的建立

钢渣磨初期系统工艺参数的建立相对难度较大，关键原因是钢渣颗粒易磨性差，难以形成稳定料层。

初期工况参数主要依据工作经验，参考同类型磨机的相关数据，试车过程和运行初期逐步调整，最后形成相对固定的工艺参数。由于设备安装地理位置不同、工艺方案不同、气流管道布置走向不同，以及钢渣尾渣性能差异和波动较大，同厂家、同型号磨机的运行工艺参数也不同，每一台磨机都有适合自身的工况参数。初期主要工艺参数见表9-1。

表 9-1 初期主要工艺参数

序号	位置名称	单位	数据
1	入磨风温	℃	200～350
2	入磨负压	Pa	－800～－300
3	磨机压差	ΔPa	3800～4400
4	出磨温度	℃	100～105
5	有杆腔加载压力	MPa	6～12
6	无杆腔加载压力	MPa	2～3

其他参数（如润滑站供油温度、减速机推力瓦、轴承、磨辊振动等参数）不可操作，按照设计参数输入PLC系统自动控制，主控显示、报警、保护停机。

投料后，入磨负压、磨机压差、出磨风温等都会发生快速变化。随着运行条件的变化，工况参数也会不断变化，因此需要及时调整。

初期工艺参数的确立是一项认真细致、耐心严谨的工作，需要各方管理者、主控操作员等通力配合。在调试初期，所有参与的人员要齐心协力、集中精力，用最快的时间，尽快建立适合这台钢渣磨的工况参数，确保磨机投产后连续、稳定、高产、高效运行。

9.2.4 工况控制

钢渣磨系统工况稳定控制，指保持钢渣磨连续、稳定、高效运行，磨机压差和出磨温度两个重要工艺参数需要平衡控制。

9.2.4.1 磨机压差

系统工作压力和压差主要包括：入磨负压、出磨负压、磨机压差，主风机入口负压、收粉器压差，主风机出口压力、炉膛负压、磨辊加载压力等可控工艺参数。

最主要的压差是磨机压差。

磨机压差是钢渣磨最主要的可控工艺参数之一。

磨机压差由出磨负压与入磨负压形成，通过磨机压差的变化，判断磨机负荷状态。

钢渣磨运行过程中，主控操作人员只要稳定控制磨机压差这个主要工艺参数，基本上就能保证磨机稳定运行。

不同用途、不同规格的立磨有不同的工艺参数，每一台钢渣磨都有一个相对稳定的磨机压差，通常在Δ4000Pa左右。下面以磨机压差Δ4000Pa为稳定工况，分析判断磨机压差变化导致的问题和解决方案。

通常，磨机压差在（4000±400）Pa以内波动，属于正常现象，注意观察变化趋势，不要过多人为干预。

当压差超出正常波动范围，或者变化较快且向一个方向继续发展，观察、判断发展趋势，采取正确措施及时处理，比结果发生后再处理更重要。

（1）压差变小

主要原因：

料层变薄、选粉机负荷降低、出磨温度升高，最终反映的是磨机负荷下降。

当出现磨机压差持续降低时，没有返回趋势，磨机负荷随之降低，主电动机电流下降，智能系统会主动处理，如果不及时，需要主控操作员干预处理。

处理措施：

采取缓慢增加投料量的措施。随着投料量的增加，磨机负荷稳定上升，磨机压差恢复。

如果原因是系统风量大、选粉机频率低、产品跑粗造成磨机负荷降低，应增加成品检验频次，反复验证比表面积，确认低于控制标准，采取提高选粉机频率、增加磨内循环负荷措施，系统工况也会恢复。

通常，压差变小容易处理且很快恢复正常工况。

（2）压差变大

主要原因：

料层变厚、选粉机负荷上升、产品超过控制标准太高、出磨温度降低，最终反映磨机负荷升高。判断不准确、处理不及时、措施不正确，很可能引发磨机振动甚至导致保护停机等运行事故。

不同原因及处理措施：

①喂料量大，粉磨能力不够。

处理：根据磨机负荷情况，适当降低投料量。

②产品超过控制指标太多，造成内部循环负荷加重。

处理：增加检测次数，确定成品比表面积高于控制标准 10%以上。降低选粉机转速、增加出料量、降低磨内循环负荷。

③原料出料口与返料黏结造成堵塞不畅，间断下料。

处理：停磨检查，清除堵料。

④磨盘挡料圈过高，出料受堵。

处理：停磨调整，降低挡料圈。

⑤下机体刮料板断掉或磨损严重，返料堆积，进风受阻。

处理：停磨检修。

⑥磨内气流量小，影响物料通过选粉机。

处理：提高主风机频率，加大系统风量。

⑦压力取样管发生堵塞，检测不准，造成差压假性升高。

处理：通知仪表工，关闭传感器阀门，打开吹扫阀门，连通吹扫气源，用仪表箱气源反吹处理，吹扫后恢复阀门状态。

9.2.4.2　出磨温度

系统温度主要包括炉膛温度、入磨风温、出磨风温、出收粉器风温，以及循环风温度等工艺参数。

最主要工艺参数是出磨温度。

出磨温度是钢渣磨最重要的可控工艺参数之一。

出磨温度变化是判断工况的重要依据，可以根据出磨温度的高低及变化趋势来判断磨机运行工况的变化，采取及时正确的调整措施，保持工况稳定。

（1）温度升高

出磨温度升高导致的工况变化：料层变薄、料层不稳、负荷降低、返料减少甚至无返料。

处理措施：根据不同的原因，分别采用不同措施，如降低热风炉制热量、增加循环风量。因磨机负荷降低导致，需增加投料量。

（2）温度降低

出磨温度下降导致的工况变化：料层增厚、负荷增大、产量下降、振动加大、返料增多。

处理措施：根据不同的原因，分别采用不同措施，如增加热风炉制热量、降低循环风量，因磨机负荷升高导致，需减少投料量。

（3）正常运行中的调整

由于出磨温度对磨内负荷反应及时，磨机稳定工作一段时间后，在热风炉供热量没有降低，主风机、选粉机等工艺参数没有调整的情况下，如发现出磨温度有降低趋势，当料层变厚、磨机负荷上升时，可确认磨内物料太多，应尽快减少投料量。

当出口温度开始上升，磨机负荷有所降低时，可逐步增加投料量。

9.2.4.3　投料量

投料量与磨机压差、出磨温度有直接关系。

减少投料量，磨机压差降低，出磨温度上升；

增加投料量，磨机压差升高，出磨温度降低。

9.2.4.4 影响工况稳定的主要因素

工况不稳定的首要表现就是磨机压差不稳，特别是压差升高。造成磨机工况不稳有以下主要因素：

（1）原料变化

生产过程中各种条件不断发生变化，比如上料的装载机贴底铲料，原料水分突然增大，会导致物料出磨温度迅速下降，接着就会发生一系列的工况变化——返料增加、磨机压差增大、磨机负荷上升，选粉机负荷增高，系统工况变差，甚至会导致磨机振动加大。如果处理不及时，很快就会因磨机负荷过大、选粉机负荷过大、返料系统负荷过大，特别是振动超限等，其中任何一个原因都可导致系统保护性停机。

（2）温度变化

磨机在运行过程中，出磨温度受各种因素影响，如投料量的变化、原料水分的变化、燃气压力和热值的变化等，都会导致出磨温度发生变化。当出磨温度发生变化时，磨机压差也会随之发生变化。

一般情况下，出磨温度下降的过程中，磨机压差短时间跟随下降；出磨温度上升的过程中磨机压差也会短时间内上升。

当磨内温度上升，气体密度随温度升高而减小，体积膨胀致使压强上升，导致磨机压差升高。快速、准确分析和判断，由温度上升导致的压差升高可以不做干预。

磨内温度下降，气体密度随温度下降而增大，体积收缩压强下降，导致磨机压差降低。因温度降低导致的短时压差降低。如果分析判断不正确，没有快速、正确处理，或处理措施错误，会导致工况迅速恶化，引发保护停机。

在运行管理中，应善于总结经验教训，更加准确、快速地处理工况变化，提供优化方案，提高个人运行操作管理水平。

（3）加载压力变化

由于加载系统站内阀台、检测传感器、液压缸油封磨损串油、管道渗漏等问题，系统保压性能不好，磨辊压力缓慢降低，加载站频繁泄压、补压等，导致研磨能力下降、返料增加、压差上升、运行不稳定。

（4）喷水问题

喷水系统的水压不稳、流量阀工作不稳定、喷水管出口堵塞等，都会导致喷水的水量不准确，从而导致料层不稳、磨机振动、返料增加、压差升高，甚至引起振动过大保护停机。

（5）皮带秤误差

皮带秤误差特别是正误差，会导致磨机压差缓慢上升、返料增加、振动加大，逐步导致保护停机，导致这种情况的原因很难查找。

皮带秤驱动滚筒打滑空转，反馈正常，实际断料，引起工况快速变化，导致磨机振动、保护性停机。

皮带秤虽然不是贵重设备，但是也要选择质量可靠的名优产品，以防在运行过程中出现意外运行事故。

（6）工艺布置

工艺布置特别是热风管道设置得合理与否，也是导致能否连续、稳定生产的重要原因，哪怕一处极小的不合理，也会造成磨机工况的不断变化。

比如返料口的位置：如果返料口的位置设置不合理，就会造成进风口渣料堆积，有时也会发生进风口渣料突然大量堆积的情况，最终会导致进风口面积减小，造成入磨负压升高、风量减少、返料量增加、磨机负荷增大、系统工况变差。此时无论怎么调节都不能恢复正常工况，最终被迫停机，清理进风口堆料后重新开机，这个问题会反复发生。

再如热风管道内保温设计和施工不当：热风管道内保温设计不当、施工中偷工减料，在运行过程中，突然大面积脱落、堵塞管道、阻挡热风、烧蚀后热量大量散发损失，由此导致入磨热量不够、出磨温度下降、系统工况变差。

钢渣磨在实际生产运行中，系统工况实时变化，偏离正常工艺参数，在主控操作人员及时、正确的操作调整下，绝大部分变化都会恢复到正常的系统工况，保持磨机连续、稳定、高效运行。

9.2.5 产品质量控制

9.2.5.1 控制标准

根据国家标准《用于水泥和混凝土中的钢渣粉》（GB/T 20491—2017）规定，钢渣粉产品质量的两个重要指标是比表面积和活性。

活性来源于钢渣尾渣里的硅酸盐矿物，钢渣是炼钢过程中生成的废渣，成分极不稳定，波动非常大，因此，应与钢渣粉生产管理者讲述清楚：活性的根源是由钢渣尾渣内在品质决定的，不是钢渣粉生产过程能完全控制的。钢渣粉生产只是一个物理变化的过程——将大颗粒研磨成小颗粒。

在生产过程中，唯一能控制的质量指标是产品的比表面积，也就是说，在生产过程中产品的比表面积代表了产品质量。

如果活性不合格，要从根源找问题，对钢渣粉做成分对比分析，提高硅酸盐矿物组分。查找问题有理有据，不要本末倒置，不要在制粉过程中瞎指挥。

国家标准《用于水泥和混凝土中的钢渣粉》（GB/T 20491—2017）中规定：钢渣粉比表面积≥350m^2/kg。由于钢渣密度普遍高于3.3g/cm^3，做到比表面积≥350m^2/kg是很难发挥钢渣粉活性的，因此，实际生产都按比表面积≥450m^2/kg控制。

9.2.5.2 生产控制

钢渣粉生产过程中，质量指标唯一能控制的是比表面积，根据化验结果，一般1h进行一次比表面积分析，必要时可随时取样分析，及时调整选粉机转速，保证产品质量符合标准要求。

产品比表面积的波动是正常的，应根据变化趋势及时调整：

当比表面积<450m^2/kg时，提高选粉机转速；

当比表面积>480m^2/kg时，降低选粉机转速；

当比表面积在450～480m^2/kg之间波动时，可以不做调整。

每次调整选粉机转速，最大一次调整0.2Hz，间隔最少10min调整一次，不可急躁，不可大幅度、高速度调整，那样只会适得其反，造成工况变差。比表面积调整是一个摸索、总结的过程，要求主控操作人员和管理者认真学习、熟练操作。

建议安装在线激光粒度分布检验仪，实时监测钢渣粉粒度分布，用于钢渣粉生产线智能控制。

9.2.6 返料控制

返料的主要作用一是除铁，二是稳定工况。

在目前所有立磨中，钢渣磨返料量最大。根据钢渣尾渣中金属铁含量不同，返料量可达投料量的5%以上。

9.2.6.1 返料作用

（1）延长设备使用周期

借助返料系统，将钢渣中的铁质选出，减少研磨体的磨蚀，延长设备使用寿命。

如果没有返料系统，密度较大的铁粒会在磨盘上沉积，反复研磨磨盘和磨辊的堆焊耐磨层，加速研磨体的磨蚀，降低了研磨体的使用寿命，直接增加运行成本。

（2）增加效益

返料中含有投料总量1%左右的铁质，这些铁质要从返料中选出，其中的收益可以完全保证钢渣粉生产线全员的工资和管理费用或可有余。

如果没有返料系统，就没有选铁的过程，这些可创效益就流失了，经济效益的损失只是一个方面。

返料系统选用两级组合回转式除铁器，设置在返料斗式提升机后，把返料中的铁质彻底选干净。

9.2.6.2 返料控制

返料要控制一个合适的量，如果返料量太少，起不到应有的作用，无法从中选出铁质，减少研磨体的磨蚀；如果返料量太大，会造成系统工况变差，影响稳定运行。

因此，观察返料状况是稳定系统工况的一个重要手段，返料量减少甚至没有也是不正常的，此时应当采取加大投料量、降低系统风量等措施恢复正常返料。一般控制返料量在投料量的5%左右，以达到稳定工况、选铁、减少研磨体磨蚀、连续稳定运行的目的。

9.2.6.3 观察和调整

主控操作人员通过视频监控查看返料状态。笔者总结的经验是：排渣量突然增大，或者返料中含有较多粉状物料，说明系统工况已经变差，此刻需要及时调整，尽快恢复正常系统工况。

调整措施：一是提高主风机转速增加系统风量，二是增加磨辊压力提高研磨效率，以达到降低磨机压差、降低磨机负荷、稳定磨机工况的目的。

如果磨机负荷已经趋于饱和，主电动机电流达到额定，磨机压差超过正常值的10%等，则采取减少投料量、逐渐减少返料量的措施，达到稳定工况的目的。

9.3 振动控制

磨机振动是造成磨辊堆焊耐磨层、磨辊轴承、主减速机齿轮副和轴承损伤的主要因素。

振动检测传感器安装在主减速机机体下部，分别检测水平振动和垂直振动，通用保护值设置为：振动≥5mm/s 报警，≥8mm/s 保护停机。实际运行中，为更加有效地保护主减速机等主要设备安全运行，按照≥2.5mm/s 报警，≥5mm/s 保护停机设定。

钢渣磨振动主要是磨辊振动。

造成磨机振动的原因有很多，笔者自 1990 年管理立磨，有 30 多年的实践经验，包括钢渣磨在内的大部分立磨。造成振动的原因有以下几个方面：

9.3.1 料层不稳

料层过薄或过厚都会导致磨机振动，一旦发现料层变化，需要及时采取正确措施稳定料层，恢复正常工况。

磨辊转速、料层厚度检测已是常规配置。运行中实时显示料层厚度，一旦发生料层变化，通过观察主控界面显示可以发现，设置料层厚度上下限位报警，提示主控操作员及时发现、正确处理。

在生产实际操作中，根据料层变化，分别采取以下措施：

（1）料层过薄

通常情况下，料层过薄是一个缓慢形成的过程，引起的磨机振动较轻。

磨辊配置电子上、下限位和机械下限位装置，即便磨盘完全无料，磨辊磨盘不接触，一般不会产生剧烈振动，除非磨机机架强度不够，机械限位受力变形，造成磨辊磨盘接触，引起剧烈振动，这是设备质量问题，不是运行管理和操作能够解决的问题。

如果磨机机架机械强度不够，料层不稳、料层变薄导致的磨机振动很难避免，在加载运行时，突然发生料层破坏、磨辊磨盘直接接触，不仅会发生磨机剧烈振动，还会严重损伤磨辊，造成磨辊堆焊耐磨层大面积脱落。

当料层过薄导致磨机振动时，采取加大投料量、降低磨辊压力、加大喷水、稳定料层、降低主风机频率、提高选粉机转速等措施，很快会恢复。

（2）料层过厚

引起料层变厚的原因：

投料量过大，研磨能力不足，物料不能及时被研细，磨内存留不合格粉料较多，导致料层变厚。

系统风量不足，风环风速降低，不能将合格粉料全部吹起及时带出系统外，磨机腔内循环负荷加重，粉状物料反复回到磨盘沉积，导致料层变厚。

主控操作员对工况变化不敏感，反应处理不及时，磨机运行进入恶性循环，料层慢慢增厚，甚至堆在磨辊前，引起磨机振动。

此时应及时减少喂料量，加大系统风量，确保出料畅通。

料层过厚特别是磨辊前堵料，往往瞬间引起磨机剧烈振动，甚至引发保护停机。

当料层过厚导致磨机振动时，首先分析导致料层变厚的原因，只有原因分析正确才能采取正确的处理措施。

如果磨机负荷逐渐增大，也就是主电动机电流逐渐上升，导致料层变厚，应采取降低投料量的措施。

如果磨内工况变化，如磨机压差升高引起料层变厚，应采取加大磨辊压力、加大系统风量的措施。

当产品质量有富余，如比表面积超过 480m^2/kg 时可以降低选粉机转速，增加出粉量、减少磨内回料，逐渐恢复料层稳定。

出磨温度下降引起磨机负荷、磨机压差变化以及料层变厚时，应采取热风炉加大制热量的措施。如果热风炉已经达到最大制热能力，或者因燃气热值下降、压力降低造成供热量不足，只能采取降低投料量的措施稳定工况。

9.3.2 系统风量

系统风量过大，物料在磨内停留时间过短、出料多、料层变薄导致振动；系统风量过小，物料在磨内停留时间过长、过粉磨、料层变厚导致振动。

造成系统风量变化的因素很多，调节主风机频率直接发生系统风量变化，系统阻力改变也会引起系统风量变化。另外，当入磨尾渣水分增加或减少、出磨温度突然升高或降低，也会引起系统风量变化，如果调节不及时，引起磨机振动是难免的。

比如当入磨尾渣水分增加时，就相应采取减少喂料量、提高出磨风温、加大立磨通风量的正确措施，以恢复工况。

9.3.3 挡料圈高度

挡料圈高度直接决定料层厚度。

挡料圈太低、研磨时间短、物料出磨太快、料层过薄引起振动，应提高挡料圈高度；挡料圈太高、过粉磨、物料出磨不畅、料层太厚引起振动，应降低挡料圈高度。

磨机挡料圈安装后，在调试和初期运行过程中调整高度，直到工况合适。

挡料圈除了高度影响料层厚度，与磨辊大端面的间隙也有关系，随着挡料圈内侧磨蚀，间隙越来越大，料层被破坏的可能性增大，因此，每次堆焊磨辊磨盘时，挡料圈内侧一起堆焊，恢复初始间隙，保证料层稳定。

9.3.4 辊缝保持

当料层不稳定或变薄后，磨机振动剧烈，就要检查调整辊缝。

停机升辊，清理磨盘。

退出机械限位，在磨辊下垫厚度为 10mm 的钢板，泄压落辊。

顶紧机械限位主螺栓，锁紧固定装置，升辊，撤出钢板。

磨辊加载到最大工作压力，测量辊缝，确保每个辊缝≥5mm。

如果不能保持，加载后磨辊磨盘有接触，运行中磨机振动无法避免。

必须加固机架，保持辊缝。

9.3.5 进入大块金属

能被磁化的大块铁质，在入磨前被悬挂在上料皮带上的电磁除铁器除去，不能磁化的大块合金（如装载机铲斗的铲齿、不锈钢零部件等），无法被清除，一旦进入磨内，会导致磨机剧烈振动。

磨机一旦振动剧烈，立即采取紧急措施：

升辊、停机、停料，一步完成。

避免因发生剧烈振动，造成磨盘衬板损伤，磨辊套大面积脱落甚至断裂，磨辊轴承损伤，减速机齿轮副、轴承损坏等严重设备事故。

停机后打开磨门，待磨内温度降到常温，进入磨内，清理磨盘，查明原因，排除隐患。检查磨辊磨盘受损情况，拍照记录。

先用辅传转动磨盘，确认主减速机有无异常噪声，再次确认隐患排除，造成的损伤不影响正常运行，允许再次开机。

9.3.6 紧固松动

凡是研磨系统的传动、固定部位的螺栓松动，都会造成磨机振动。

特别是磨辊套紧固螺栓松动，会造成磨机严重振动。

由于磨辊被热风直吹，温度变化大，热胀冷缩变形量较大，磨机安装调试初期，容易出现磨辊套固定螺栓松动现象。每次停机都要打开磨门检查磨辊套固定螺栓是否松动，予以紧固，焊接连接圈防止松动。

其他部位螺栓松动也会造成磨机振动，如减速机底座螺栓、主电动机底座螺栓、摇臂轴承座螺栓、摇臂固定螺栓等。

螺栓的紧固十分重要，磨辊套螺栓的紧固尤为重要，无论什么原因，安装初期每次停机都要检查磨辊套螺栓的紧固状态，至少检查三次。

收紧螺栓避免野蛮操作，避免锤击扳手力矩杆。明确螺栓规格等级和扭力，使用力矩扳手按标准扭力旋紧，以防旋紧扭力超过螺栓屈服强度，被拉长损伤。

9.3.7 突发设备事故

突发严重设备事故（如磨盘衬板断裂、磨辊套断裂、磨辊轴断裂、磨辊轴承损坏、减速机齿轮副损坏、加载高压油管爆裂、加载液压缸拉环断裂、摇臂断裂等）会导致磨机剧烈振动，引发保护停机。

作为钢渣磨运行管理和操作者，应提高自己的管理能力和操作水平，提前预见和发现事故隐患，及时正确处理存在的问题，尽最大可能减少和避免严重设备事故的发生。

9.3.8 设备质量问题

9.3.8.1 磨辊支座与摇臂

主臂和磨辊支座的加工精度要达到设计标准，如果间隙过大，虽然有锁销固定为一个整体，但是会在运行中会发生紧固螺栓断裂的设备事故，如图 9-2 所示。

现场观察摇臂与磨辊支座锁紧螺栓发生断裂有规律可循。面向磨机，摇臂与磨辊支座左右两侧的锁紧螺栓，摇臂左立肩锁紧螺栓外侧两条断裂，摇臂右立肩锁紧螺栓内侧有两条断裂，证明与摇臂加工装配精度、磨辊运动受力方向有关。

磨辊在工作时，来自液压缸的拉力通过摇臂转换为磨辊的向下压力，磨辊支座承载垂直方向应力，该应力由摇臂两侧的锁销传递。锁销为锥销与胀套结构，结构牢固，锁紧后一般不会出现松动问题。

磨盘转动，磨辊和料层之间因摩擦力产生横向应力，磨辊支座和主臂两侧的紧固螺栓在运行时受剪切力，当磨辊支座和主臂加工精度超过设计误差时，间隙较大，剪切力超过紧固螺栓的屈服强度，螺栓断裂，导致磨辊支座与主臂因间隙产生水平摆动。虽然短期不影响使用，但是会造成磨辊横向晃动，增加磨机运行的不稳定性。

图 9-2 摇臂与磨辊支座固定螺栓断裂

螺栓断裂后，丝根仍在磨辊支座里，隔着摇臂取出困难，每次取出丝根，更换屈服强度等级更高的螺栓，运行中继续断裂，事故隐患难以解决。这是设备制造质量问题，设备制造商应加强质量管理。应确保加工误差符合设计标准，避免不合格产品流向市场。

如果不受力，紧固螺栓还会断裂吗？正是因为受力大、设备加工误差超限导致螺栓断裂。螺栓断裂后，磨机水平振动明显超过垂直振动。正常运行中，磨机振动幅度往往是水平振动大于垂直振动，如图 9-3 所示。

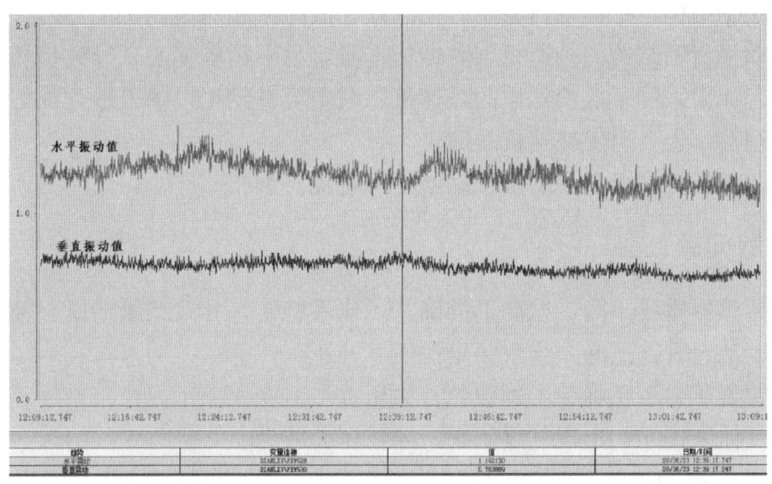

图 9-3 振动记录

造成水平振动比垂直振动大的原因之一就是摇臂和磨辊支座有间隙，固定螺栓紧固不牢或断裂。

9.3.8.2 主减速机

三级传动减速机平衡轴齿轮副点蚀如图 9-4 所示。

图 9-4 三级传动减速机平衡轴齿轮副点蚀

立式行星减速机在使用现场，三级传动减速机故障率比二级传动减速机高，尤其是中间级为平衡轴结构，平衡轴齿轮副容易点蚀，故障率相对更高。

三级传动平衡轴结构的减速机，其结构本身容易平衡轴偏心，导致齿轮副损伤，这是主要原因。如果采购了低价低质的减速机，就更容易发生设备事故，加之安装时底板水平度误差超标，也会引发减速机故障。

只要减速机齿轮副点蚀，磨机振动就不可避免。

9.3.9 加载问题

加载站传感器质量不高、检测不准确、工作不稳定，导致频繁泄压、补压。

液压缸串油、管路泄漏，导致频繁泄压、补压。

蓄能器氮气压力不正确、个别破包、失压。

油路内气体未排净，出现气爆问题，导致压力波动。

液压油污染洁净度不够，阀台阀门关闭不严，站内阀台内泄不保压，导致频繁补压。

加载站工艺参数设置不正确，或者因失电导致设置好的工艺参数丢失。

加载站主要工艺参数设置见表 9-2

表 9-2 加载站主要工艺参数设置

序号	名称	单位	设定值	参考值
1	压力波动时间	s	15	10～20
2	抬辊差动时间	s	15	10～20
3	上下腔导通延时	s	10	5～15

加载系统发生上述问题，都会引起磨机振动，甚至引发保护停机。

9.3.10 操作问题

磨机运行中，工况随时发生变化，如出磨温度、磨机压差等变化，主控操作员精力不集中、发现不及时、措施不正确等，会导致工况恶化，引起磨机振动。

加强中控人员责任心管理、提高专业水平是一个方面，主控操作员必须精力高度集中，建议主控岗位实行一岗双人。

运行中，观察电流、压力、压差、温度等变化趋势，及时发现、正确处理异常情况，调整系统工况在正常范围内，保证磨机稳定运行。

9.4 节能减碳

钢渣磨的能耗主要是——电耗和热耗，其次为人工费用和机物耗。

高产与低耗并不矛盾，两者相辅相成、协调一致，与工艺、设备、操作有着密不可分的关系。

9.4.1 电耗

电耗成本在钢渣制粉中占较大比重，通常情况下，生产合格钢渣粉单位电耗为 50kW·h/t，按市场综合电价 0.70 元/（kW·h）计算，每 1t 需要电费 35 元。

为降低钢渣磨电耗，应做到以下几方面：

9.4.1.1 选用最新标准的节能设备

对电力变压器、电动机等电力输变、用电设备，按照国家标准《电力变压器能效限定值及能效等级》（GB 20052—2020）、《电动机能效限定值及能效等级》（GB 18613—2020）等，选用二级标准及以上能效等级产品。

9.4.1.2 工艺设计合理

工艺是一级收粉立磨钢渣制粉生产线的灵魂。工艺设计是否简捷流畅，是一台钢渣磨能否高效低耗运行的关键。其中热风系统工艺设计是核心。

系统风量、系统风速、管道通径、收粉器过滤面积等是能耗高低的决定因素。

上料系统、入磨系统、喷淋系统、返料系统、收粉系统、成品系统、润滑加载系统、公辅系统、电气自动化系统设计是否合理，是将来低耗高效、可靠稳定运行的重要因素。

没有质量过硬、性能优越的设备，再好的工艺也不能发挥作用。

9.4.1.3 主机配置合理

(1) 主电动机依据原料的邦德功指数和设计产能合理配置主电动机功率大小。

没有对原料进行邦德功指数试验，钢渣磨的设备配置存在很大的不确定性。主电动机配置是否合理直接决定了单位电耗的高低。

配置过低，设备不能发挥其设计能力，电动机过载，势必会造成电耗升高；配置过高，长期在低负荷运行，电动机空载损耗同样会造成电耗升高。

只有合理配置才有高效发挥。

(2) 减速机速比的合理配置更加重要。

针对钢渣尾渣的特性，设计磨盘边缘合理的线速度。它是减速机速比设计的重要参数，也是磨机设计制造的核心技术。

速比小了，线速度高，物料在磨内停留时间短，不能有效研磨，还会造成主电动机负荷增大。

速比大了，线速度低，物料不能顺畅甩出磨盘，造成过粉磨，降低整机效率。

(3) 选粉机电动机功率配置、减速机速比设计是否合理也会影响系统电耗。尤其是选粉机减速机速比的设计尤为关键。

包括钢渣磨在内的很多磨机，在生产合格产品时，选粉机电动机在30Hz以下低频运行，由于变频器*V-F*曲线设计为线性关系，在低频运行时，电流过高，导致电动机绕组过载发热，甚至发生绕组因长期过热，绝缘能力降低，绕组烧毁的设备事故。

选粉机减速机速比设计，也是考验设备制造商是否有成熟经验、是否掌握核心设计数据的重要指标。

通常，在生产合同规定的合格产品时，选粉机运行频率在40～45Hz之间，不仅能高效运行，还能有产品质量调节空间。

选粉机的动静叶片、转子的通过面积是否按照钢渣粉设计，同样影响系统电耗。

(4) 主风机和电动机的配置是否合理同样重要。

主风机的风压、风量计算是否正确，选型是否合理，直接影响系统电耗，过高或过低的不合理配置都会造成系统电耗的升高。

配置是否合适，一个简单的判定标准：钢渣磨正常运行时，主风机阀门全开，电动机运行频率在42～45Hz之间。

9.4.2 热耗

目前，热耗已经成为钢渣制粉生产成本最高的单项费用。

生产1t钢渣粉，需要$8\times4.18\times10^4$kJ热量，大约需$10m^3$天然气。

无论是工业还是民用天然气价格持续上升，按现行价格远高于电耗、人工费用等其他单项成本。一台立式磨热耗的高低取决于以下几个方面：

(1) 工艺管道设计是否合理

热风工艺管道设计是否简捷流畅，管道通风面积计算、系统风速计算是否合理，将直接影响系统热耗。

热风炉出口是否直接与循环风混风。热风炉高温出口路径越长，热量损失越大。最优设计为混风室设计在炉膛出口，与热风炉设计为一体结构，混风后降低到工作温度的热风出炉体，可减少热量损失。

热风炉前后、热风管道途中有无兑加自然风。循环风温度在85℃左右，自然风平均温度在20℃左右，在任何环节兑加自然风都是浪费热能，必须全部兑加循环风。

（2）保温措施

保温措施是否到位是影响热耗的主要因素：

所有管道、设备、磨机本体在没有外保温的状态下，外壳表面温度＜100℃，外保温施工后，保护层外壳温度＜60℃（非太阳直射面）。

热风系统各部位保温具体要求：

热风炉出口到混风室≥350℃的部位做双层内＋外保温，内保温为硅钙板绝热板＋喷涂双层设计。

混风室到入磨口做喷涂内保温＋外保温。

全系统散热面积最大的单体设备就是磨机本体，所以磨机本体的保温尤为重要。

磨机本体采取合适的保温措施，还可起到耐磨作用，延长设备使用寿命。因此应对磨机本体自下机体进风口，排渣落料槽底边、侧边，以及中机体、上机体、出粉管做整体内耐磨保温。

收粉器、收粉器后热风管道、环风管道全部做外保温。

收粉器采取保温和防雨措施后，在冬期和雨期热量损失较大的季节，保证进出口温差＜8℃，其他时间温差＜5℃。

借助优化热风系统设计、强化热风系统保温措施、优秀的运行管理，在生产运行中，降低1m^3/t的气耗，直接降低成本4元/t（目前参考价，天然气是不可再生能源，价格仍然保持上涨趋势），按年产100万t钢渣粉，每年节约燃料成本400万元，这是完全能够做到的、切实可见的直接效益。

9.4.3 “机物耗”

任何设备运行都有“机物耗”，优秀的运行管理，“机物耗”可以降到低水平，若管理不善，则“机物耗”成倍增长。

比如，因安装、使用不当，或者设备选型时使用低价低质产品，造成主减速机严重损坏，更换一台5000kW的立式行星减速机不低于400万元；造成一台ϕ≥5000mm规格磨机的磨辊损坏，一套总成不低于100万元。因节省导致的浪费反而更大。

日常运行管理主要是润滑油油品消耗，上料装载机燃油消耗，检验耗材如基准水泥、标准砂，巡检维护打扫工器具等。必须使用优质产品，按时足量。比如选粉机转子下轴承、螺旋铰刀内轴承，在高温、高粉尘浓度的环境里工作，润滑脂一旦被融化流失干净，很快就会发生轴承磨蚀损坏的设备事故。一台钢渣磨，智能干油润滑的两个重点部位就这两处，如果极度节省，跟其他部位一样加注润滑脂，选粉机下轴承损坏，轴被磨蚀，一次维修费用足够几年的润滑脂消耗费用。

“机物耗”绝不是越低越好，低到保持设备运行维护的极限以下，可能短期内节省，但造成的设备隐患、带来的严重损失是不可估量的。

9.4.4 优化运行

在工艺设计、设备配置基本定型后，剩下的就是运行管理。

认真操作、善于总结，控制各项工艺参数在最佳状态，保持系统温度、压力、投料量三平衡，达到最佳运行工况，保持每台钢渣磨在相对高效、低耗状态，长期稳定运行，从而达到节能减碳的最终目的。

9.5 操作规程

钢渣制粉立磨生产线经规划、设计、安装、试车、运行，工艺参数基本稳定，需要制订工艺操作规程，管理者和操作者按规程操作。

相比以往的单机顺序开机、组顺序开机，现在的智能一键开机操作更加简单，但是需要员工具有扎实的专业知识和丰富的实践经验。

9.5.1 启机前的检查

在运行班组长的组织和带领下，由岗位工、巡检工按照工艺流程，逐台设备进行检查：

检查确认每台设备的滑动和旋转部位没有障碍物，护罩、护栏齐全牢固。

检查设备内是否有检修更换后的材料、工具器件等遗留物。

检查润滑站油箱油位、油质是否正常。

检查每个固定润滑点油质是否干净、油位是否正确。

停机超过 24h 时，检查测量高压设备绝缘是否合格，尤其在梅雨季节。

工作人员退出危险区域。

岗位工、巡检工与主控操作员通信畅通。

主控操作员接到检查无误通知并确认。

在主控界面点启机告警按钮。

9.5.2 一键启机

通过视频大屏观察设备周围是否安全。

启机告警结束，备妥信号全部到达，点一键启机、点确认。

9.5.3 工艺参数调整

系统启机完成后，开始调整工艺参数。

提高选粉机转速至生产合格产品时的正常运行频率。选粉机低频投料容易加载成功，启机顺利，造成成品跑粗不合格，应杜绝选粉机低频投料的不良操作习惯。

提高主风机频率至 30Hz 以上。

加大热风炉制热量。

调整循环风阀，控制热风炉炉膛负压在正常范围（－600～－200Pa）。

确保升降辊有三个完整过程，升辊至最高位，为磨辊加载做好准备。

9.5.4 投料生产

皮带秤给定60%正常生产投料量。

当出磨温度达到110℃时，开启皮带秤。

钢渣尾渣入磨，磨盘铺满，有返料出磨。

有杆腔加载给定正常生产60%压力。

点加载按钮。

加大喷水量，尽快形成稳定料床。

提高热风炉制热量，提高风机运行频率至正常工艺参数。

9.5.5 稳定运行

当磨机投料加载运行后，根据磨机出口温度、磨机压差、返料量大小、炉膛负压等工艺参数的变化，及时调节投料量、加载压力、煤气调节阀和助燃风机频率、主风机频率，尽快达到正常生产能力，保持磨机稳定运行。

投料10min，取样检验，根据检验结果及时调整选粉机频率，确保产品合格。

9.5.6 正常生产

观察出磨温度，正常在100℃左右，当磨机出口温度低于95℃时，增大煤气调节阀开度；当磨机出口温度高于105℃时，减小煤气调节阀开度。该功能有智能控制系统自动调节，一般情况无须人工干预。

磨机压差在（4000±400）Pa（不同磨机有不同的磨机压差基准值）之间并保持稳定，磨机压差持续升高同时返料量增大，说明磨机负荷偏大，首先适当降低投料量，或提高加载压力，在比表面积有富余量的情况下，也可以适当增加主风机频率，但是不可采取降低选粉机频率、粉料快速出磨的方式解决磨机压差升高的工况波动。

磨机振动水平正常在2.0mm/s以下，垂直振动在1.5mm/s以下，当磨机振动持续增大，一般由磨机负荷增大、料层破坏引起，首先适当降低投料量、增加喷水量、增加热风炉供热量，稳定料层，降低负荷等措施。

磨机正常生产时，主控操作员及时发现主控界面顶部的报警记录及报警信号，对出现报警的设备，通知巡检工和岗位工及时检查处理，排除问题，消除报警。

设备巡检定时点检，按照皮带秤、上料皮带、返料系统、磨机平台、磨机顶部、收粉器、输送斜槽、成品斗式提、成品仓顶的顺序，进行一次完整巡检，对容易堵料的部位如空气斜槽等放置橡皮槌，来回敲打，发现问题及时处理。

9.5.7 正常停机

在主控界面点一键停机按钮，智能系统进入自动停机程序。

停上料系统：热风系统自动降低制热量，加载站自动降低加载压力。

停皮带秤，尾渣全部入磨，上料皮带空载停机。

无返料后升辊，停主电动机。

停返料系统。

同时停热风系统，调节各阀门，保持出磨温度低于115℃。

主风机频率调至10～15Hz。

10min后收粉系统停选粉机。

20min后停成品输送系统。

30min后停润滑系统、公辅系统。

切断磨机、主风机高压电源，摇出小车，挂牌锁定。

9.5.8 紧急停机

（1）可控紧急停机

当发生重大设备事故等意外情况需要紧急停机时：

主控操作员接到指令，点主控界面的紧急停车按钮，点确认。

系统启动紧急停机程序。

紧急停机后切断磨机、主风机高压电源，摇出小车，挂牌锁定。

根据故障报警点，迅速组织技术工种和本岗位员工，检查、排除故障。确认故障排除、设备功能恢复，通知主控重新启机。

如果事故严重，设备需要长时间修复，短期不能恢复生产，组织清理现场，组织抢修人员，等待修复后重新启机。

（2）保护停机

运行过程中，工艺参数在正常范围内波动。

当工况变化，工艺参数偏离，超过正常范围一定限值会报警，主控操作员处理不及时、不正确，偏离超限扩大，达到停机保护值，引发系统保护停机。

润滑站突发故障，压力流量不能保证设备正常运行，启动备用后仍达不到正常值；主电动机、主风机绕组温度、电流超限，不能恢复等，都会引发保护停机。

保护停机按紧急停机处理。

（3）不可控紧急停机

突发不可控因素，会直接引发保护停机。比如热风炉系统的工作和安保用氮气突然失压，为保证热风炉安全运行，直接关闭燃气快切阀。在燃气系统设计时，为保证安全，燃气快切阀为失压关闭工作模式。

不可控因素引发停机，按紧急停机处理。

（4）紧急停机后的处理

紧急停机后要退出智能一键启机，采用手动启机模式。

紧急停机后，由于输送提升设备处于重载状态，使用一键启机会造成设备过载甚至再次引发保护停机。

启机过程中，当遇到设备过载，保护停机，不要试图在重载状态下强行点动，野蛮操作会造成设备更大的损伤，比如撕裂上料皮带、拉断成品斗式提升机钢丝胶带。唯一正确的处理措施是积极组织人工清理设备存料。例如：上料皮带上的钢渣尾渣，组织人工铲到皮带下；成品斗式提升机的粉料，打开改向滚筒一侧的检查盖板，暂时放出积料，操作时做好防护，避免粉料喷散伤人。

空载启机，正常运行后处理现场。

9.5.9　主要报警停机设定值（表 9-3）

表 9-3　主要报警停机设定值

序号	位置	报警	停机	单位	备注
1	燃气总管压力	<4	<2	kPa	燃气快切阀关闭
2	氮气总管压力	<0.4	<0.2	MPa	热风炉停机
3	压缩空气总管压力	<0.4	<0.2	MPa	系统停机
4	循环水管总压力	<0.2	<0.1	MPa	报警，提示停机
5	热风炉炉膛温度	>1050	>1150	℃	自动降温
6	热风炉炉膛压力	>−100	>0	Pa	燃气快切阀关闭
7	磨机入口温度	>350		℃	报警
8	磨机出口温度	>110	>120	℃	停主风机、系统停机
9	磨机压差	>4400		Pa	报警
10	主减速机振动	>2.5	>5.0	mm/s	停主电动机，升辊
11	主电动机电流	>额定	>额定 5%	A	停主电动机
12	主电动机绕组温度	>110	>125	℃	停主电动机
13	主电动机轴承温度	>65	>75	℃	停主电动机
14	主减速机推力瓦温度	>60	>70	℃	停主电动机，升辊
15	主减速机轴承温度	>75	>85	℃	停主电动机
16	选粉机下轴承温度	>100	>110	℃	停选粉机、主电动机
17	选粉机上轴承温度	>75	>85	℃	停选粉机、主电动机
18	收粉器压差	>600	>1000	Pa	报警，提示停机
19	主风机电动机电流	>额定	>额定 5%	A	停主风机，系统停机
20	主风机电动机绕组温度	>115	>125	℃	停主风机，系统停机
21	主风机电动机轴承温度	>75	>85	℃	停主风机，系统停机
22	主风机轴承温度	>75	>85	℃	停主风机，系统停机
23	主风机轴承振动	>2.5	>5.0	mm/s	停主风机，系统停机
24	主电动机润滑站供油压力	<0.12	<0.10	MPa	停主电动机
25	主减速机润滑站供油压力	<0.12	<0.10	MPa	停主电动机
26	磨辊润滑站供油压力	<0.12	<0.10	MPa	停主电动机，升辊

运行 7d 和 30d，根据实际情况进行两次合理调整，固定报警和保护停机值，严禁随意修改、封闭或解除联锁，以免造成重大设备事故。

参考文献

［1］ 马永富．钢渣处理技术现况和探讨［J］．冶金与材料，2022，42（02）：119-120.

［2］ 曲会东．沙钢钢渣处理系统的研发与应用［J］．江西冶金，2021，41（03）：37-41，76.

［3］ 佟帅，李晨晓，王书桓，等．钢渣处理工艺及综合利用分析［J］．冶金能源，2020，39（06）：3-7.

［4］ 仪桂兰，史永林．不同处理工艺的转炉钢渣特性研究［J］．中国资源综合利用，2020，38（11）：64-67.

［5］ 吴跃东，彭犇，吴龙，等．国内外钢渣处理与资源化利用技术发展现状综述［J］．环境工程，2021，39（01）：161-165.

［6］ 王晓斌．40 万 t/年转炉钢渣蒸汽陈化处理生产线［J］．起重运输机械，2020（07）：91-98.

［7］ 罗莉萍．钢渣的处理工艺和利用现状［J］．中国金属通报，2020（01）：208-209.

［8］ 贺国禄，蔡全财，丁万鑫，等．西宁特钢钢渣处理工艺及效果［J］．绿色环保建材，2019（09）：50.

［9］ 侯淑平．钢渣的处理工艺及综合利用研究［J］．冶金管理，2019（13）：8.

［10］ 胡绍洋，戴晓天，那贤昭．钢渣的处理工艺及综合利用［J］．铸造技术，2019，40（02）：220-224.

［11］ 刘列喜，王立青，李海，等．转炉钢渣处理工艺［J］．冶金设备，2019（01）：55-57.

后　记

自1988年参与引进立磨改造我国水泥生料制备系统项目，建成后负责运行管理德国KRUPP-POLYSIUS生料立磨，我三十多年一直在立磨制粉一线工作，先后参与规划建设、运行管理不同结构、不同规格、不同用途的立磨。2021年年初接触钢渣制粉，与国内知名研究设计院、立磨设备制造商、建设工程总包商的专业人员，对钢渣安全有效应用、钢渣制粉工艺装备深度探讨；对现有钢渣制粉生产线实地考察、交流学习、总结分析，结合在钢铁企业处理钢渣的经验教训，以及对钢渣特性的客观认识，得出初步看法：

（1）钢渣安全有效应用的主要方向是钢渣粉。

（2）钢渣制粉首选一级收粉立磨工艺装备。

（3）立磨工艺装备，原料条件十分重要：

尾渣粒径：98%≤5mm，100%≤10mm。

尾渣金属铁含量：≤1.0%。

邦德功指数≤30kW·h/t。

采用一级收粉立磨工艺装备的钢渣制粉生产线，调试初期不顺利，比如排渣量大、磨机振动大、产量低、电耗高，原料条件不具备是主要原因。

编著本书纯属偶然。

2022年2月1日，阴历壬寅大年初一，我因疫情管控不能回家，留外地过年，多有闲暇，开立微信公众号，编写《钢渣制粉立磨工艺装备技术方案》系列专业作品，大年初一推发第一篇，一鼓作气连发16篇。

业界读者看到后建议：跟出版《矿渣立磨概论》一样，写本书吧，那样更系统。

我回复：可以尝试。开始动笔，暂定书名“钢渣制粉立磨工艺装备”。

经过半年多的编写，我于2022年8月完成初稿，投稿中国建材工业出版社，出版社通过选题论证。编审过程中，作者对现有立磨进行了一处改造，处理两起运行事故，记录总结，补充在相关章节：

（1）选粉机下轴承在磨内高温环境里运行，是一个长期困扰立磨设计制造和磨机安全运行的老大难问题。2022年9月初，设计制作了一个密封罩，包裹下轴承座，密封罩内通风吹扫降温，改造后效果良好，选粉机下轴承工作温度由110℃降到80℃左右。改造设计和安装过程添加在第3章第4节，编列序号：3.4.6。希望磨机制造商在以后的立磨设计制造中，作为标准配置，彻底解决选粉机下轴承高温运行问题。

（2）2022年8月下旬，出磨温度传感器因磨穿损坏更换，用一只0～200℃量程的热电阻替换原0～150℃量程的热电阻，新旧传感器量程不一致，没有及时发现、没有修改PLC程序内的变比，导致实际出磨温度高于主控电脑显示温度33%，超过120℃的高温热风进入收粉器，对滤袋造成不可逆转的损伤，缩短使用寿命，教训深刻，写在

第 6 章第 4 节，编列序号：6.4.1.3。提醒每一位立磨运行管理者：更换温度、压力、流量、距离等传感器，查看量程与原件是否一致，正确修改变比，确保实际与显示准确一致。

(3) 2022 年 8 月末，供电高压电缆接地炸缆，导致系统突然失电。电缆修复后开机，磨机剧烈振动，排查各种导致振动的常规因素没有结果，检查加载站 PLC 程序发现：磨辊加载站运行工艺参数丢失，系统自动恢复出厂设置，波动和差动缓冲时间归零，加载站频繁泄压、补压，液压缸反复加载卸载，导致磨机振动。恢复运行工艺参数，磨机运行正常。该事故教训补充在第 9 章第 3 节，编列序号：9.3.6。再次提醒每一位磨机运行管理者：当磨辊加载站有过失电过程时，开机后磨机出现不明原因的剧烈振动，在排出其他原因仍不能解决振动问题后，检查磨辊加载站运行工艺参数是否丢失和改变。

本书内容大多来自于上述的实践过程，我长期深入一线、盯在现场，才有机会发现问题、分析问题、解决问题，才能掌握真实的一手资料，用心总结。无论是工艺、装备还是运行，立磨制粉生产线始终存在改进和提升空间。

本书的出版，为钢渣安全应用和钢渣制粉提供一套完整的规划、设计、建设和运行管理方案，让每一家建设单位建设一条运行稳定、高效低耗的钢渣粉立磨生产线。

对钢渣应用和钢渣制粉的认识属作者一家之言，难免失之偏颇，欢迎业界同仁以多种方式相互探讨、批评指正、共同进步，促进钢渣制粉行业健康、快速发展。

随着产品应用研究更加深入，钢渣粉作为胶凝材料的部分替代产品，有着广阔的应用前景。钢渣制粉采用先进的工艺设计、合理的设备选型、严格的施工监督、优化的运行管理，可以长期稳定、高效、低耗运行，以较低的生产费用，创造最大的经济效益，为钢铁渣建材资源化综合利用、为实现“双碳”目标做出积极贡献。

本书在出版过程中，得到以下单位的支持，在此表示特别感谢：中天耐磨材料（邳州）有限公司、安阳格润特建材有限公司、江苏合津机械科技有限公司、江苏三州机械科技有限公司。感谢张志宇先生应作者之邀为该书作序，感谢张志明先生协助编写电气自动化部分，感谢朱立伟先生根据作者对工艺装备的描述绘制工艺设备图，特别感谢中天耐磨材料（邳州）有限公司朱兴杰先生鼎力支持该书出版事宜。

王书民

2022 年 11 月 1 日